ER HAT LETZTE WOCHE
EINEN MATHE-KURS BESUCHT...

Rüdiger Günttner

Übungsbuch Mathematik für Biologen und Anwender, Teil I.

Mit 246 vollständig gelösten Aufgaben und Beispielen.

Auch zum Selbststudium geeignet!

$$a^2 + b^2 - 2ab \cdot \cos\gamma = c^2$$

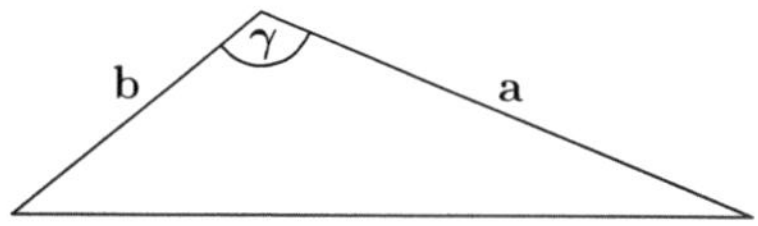

$$V = \Omega \cdot \frac{R^3}{3}$$

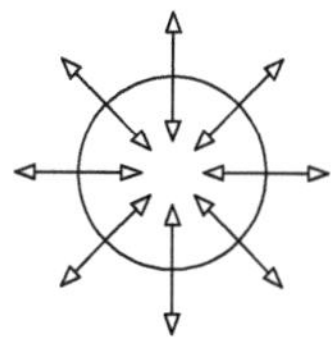

$$p_{osm} = \frac{n}{V} \cdot R \cdot T$$

$$I = I_0 \cdot 10^{-\varepsilon_\lambda \cdot c \cdot d}$$

$$\beta(A) = \frac{m(A)}{V(Lös)}$$

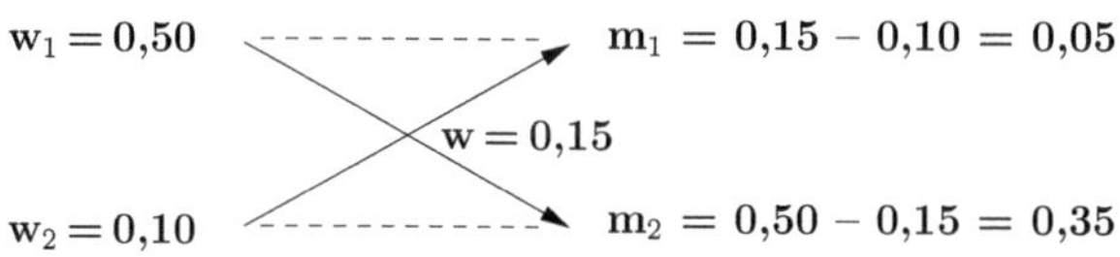

$$F = k \cdot V^{\frac{2}{3}}$$

$$pH = -\lg c(H^+)$$

$$f\,(f^{-1}(x)) = x$$

$$\lim_{\xi \to x} f(\xi) = f(x)$$

$$\frac{\Delta R}{R} = c$$

Einheiten und Proportionen, Konzentrationen und Anteile, Geometrische Formen, Funktionen und Umkehrung, Exponential- und Logarithmusfunktionen, Kreisfunktionen, Allometrie.

FSC
www.fsc.org
MIX
Papier aus verantwortungsvollen Quellen
Paper from responsible sources
FSC® C105338

Bibliografische Information der Deutschen Nationalbibliothek: Die Deutsche Nationalbibliothek verzeichnet diese Publikation in der Deutschen Nationalbibliografie; detaillierte bibliografische Daten sind im Internet ¨uber http://dnb.dnb.de abrufbar.

Überarbeitete Neuauflage, 1. Auflage 2019 ISBN 978-3-7481-7332-8
Illustration: Hannes Mercker
Herstellung und Verlag: BoD – Books on Demand, Norderstedt

ISBN 978-3-7526-1289-9

Auf ein Wort, oder zwei ...

Ein Kollege sagte einmal schmunzelnd zu mir:

Es gibt Bücher für Mathematiker, und es gibt Bücher für Andersdenkende!

Der Mathematiker beginnt mit der allgemeinen Theorie und beschäftigt sich dann mit zugehörigen Beispielen und der Lösung von Aufgaben. Bei allen übrigen Anwendern ist es meistens umgekehrt! Sie erlernen die Theorie anhand geeigneter Beispiele und Aufgaben!

Versuchen Sie als Autor den goldenen Mittelweg zu finden, hagelt es Kritik von *beiden* Seiten: Den Mathematikern fehlen die Beweise, den Anwendern die Beispiele! Das ist so, als ob Sie auf der Straße den Linksverkehr einführen, aber nur für PKW – also nicht für Busse, LKW und andere! Mein Angebot:

Im Lehrbuch 'Mathematik für Biologen und Anwender' finden Sie die Theorie mit sämtlichen Beweisen. *In diesem Übungsbuch* erlernen Sie den Stoff der einzelnen Abschnitte allein anhand der zahlreichen Aufgaben und Beispiele! Zusätzlich bietet Teil II noch eine Einführung in die elementare Statistik, und Teil I eine kurze Wiederholung der komplexen Zahlen.

Die Zweiteilung berücksichtigt die unterschiedlichen Interessen der Leser. Wer keine Kenntnisse der Analysis, Vektorrechnung oder Statistik benötigt, mag auf Teil II des Übungsbuches verzichten.

Dieses Buch eignet sich zum *Selbststudium* für Biologen und all die Anwender, die nicht auf sämtliche Beweise der benutzten Theoreme angewiesen sind! Für mathematisch orientierte Leser ist es aufgrund der vielen und vollständig gelösten Übungsaufgaben eine praktische Ergänzung zum Lehrbuch.

Den besten Lernerfolg erzielen Sie selbstverständlich, wenn Sie die angegebene Lösung einer Aufgabe erst zum Schluss mit Ihrer eigenen Lösung vergleichen. Davon abgesehen existieren gelegentlich auch mehrere Lösungsmöglichkeiten, die natürlich nicht alle berücksichtigt werden können.

Die Einteilung der Abschnitte im Lehr– bzw. Übungsbuch ist völlig analog! Falls Sie an Beweisen einiger Sätze interessiert sein sollten, finden Sie diese für die Kapitel 1 – 5 ganz sicher im entsprechenden Abschnitt des Lehrbuchs.

Ganz nebenbei eignen sich die Cartoons von *H. Mercker* auch zum Ausmalen!

Rüdiger Günttner, Osnabrück 2019.

… und abschließend

wurde der Umfang dieses Buches auf Wunsch vieler Leser auch noch um zwei Abschnitte über Kombinatorik und Wahrscheinlichkeitsrechnung erweitert!

Dies betrifft vor allem den zweiten Teil, doch finden sich einige Ergänzungen auch im vorliegenden ersten Teil dieses Übungsbuches.
Hierdurch stieg die Anzahl der Aufgaben und Beispiele in Teil I auf 246.

Rüdiger Günttner, Osnabrück 2020.

Inhaltsverzeichnis

Wiederholung: Reelle und komplexe Zahlen

Geben wir zu, die Grundrechenregeln sind wirklich einfach und übersichtlich! Für alle reellen (und komplexen) Zahlen $a, b, c, \ldots$ gelten folgende Axiome

für die Addition:

(I)	$a + (b + c) = (a + b) + c$	(Assoziativgesetz)
(II)	$a + 0 = a$	(Nullelement)
(III)	$a + (-a) = 0$	(Inverse für $+$)
(IV)	$a + b = b + a$	(Kommutativgesetz)

für die Multiplikation:

(V)	$a \cdot (b \cdot c) = (a \cdot b) \cdot c$	(Assoziativgesetz)
(VI)	$a \cdot 1 = a$	(Einselement)
(VII)	$a \cdot a^{-1} = 1$	($a \neq 0$, Inverse für $\cdot$)
(VIII)	$a \cdot b = b \cdot a$	(Kommutativgesetz)

für Addition und Multiplikation:

(IX)	$(a + b) \cdot c = a \cdot c + b \cdot c$	(Distributivgesetz)

(zu VII: Eine andere Schreibweise für a^{-1} ist die Notation als Bruch $\frac{1}{a}$, s.u.) Wegen der Regeln I und V ist das Ergebnis unabhängig von der Klammersetzung. Daher lässt man Klammern bei reiner Addition oder Multiplikation meistens weg. Man schreibt also einfach $a + b + c$ und $a \cdot b \cdot c$. Da kann man noch nicht viel falsch machen! Einfache aber doch wichtige *Folgerungen aus den Axiomen* sind beispielsweise

$$a \cdot 0 = 0 \qquad a \cdot (-b) = -(a \cdot b) \qquad -(-a) = a \qquad (a^{-1})^{-1} = a$$

$$(a + b) \cdot (c + d) = a \cdot (c + d) + b \cdot (c + d) = a \cdot c + a \cdot d + b \cdot c + b \cdot d$$

Auch das bereitet selten irgendwelche Schwierigkeiten. Diese beginnen dann aber oft mit den vereinfachenden, *abkürzenden Schreibweisen* wie zum Beispiel

$$a + (-b) = a - b \qquad a^{-1} = \frac{1}{a} \qquad b \cdot a^{-1} = \frac{b}{a} \qquad (a \neq 0)$$

Erst durch diese Schreibweisen werden die Subtraktion und Brüche eingeführt!

Hierfür muss man dann doch wieder sorgfältig die Klammersetzung beachten. Denken Sie zum Beispiel an das richtige 'Auflösen von Klammern':

$$a-(b+c) = a-b-c \quad a+(b-c) = a+b-c \quad a-(b-c) = a-b+c$$

Als weitere Folgerungen aus den Axiomen erhält man die Regeln (Nenner $\neq 0$):

$$\frac{a}{b} = \frac{a\cdot c}{b\cdot c} \qquad \frac{a}{b}\cdot c = \frac{a\cdot c}{b} \qquad \frac{a}{b}\cdot\frac{c}{d} = \frac{a\cdot c}{b\cdot d}$$

$$\frac{1}{\frac{1}{a}} = a \qquad \frac{1}{\frac{b}{a}} = \frac{a}{b} \qquad \frac{\frac{c}{d}}{\frac{b}{a}} = \frac{c\cdot a}{d\cdot b}$$

$$\frac{a}{b}+\frac{c}{b} = \frac{a+c}{b} \qquad \frac{a}{b}+\frac{c}{d} = \frac{a\cdot d+b\cdot c}{b\cdot d}$$

$$\frac{a}{b}-\frac{c}{b} = \frac{a-c}{b} \qquad \frac{a}{b}-\frac{c}{d} = \frac{a\cdot d-b\cdot c}{b\cdot d}$$

Bei mehreren Bruchstrichen untereinander ist stets sorgfältig zu schreiben:
$\begin{matrix}a\\\hline b\\\hline c\end{matrix}$ könnte als $\frac{\frac{a}{b}}{c} = \frac{a}{b\cdot c}$ interpretiert werden, aber auch als $\frac{a}{\frac{b}{c}} = \frac{a\cdot c}{b}$!

Zunächst erspart die Scheibweise mit Bruchstrich oft die Klammersetzung. Doch schon bei einfachen Umformungen *müssen* die ersparten Klammern wieder ergänzt werden. Achten Sie bei folgendem Beispiel auf den Zähler:

$$\frac{x+3}{y}\cdot x = \frac{(x+3)\cdot x}{y} \qquad \left(\neq \frac{x+3\cdot x}{y}\right)$$

Die durch den Bruchstrich ersparten Klammern sind bei Eingabe in den Taschenrechner oft wieder zu ergänzen! Hierzu nur das einfache Zahlenbeispiel:
Die Schreibweise $\frac{2+4}{4+2}$ ist gleichbedeutend mit $(2+4)/(4+2) = 1$.
Ohne Klammersetzung erhalten Sie das falsche Ergebnis $2+4/4+2 = 5$.
Sind Sie noch fit? Hier etwas zum Aufwärmen:

Aufgabe 1 *Beweisen Sie die Binomischen Formeln*

$$\begin{aligned}(a+b)^2 &= (a+b)\cdot(a+b) = a^2+2ab+b^2\\(a-b)^2 &= (a-b)\cdot(a-b) = a^2-2ab+b^2\\ \textit{und}\quad & (a+b)\cdot(a-b) = a^2-b^2\end{aligned}$$

Lösung: Ausführlich notiert erhalten wir mit dem Distributivgesetz IX:

$$(a+b)\cdot\underbrace{(a+b)}_{c} = a\cdot(a+b) + b\cdot(a+b) = a\cdot a + a\cdot b + b\cdot a + b\cdot b = a^2 + 2ab + b^2$$

$$(a-b)\cdot\underbrace{(a-b)}_{c} = a\cdot(a-b) - b\cdot(a-b) = a\cdot a - a\cdot b - b\cdot a + b\cdot b = a^2 - 2ab + b^2$$

$$(a+b)\cdot\underbrace{(a-b)}_{c} = a\cdot(a-b) + b\cdot(a-b) = a\cdot a - a\cdot b + b\cdot a - b\cdot b = a^2 - b^2 \qquad \clubsuit$$

Seien Sie auch nicht zu voreilig mit dem Weglassen von Klammern, Beispiel:

$$x - (a-b)\cdot c = x - (a\cdot c - b\cdot c) \quad \text{und} \quad x - (a-b)^2 = x - (a^2 - 2ab + b^2)$$

Ausdrücke zu vereinfachen ist keineswegs einfach, aber häufig lohnenswert:

Aufgabe 2 *Vereinfachen Sie:*

$$(i)\ a - \left(\frac{a-b}{2}\right) \qquad (ii)\ \left(\frac{a}{b} - \frac{b}{a}\right)\cdot\left(\frac{a+b}{a-b} - \frac{a-b}{a+b}\right), \quad (\textit{alle Nenner} \neq 0).$$

Lösung: Wir notieren ganz ausführlich fast jeden einzelnen Rechenschritt. In der Praxis wird man einfache Schritte selbstverständlich zusammenfassen! Vielleicht kontrollieren Sie nebenbei auch, welche Regel Sie gerade benutzen:

$$\text{(i)}\ a - \left(\frac{a-b}{2}\right) = a - \left(\frac{a}{2} - \frac{b}{2}\right) = a - \frac{a}{2} + \frac{b}{2} = 1\cdot a - \frac{a}{2} + \frac{b}{2} =$$

$$\frac{2}{2}\cdot a - \frac{a}{2} + \frac{b}{2} = \frac{2\,a}{2} - \frac{a}{2} + \frac{b}{2} = \frac{2\,a - a}{2} + \frac{b}{2} = \frac{a}{2} + \frac{b}{2} = \frac{a+b}{2}\ \text{(Ergebnis)}$$

Das war noch sehr einfach, aber nun wird es heftiger:

(ii) Jeder der beiden Klammerausdrücke liefert einen Bruch. Der erste ergibt:

$$\frac{a}{b} - \frac{b}{a} = \frac{a\cdot a - b\cdot b}{b\cdot a} = \frac{a^2 - b^2}{a\cdot b}$$

Analog erhalten wir für den zweiten Klammerausdruck:

$$\frac{a+b}{a-b} - \frac{a-b}{a+b} = \frac{(a+b)\cdot(a+b) - (a-b)\cdot(a-b)}{(a-b)\cdot(a+b)} = \frac{(a+b)^2 - (a-b)^2}{a^2 - b^2}$$

$$= \frac{a^2 + 2ab + b^2 - \left(a^2 - 2ab + b^2\right)}{a^2 - b^2} = \frac{a^2 + 2ab + b^2 - a^2 + 2ab - b^2}{a^2 - b^2}$$

$$= \frac{4ab}{a^2 - b^2}$$

Das hat sich gelohnt! Und insgesamt erhalten wir das einfache

Ergebnis: $$\left(\frac{a}{b} - \frac{b}{a}\right)\cdot\left(\frac{a+b}{a-b} - \frac{a-b}{a+b}\right) = \frac{a^2 - b^2}{a\cdot b}\cdot\frac{4ab}{a^2 - b^2} = 4 \qquad \clubsuit$$

Ungleichungen

Ungleichungen sind selten, bereiten dann aber um so mehr Schwierigkeiten. Die Grundlage für den Umgang mit Ungleichungen bilden die sogenannten

Monotonieregeln für alle $a, b, c \in \mathbb{R}$	$a \leq b \;\Leftrightarrow\; a+c \leq b+c$ (c beliebig) $a \leq b \;\Leftrightarrow\; a \cdot c \leq b \cdot c$ (für $c>0$)

Für $a \leq b$ und $a \neq b$ schreibt man kurz $a < b$, anstelle $a \leq b$ auch $b \geq a$.

Überlegen Sie sich zu den wichtigsten Folgerungen einige Zahlenbeispiele:

$$\begin{array}{lll} a<b & \Rightarrow & -a>-b \\ a \neq 0 & \Rightarrow & a^2>0 \\ a>0, b>0 & \Rightarrow & a+b>0 \end{array} \qquad \begin{array}{lll} 0<a<b & \Rightarrow & 0<\frac{1}{b}<\frac{1}{a} \\ a<b & \Rightarrow & a<\frac{a+b}{2}<b \\ a>0, b>0 & \Rightarrow & a \cdot b>0 \end{array}$$

$(1+a) \geq 0 \;\Rightarrow\; (1+a)^n \geq 1+n \cdot a$, ($n \in \mathbb{N}$, Ungleichung von Bernoulli).

Aufgabe 3 *Beweisen Sie für alle* $a, b>0$: $\quad \dfrac{1}{a}+\dfrac{1}{b} \geq \dfrac{4}{a+b}$

Hinweis: $\dfrac{1}{a}+\dfrac{1}{b}=\dfrac{b+a}{a \cdot b}=\dfrac{a+b}{a \cdot b}$

Lösung: Nach dem Hinweis ist zu zeigen, dass gilt: $\dfrac{a+b}{a \cdot b} \geq \dfrac{4}{a+b}$

Wir folgern nach Multiplikation mit $a \cdot b>0$ und anschließend mit $a+b>0$:

$$\frac{a+b}{a \cdot b} \geq \frac{4}{a+b} \;\Leftrightarrow\; a+b \geq \frac{4ab}{a+b} \;\Leftrightarrow\; (a+b)^2 \geq 4ab \;\Leftrightarrow$$

$$a^2+2ab+b^2 \geq 4ab \;\Leftrightarrow\; a^2+2ab+b^2-4ab \geq 4ab-4ab \;\Leftrightarrow$$

$$a^2-2ab+b^2 \geq 0 \;\Leftrightarrow\; (a-b)^2 \geq 0$$

Richtig, das Quadrat der Zahl $(a-b)$ ist bestimmt größer gleich Null! ♣

Intervalle

Ein Intervall ist eine Menge M von reellen Zahlen mit der Eigenschaft:
Mit je zwei Punkten $x_1, x_2 \in M$ *gehört auch jeder Punkt* x *dazwischen zu* M,

kurz: $\quad x_1, x_2 \in M$ und $x_1<x<x_2 \;\Rightarrow\; x \in M$.

Gebräuchlich sind *abgeschlossene* Intervalle $[a;b]=\{x \in \mathbb{R}: a \leq x \leq b\}$ *mit* und *offene* Intervalle $]a;b[=\{x \in \mathbb{R}: a<x<b\}$ *ohne* Randpunkte. Natürlich sind auch halboffene Intervalle möglich. Die gesamte Menge $\mathbb{R}$ ist ein (unbeschränktes) offenes Intervall. Ebenso ist die Menge $\mathbb{R}_+$ der reellen Zahlen $x>0$ ein offenes Intervall. Die Menge $\mathbb{R}_+^0$ der rellen Zahlen $x \geq 0$ bildet ein links abgeschlossenes und rechts offenes Intervall.

Betrag

Erwähnen wir noch den *Betrag* $|x|$ einer Zahl x. Bsp.: $|3| = 3$ und $|-3| = 3$. Für $y = |x|$ mit $x \in \mathbb{R}$ ergibt sich also das folgende Bild:

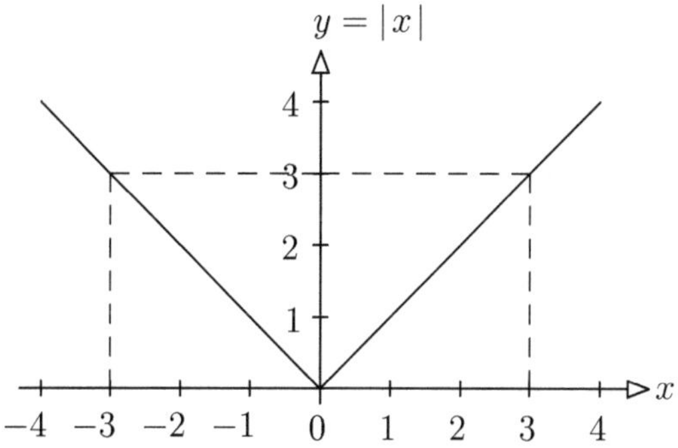

Bestimmen Sie hieran noch einmal rechnerisch $|3| = 3$ und $|-3| = -(-3) = 3$. Im ersten Fall bildet man den Betrag für $x = 3$, im zweiten Fall für $x = -3$.

Sie erkennen, dass die Betragsfunktion aus zwei Teilen zusammengesetzt ist, nämlich aus

$$y = x \text{ für alle } x \geq 0 \quad \text{und} \quad y = -x \text{ für alle } x \leq 0\,.$$

Zusammenfassend schreibt man das auch in folgender Kurzform:

$$|x| = \begin{cases} x & \text{für } x \geq 0 \\ -x & \text{für } x \leq 0 \end{cases}$$

Falls Sie sich noch etwas ausführlicher damit beschäftigen wollen:

Auf Seite 132 unten Teil (ii) erkennen Sie, dass $\sqrt{x^2} = x$ nur für $x \geq 0$ gilt. Allgemein für alle $x \in \mathbb{R}$ beachte man:

$$\boxed{\sqrt{x^2} = |x|}$$

Und gleich als Anwendung hierzu auf Seite 148 die Aufgabe 7, und zwar die Lösung der Gleichung

$$\sqrt{x^2} = \sqrt{(x-2)^2} \quad \text{bzw.} \quad |x| = |x-2|\,.$$

(Das noch fehlende, für die reellen Zahlen charakteristische Zusammenhangsaxiom der reellen Zahlen und Folgerungen daraus finden Sie im Lehrbuch.)

Die komplexen Zahlen $\mathbb{C}$

Als Ergänzung noch eine kurze Wiederholung der komplexen Zahlen

$$z = x + y \cdot i\,,$$

$x \in \mathbb{R}$ der Realteil, $y \in \mathbb{R}$ der Imaginärteil von z, i ist die 'imaginäre' Einheit. Wählen wir als Beispiel $z = 3 - 2i$, so ist also 3 der Realteil, während der Imaginärteil -2 beträgt (nicht $-2i$).

Die Addition zweier komplexer Zahlen ist 'komponentenweise' erklärt, d.h. Real- und Imaginärteil werden einfach nur getrennt addiert:

Beispiel 4 Gegeben seien $z_1 = 4 - 3i\,,\ z_2 = 1 + 2i$:

$$z_1 + z_2 = (4 - 3i) + (1 + 2i) = 4 - 3i + 1 + 2i = 5 - i$$

$$z_1 - z_2 = (4 - 3i) - (1 + 2i) = 4 - 3i - 1 - 2i = 3 - 5i$$

Die Multiplikation und Division von komplexen Zahlen ist nicht wesentlich komplizierter. Hierfür genügt eigentlich zu wissen: Die 'imaginäre Einheit' i ist charakterisiert durch die multiplikative Eigenschaft

$$\boxed{i^2 = -1}$$

Ansonsten erfolgt die Multiplikation analog wie bei reellen Zahlen, Beispiel:

$$z_1 \cdot z_2 = (4-3i)\cdot(1+2i) = 4\cdot(1+2i) - 3i\cdot(1+2i) = 4+8i-3i-6i^2 = 10+5i$$

Alle Regeln auf Seite 1 und 2 gelten auch für komplexe Zahlen, zum Beispiel $z_1 \cdot z_2 = z_2 \cdot z_1$, $(z_1 + z_2) \cdot z_3 = z_1 \cdot z_3 + z_2 \cdot z_3$, usw. Wegen einer fehlenden Ordnung gibt es im Komplexen aber keine Intervalle! ♣

Eine Veranschaulichung der Addition und Multiplikation finden Sie auf S. 110. Die Eulersche Formel wird im Abschnitt 4 f) von Teil II behandelt.

Aufgabe 5 *Sei* $z = 4 + 3i$, $\bar{z} = 4 - 3i$. *Bestimmen Sie*: $z + \bar{z},\ z - \bar{z},\ z \cdot \bar{z}$.

Lösung:

$$z + \bar{z} = (4 + 3i) + (4 - 3i) = 4 + 3i + 4 - 3i = 8$$

$$z - \bar{z} = (4 + 3i) - (4 - 3i) = 4 + 3i - 4 + 3i = 6i$$

$$z \cdot \bar{z} = (4 + 3i) \cdot (4 - 3i) = 16 - 12i + 12i - 9i^2 = 25$$

♣

Ist $z = x + y\,i$ gegeben, $x, y \in \mathbb{R}$, dann nennt man $\bar{\boldsymbol{z}} = x - y\,i$ die zu z *konjugiert komplexe Zahl.* Einfaches Beispiel oben: $z = 4 + 3i\,,\ \bar{z} = 4 - 3i\,.$ Hiermit lässt sich leicht der Real- und Imaginärteil von $z^{-1} = \frac{1}{z}$ bestimmen:

Beispiel 6 Wir bestimmen $z^{-1} = \dfrac{1}{z}$ für $z = 4 + 3i$ durch Erweitern mit $\bar{z}$.

$$z^{-1} = (4+3i)^{-1} = \frac{1}{4+3i} = \frac{1 \cdot (4-3i)}{(4+3i)\cdot(4-3i)} = \frac{4-3i}{25} = \frac{4}{25} - \frac{3}{25}i \quad \clubsuit$$

Entsprechend bestimmt man den Quotienten zweier komplexer Zahlen:

Aufgabe 7 *Berechnen Sie* $\dfrac{6-8i}{4+3i}$ *durch Erweitern mit* $4-3i$.

<u>Lösung:</u> $\dfrac{6-8i}{4+3i} = \dfrac{(6-8i)\cdot(4-3i)}{(4+3i)\cdot(4-3i)} = \dfrac{24-18i-32i-24}{25} = -2i$ $\clubsuit$

Manche Beispiele sind so einfach, dass Sie schon wieder kompliziert scheinen: Wie vereinfachen Sie $\frac{1}{i}$? Die konjugiert komplexe Zahl zu $z = i = 0 + i$ ist einfach nur $\overline{z} = 0 - i = -i$! Das ergibt analog:

$$\frac{1}{i} = \frac{1 \cdot (-i)}{i \cdot (-i)} = \frac{-i}{1} = -i.$$

Viele Funktionen wie $f(z) = z^2 + 9$ besitzen auch komplexe Nullstellen:

$$f(z) = 0 \quad \Leftrightarrow \quad z^2 + 9 = 0 \quad \Leftrightarrow \quad z^2 = -9 \quad \Leftrightarrow \quad z_1 = 3i\,,\; z_2 = -3i$$

Aufgabe 8 *Bestimmen Sie die Nullstellen von* $f(z) = z^2 - 8z + 25$ *durch 'quadratische Ergänzung'.*

<u>Lösung:</u> $z^2 - 8z + 25 = 0 \quad \Leftrightarrow \quad z^2 - 8z + 16 - 16 + 25 = 0 \quad \Leftrightarrow$

$(z-4)^2 + 9 = 0 \quad \Leftrightarrow \quad (z-4)^2 = -9 \quad \Leftrightarrow \quad z - 4 = \pm 3i \quad \Leftrightarrow$

$z_1 = 4 + 3i\,,\; z_2 = 4 - 3i$ $\clubsuit$

Aufgabe 9 *Bestätigen Sie ergänzend zu voriger Aufgabe: Die Faktorisierung eines 'Polynoms' wie* $f(z)$ *erhält man mit Hilfe seiner Nullstellen, die wie in diesem Falle auch komplex sein können. Genauer gesagt gilt*

$$f(z) = (z - z_1)\cdot(z - z_2)$$

<u>Lösung:</u> $(z - z_1)\cdot(z - z_2) =$

$$\begin{aligned}\big(z-(4+3i)\big)\cdot\big(z-(4-3i)\big) &= z^2 - z\cdot(4-3i) - (4+3i)\cdot z + (4+3i)\cdot(4-3i)\\ &= z^2 - 4z + 3zi - 4z - 3zi + 25\\ &= z^2 - 8z + 25 = f(z) \quad \clubsuit\end{aligned}$$

Kapitel 1

Einheiten und Proportionen

1 a) Messwerte und signifikante Stellen

Maßzahl und Maßeinheit

Die Unzertrennlichen Nehmen wir einmal an, Sie haben den Durchmesser einer Scheibe mit einem einfachen Lineal bestimmt und notieren

$$\mathbf{d} = 10{,}7\,\mathrm{cm}\,.$$

Wie üblich, wurde hier das Multiplikationszeichen zwischen der Maßzahl $\mathrm{d} = 10{,}7$ und der Einheit 'cm' weggelassen. Sie sollten aber daran denken, dass es sich dabei um zwei *Faktoren* handelt, die auch immer so behandelt werden müssen. Doch dazu später noch mehr. Ganz wichtig ist natürlich, die Angabe der gewählten Einheit nicht einfach zu vernachlässigen oder gar zu vergessen: Ein Messwert ohne Maßeinheit wäre wie eine Kerze ohne Docht!

Messwert = Maßzahl *mal* Maßeinheit. Ein Messwert ohne Maßeinheit ist gar nichts wert!

Maßzahl und Maßeinheit bilden also ein festes Paar wie Nord- und Südpol. *Ändern Sie aber die Maßeinheit, ändert sich auch die zugehörige Maßzahl*! Vergrößern der einen verkleinert die andere. Das Produkt ist immer konstant:

$$10{,}7\,\mathrm{cm} = 107\,\mathrm{mm} = \mathbf{d}$$

Schließlich ist und bleibt ja auch der Durchmesser **d** eine konstante Größe, unabhängig von der gewählten Einheit. Wir werden uns in diesem Abschnitt vor allem mit der Maßzahl beschäftigen. Der nachfolgende Abschnitt 1 b) behandelt dann den ebenso wichtigen Umgang mit den Einheiten.

Signifikante Stellen

Nullen vorn und hinten Es geht hier um die Genauigkeit einer Messung: Die letzte Stelle wird üblicherweise gerundet, so dass besagter Durchmesser nicht exakt 10,7 cm betragen muss. Immerhin ist die Anzahl der hiermit angegebenen Stellen ein Maß für die erreichte oder gewünschte Genauigkeit! Sie hätten das Ergebnis Ihrer Messung ja auch mit 11 cm angeben können, oder wie man sagt, mit 2 signifikanten Stellen.

> *Signifikante Stellen* nennt man alle angegebenen Stellen einer Maßzahl einschließlich der letzten, eventuell gerundeten Stelle! Die Anzahl der signifikanten Stellen ist ein Maß für die Genauigkeit der Maßangabe.

Doch Vorsicht: $\mathbf{d} = 10{,}7\,\text{cm}$ ist eine Angabe mit nur 3 signifikanten Stellen! Und die Genauigkeit einer solchen Maßangabe ändert sich natürlich nicht durch einen Wechsel der Maßeinheit wie zum Beispiel:

$$\mathbf{107}\ \text{mm} = \mathbf{10{,}7}\ \text{cm} = \mathbf{1{,}07}\ \text{dm} = 0{,}\mathbf{107}\ \text{m} = 0{,}000\,\mathbf{107}\ \text{km}$$

Die Genauigkeit einer Messung lässt sich durch eine solchen Wechsel nicht nachträglich noch verbessern. Das wäre auch sehr merkwürdig, es bleibt selbstverständlich bei der erreichten Genauigkeit von 3 signifikanten Stellen! Jedoch führte die Wahl der Einheit 'Kilometer' leider zu einigen Nullen und *insgesamt 6 Stellen hinter dem Komma,* aber zu keinem genaueren Messwert:

Merke: *Voranstehende Nullen sind keine signifikanten Stellen!*

Ganz anders ist die Situation bei *nachfolgenden Nullen*: Hätten Sie nämlich $\mathbf{d} = 10{,}0\,\text{cm}$ gemessen, wäre das selbstverständlich auch eine Maßangabe mit 3 signifikanten Stellen. Das sollte auch wieder nach einer Umrechnung gelten:

$$\mathbf{100}\ \text{mm} = \mathbf{10{,}0}\ \text{cm} = \mathbf{1{,}00}\ \text{dm} = 0{,}\mathbf{100}\ \text{m} = 0{,}000\,\mathbf{100}\ \text{km}$$

Damit die Genauigkeit Ihrer Messung in solchen Fällen ersichtlich bleibt, müssen die nachfolgenden Nullen, als Ziffern auf diesen signifikanten Stellen, mitgeschrieben werden!

Bleiben zum Schluss nur noch ein paar unproblematische *Sonderfälle* übrig: Konstante wie π oder e haben so viele signifikante Stellen, wie es die Angabe im Rechner oder in der Literatur hergibt. Natürliche Zahlen sind *exakt,* also *gedanklich mit beliebig vielen Nullen hinter dem Komma* zu interpretieren! Die Angabe $1\,\text{cal} = 4{,}184$ Joule (exakt) mit dem Nachwort 'exakt' bedeutet analog, dass dieser Umrechnungsfaktor *fehlerlos* ist, also 4,184 000... beträgt.

IM BETT IST ER 'NE NULL,
ABER SEINE NULLEN AUF MEINEM KONTO
SIND WIRKLICH ERREGEND!
OPEN
CASINO
NIGHT
UB

Aufgabe 1 *Wie groß ist die Anzahl der signifikanten Stellen bei folgenden Maßzahlen:* $a = 0{,}076$; $b = 0{,}0760$; $c = 7{,}60$; $d = 7{,}6$; $e = 76$ *(gerundet)*;

$f = 76$ *(Anzahl)*, $g = e^{\pi}$; $h = \frac{1}{2}$; $i = 0{,}5$; $j = 0{,}500$.

Lösung: a) 2 signifikante Stellen, denn voranstehende Nullen zählen nicht, b) 3 signifikante Stellen, c) ebenfalls 3 , d) nur noch 2 signifikante Stellen, e) genau wie bei a - d ist die letzte Stelle gerundet, also 2 signifikante Stellen, f) Anzahlen sind natürliche Zahlen! Statt 'unendlich viele signifikante Stellen' spricht man in solchen Fällen auch einfach nur von 'exakt' oder 'fehlerlos', g) ist so lange exakt, wie Sie dafür keinen numerischen Ausdruck benutzen, h) ist exakt genau wie Zähler und Nenner, z.B. als Faktor bei $E = \frac{1}{2} \cdot m v^2$, i) dieser numerischer Ersatz für $\frac{1}{2}$ hat nur noch 1 signifikante Stelle, bei j) sind es zumindest 3. ♣

Betrachten Sie solche Überlegungen bitte nicht als unnütz oder übertrieben!

Als Naturwissenschaftler würden Sie sich mit folgender Angabe blamieren:

$$\frac{7{,}60}{e^{\pi}} = 0{,}3284257788$$ (siehe dazu Seite 16).

Und zum richtigen Umgang mit Berechnungen dieser Art sollten Sie zuvor auch die Schreibweise mit Zehnerpotenzen beherrschen:

Wissenschaftliche Schreibweise

Alles nur Schiebung Zur Umrechnung eines Messwertes wie $\mathbf{w} = 16{,}0$ kg in die Einheit Gramm notieren Sie bitte nicht $\mathbf{w} = 16\,000$ g. Sonst werden aus 3 signifikanten Stellen auf wundersame Art und Weise plötzlich deren 5.

Üben wir noch einmal den Gebrauch von Zehnerpotenzen! Die Schreibweise 10^3 ist nur eine Abkürzung für: '*Faktor 10, 3-mal*', also $10 \cdot 10 \cdot 10 = 1000$. Die Multiplikation mit 10^3 'verschiebt' das Komma um 3 Stellen nach *rechts*, der Wert wird entsprechend *größer*:

$$78\,,123\,456 \cdot 10^3 = 78\,123\,,456$$

Die Schreibweise 10^{-3} ist nur eine abkürzende Notation für $\frac{1}{10^3}$, also für $\frac{1}{1000}$. Die Multiplikation mit 10^{-3} 'verschiebt' das Komma um 3 Stellen nach *links*, der Zahlenwert wird entsprechend *kleiner*:

$$78\,123\,,456 \cdot 10^{-3} = 78\,,123\,456$$

Dies lässt sich nun leicht dazu benutzen, um die ursprüngliche Anzahl der signifikanten Stellen bei Umrechnungen zu erhalten!

Der aus **16,0** kg umgerechnete Wert $\mathbf{w} = \mathbf{16}\,000$ g soll so notiert werden, dass die zusätzlich entstandenen zwei Nullen am Ende wieder verschwinden:

$$\mathbf{16}\,000 \longrightarrow \mathbf{160}\cdot 10^2 = \mathbf{16{,}0}\cdot 10^3 = \mathbf{1{,}60}\cdot 10^4 = 0,\mathbf{160}\cdot 10^5$$

Gebräuchlich sind vor allem Schreibweisen, bei denen *die erste signifikante Stelle* unmittelbar *hinter dem Komma* steht, so wie bei der letzten Notation! Oder die erste signifikante Stelle steht als erste Ziffer direkt *vor dem Komma*, wie bei der vorletzten Notation!

Durch Multiplikation mit Zehnerpotenzen wie 10^{-1}, 10^{-2}, usw. vermeidet man die ebenfalls störenden und eigentlich überflüssigen *voranstehenden Nullen*:

$$0{,}000\,\mathbf{160} \longrightarrow 0{,}\mathbf{160}\cdot 10^{-3} = \mathbf{1{,}60}\cdot 10^{-4}$$

Aufgabe 2 *Wie lautet die wissenschaftliche Notation der beiden folgenden Maßzahlen mit den gekennzeichneten 3 signifikanten Stellen 460?*

$$a = \mathbf{4\,60}0\,000\,000 \qquad b = 0{,}000\,000\,\mathbf{460}$$

Lösung: Die Bestimmung der erforderlichen Zehnerpotenz geschieht einfach durch ‘Abzählen’ bzw. ‘Abhaken der Kommastellle’:

$$a = \mathbf{4}\underset{\substack{\uparrow\\9}}{,}\mathbf{6}\underset{\substack{\uparrow\\8}}{,}\mathbf{0}\underset{\substack{\uparrow\\7}}{,}0\underset{\substack{\uparrow\\6}}{,}0\underset{\substack{\uparrow\\5}}{,}0\underset{\substack{\uparrow\\4}}{,}0\underset{\substack{\uparrow\\3}}{,}0\underset{\substack{\uparrow\\2}}{,}0\underset{\substack{\uparrow\\1}}{,}0 = \mathbf{4{,}60}\cdot 10^{\mathbf{9}} = 0{,}\mathbf{460}\cdot 10^{10}$$

$$b = 0\,,\,0\underset{\substack{\uparrow\\1}}{,}0\underset{\substack{\uparrow\\2}}{,}0\underset{\substack{\uparrow\\3}}{,}0\underset{\substack{\uparrow\\4}}{,}0\underset{\substack{\uparrow\\5}}{,}0\underset{\substack{\uparrow\\6}}{,}\mathbf{4}\;\;\mathbf{6}\;\;\mathbf{0} = 0,\mathbf{460}\cdot 10^{-\mathbf{6}} = \mathbf{4{,}60}\cdot 10^{-7}$$

♣

Eine runde Sache Das Ergebnis einer Addition oder Multiplikation muss man in der Regel runden. Lassen Sie uns diesen Vorgang noch einmal üben. Runden wir einen Messwert oder ein Ergebnis wie 2,64 auf zwei signifikante Stellen, so wählt man 2,6. Anschaulich: 2,64 liegt näher bei 2,6 als bei 2,7! Wo liegen die folgenden Beispiele auf der Zahlengeraden? Bitte runden Sie:

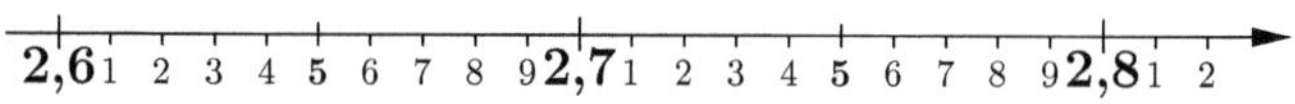

2,642 ⇝ 2,6	2,649 ⇝ 2,6	2,651 ⇝ 2,7
2,742 ⇝ 2,7	2,749 ⇝ 2,7	2,751 ⇝ 2,8

Werte wie 2,65 oder 2,75 liegen genau in der Mitte. Diese runden wir auf: 2,65 ⇝ 2,7 bzw. 2,75 ⇝ 2,8, (hier gibt es auch abweichende Vereinbarungen).

Addition und Multiplikation von Messwerten

Die Fortpflanzung des Fehlers ist bei der Addition eine andere als bei der Multiplikation. Wir werden das an späterer Stelle noch genau diskutieren. Eine solche exakte Durchführung ist aber für den Anfänger eher abschreckend und auch für praktische Zwecke meist viel zu aufwendig! Die nachfolgend beschriebene Vorgehensweise wird in der Praxis gern benutzt, da sie recht schnell und ausreichend genau ist.

Addition und Subtraktion Die Addition von 123,6 g und 0,392 g ergibt formal 123,992 g. Der zweite Messwert war auf *Milligramm* genau, doch bei $123{,}\underline{6}$ war bereits die erste Stelle mit *Zehntelgramm* gerundet! Da schon die erste Stelle nach dem Komma 'wackelt' bzw. gerundet ist, lässt sich das durch die gesteigerte Genauigkeit des zweiten Wertes nicht wieder verbessern! Genauer als *eine Stelle hinter dem Komma* geht es hier nicht: Wir runden also auch beim Ergebnis 123,992 diese Stelle: $123{,}\underline{9}92 \rightsquigarrow 124{,}0$.

> Der Wert mit den wenigsten Stellen nach dem Komma bestimmt die Stelle, wo der Endwert gerundet wird.

Beispiele: Das Unterstreichen der Stelle soll die Vorgehensweise verdeutlichen.

a) $\underbrace{10{,}\underline{7} + 0{,}49}_{11{,}\underline{1}9} = 11{,}2 \qquad \underbrace{10{,}\underline{7} + 4{,}\underline{9}}_{15{,}\underline{6}} = 15{,}6 \qquad \underbrace{10{,}7 + 4\underline{9}}_{5\underline{9}{,}7} = 60$

b) $\underbrace{10{,}\underline{7} - 0{,}49}_{10{,}\underline{2}1} = 10{,}2 \qquad \underbrace{10{,}\underline{7} - 4{,}\underline{9}}_{5{,}\underline{8}} = 5{,}8 \qquad \underbrace{10{,}7 - 4\underline{9}}_{-3\underline{8}{,}3} = -38$

c) $\underbrace{10{,}7 - 4\underline{9} + 0{,}49 + 8{,}42}_{-2\underline{9}{,}39} = -29$

d) $10{,}7 \cdot 10^3 + 0{,}49 \cdot 10^3 = \underbrace{(10{,}\underline{7} + 0{,}49)}_{\text{siehe a)}} \cdot 10^3 = 11{,}2 \cdot 10^3$

e) $10{,}7 \cdot 10^3 + 18 + 0{,}49 \cdot 10^{-1} = (10{,}\underline{7} + 0{,}018 + 0{,}000049) \cdot 10^3 = 10{,}7 \cdot 10^3$

Aufgabe 3 (*i*) *Das Vermögen von 1,42 Milliarden Euro einer Bundesstiftung wurde um 58 Millionen erhöht. Wie hoch würden Sie es jetzt beziffern?*

(*ii*) *Die Ruhemasse eines Neutrons wird mit* $\boldsymbol{m}_n = 1{,}67493 \cdot 10^{-24}$ *g angegeben. Warum ist das rechnerisch ausreichend, um in ein Proton mit der Ruhemasse* $\boldsymbol{m}_p = 1{,}67262 \cdot 10^{-24}$ *g und in ein Elektron zu zerfallen, letzteres mit einer Ruhemasse* $\boldsymbol{m}_e = 9{,}10939 \cdot 10^{-28}$ *g.*

(*Diese sogenannte β–Strahlung wurde 1896 beim Uranerz entdeckt*).

Lösung: (i) $1{,}42 \cdot 10^9 + 58 \cdot 10^6 = (1{,}42 + 58 \cdot 10^{-3}) \cdot 10^9 = \underbrace{(1{,}4\underline{2} + 0{,}058)}_{1{,}4\underline{7}8} \cdot 10^9$
$= 1{,}48 \cdot 10^9$

Ergebnis: Das Vermögen der Bundesstiftung beträgt nun 1,48 Milliarden.

(ii) $m_p + m_e = 1{,}672\,62 \cdot 10^{-24} + 9{,}109\,39 \cdot 10^{-28}$
$= (1{,}672\,62 + 9{,}109\,39 \cdot 10^{-4}) \cdot 10^{-24} = \underbrace{(1{,}672\,6\underline{2} + 0{,}000\,910\,939)}_{1{,}673\,5\underline{3}0\,939} \cdot 10^{-24}$
$= 1{,}673\,53 \cdot 10^{-24} < 1{,}674\,93 \cdot 10^{-24} = m_n$

Ergebnis: Es bleibt sogar noch Masse (= Energie) übrig für die kinetische Energie des Elektrons (und für ein zusätzlich entstehendes Neutrino)! ♣

Wieviele signifikante Stellen nach der Addition übrig bleiben, entscheidet also nicht einfach der Wert mit der geringsten Anzahl signifikanter Stellen. Lassen Sie sich dadurch nicht irritieren: Wenn Sie etwa zu einer relativ genau gemessenen Masse von 3 238 kg nur mit 2 Stellen bestimmte 25 g = 0,025 kg addieren, so bleibt der Wert 3 238 sogar unverändert. Das ist durchaus richtig, denn beim Messwert von 3 238 kg war ja die letzte Stelle mit 8 kg gerundet. Und hierbei sind Abweichungen von bis zu ± 500 g möglich!

Natürlich addiert oder subtrahiert man nur Werte mit gleichen Einheiten! Ggf. rechnet man um, etwa Zentimeter in Meter, Gramm in Kilogramm, ...

Multiplikation und Division Hier entscheidet nun wirklich die *Anzahl* der signifikanten Stellen. Bei unterschiedlicher Genauigkeit bestimmt der Faktor mit der geringsten Anzahl signifikanter Stellen deren Anzahl beim Ergebnis! Diese Regel gilt entsprechend auch für die Division (siehe Lehrbuch):

> Der Wert mit der geringsten Anzahl signifikanter Stellen bestimmt die Anzahl der signifikanten Stellen beim Ergebnis.

Beispiele: Wir unterstreichen die betreffenden signifikanten Stellen.

f) $\underbrace{10{,}7 \cdot 0{,}\underline{49}}_{\underline{5{,}2}43} = 5{,}2$ $\quad \underbrace{10{,}7 \cdot \underline{4{,}9}}_{\underline{52},43} = 52$ $\quad \underbrace{10{,}7 \cdot \underline{49}}_{\underline{52}4{,}3} = 5{,}2 \cdot 10^2$

g) $\underbrace{10{,}7 \,/\, 0{,}\underline{49}}_{\underline{21},836...} = 22$ $\quad \underbrace{10{,}7 \,/\, \underline{4{,}9}}_{\underline{2{,}1}836...} = 2{,}2$ $\quad \underbrace{10{,}7 \,/\, \underline{49}}_{0{,}\underline{21}836...} = 0{,}22$

h) $\underbrace{10{,}7 \cdot 0{,}\underline{49} \cdot 8{,}74 \,/\, 2{,}32}_{\underline{19},7516...} = 20$ $\quad$ i) $\pi \cdot (1{,}3)^2 = \underbrace{3{,}1415926 \cdot \underline{1{,}3} \cdot \underline{1{,}3}}_{\underline{5{,}3}0929...} = 5{,}3$

j) $10{,}7 \cdot 10^5 \cdot 0{,}49 \cdot 10^{-2} = \underbrace{10{,}7 \cdot 0{,}49}_{\text{siehe f)}} \cdot \underbrace{10^5 \cdot 10^{-2}}_{10^3} = 5{,}2 \cdot 10^3$

Bei mehreren Werten rundet man keine Zwischenergebnisse, sondern erst das Endergebnis. Das ist nicht nur praktisch, sondern es verschenkt auch keine Genauigkeit! Natürlich dürfen Sie flexibel bleiben, denn es handelt sich bei alledem nur um recht grobe Regeln. Aber nach einer Messung eines Radius von zum Beispiel $r = 10,7$ cm sollten Sie als Umfang $\mathrm{U} = 2\pi \cdot r$ oder Fläche $F = \pi \cdot r^2$ niemals so etwas notieren wie

$$\begin{aligned} 2\pi \cdot 10{,}7 \text{ cm} &= 67{,}230\,082\,79 \text{ cm} \\ \pi \cdot 10{,}7^2 \text{ cm}^2 &= 359{,}680\,942\,9 \text{ cm}^2 \end{aligned}$$

Der Faktor mit der geringsten Anzahl signifikanter Stellen ist beidesmal $\underline{10{,}7}$. Dementsprechend sollten wir auch die Ergebnisse auf drei signifikante Stellen $\underline{67{,}2}30\,082\,79$ und $\underline{359{,}}680\,942\,9$ runden:

$$\begin{aligned} 2\pi \cdot 10{,}7 &= 67{,}2 \\ \pi \cdot 10{,}7^2 &= 360 \end{aligned}$$

Aufgabe 4 *Als Volumen eines Gegenstandes wurde der Wert* $\boldsymbol{V} = 37{,}1\ cm^3$ *gemessen, für die Masse* $\boldsymbol{m} = 48{,}16\,g$. *Bestimmen Sie seine Dichte* $\rho = \frac{\mathbf{m}}{\mathbf{V}}$.

Lösung: Bei der Division entscheidet die *Anzahl* der signifikanten Stellen. Diese ist am geringsten beim Wert 37,1 mit drei signifikanten Stellen:

$$\rho = \underbrace{\frac{48,16}{\underline{37,1}}}_{\underline{1{,}29}811\ldots} \frac{\text{g}}{\text{cm}^3} = 1{,}30\ \frac{\text{g}}{\text{cm}^3}$$

♣

Absoluter und relativer Fehler

Fehler werden meistens in Betragsstriche gesetzt. Kurz zur Wiederholung: $|\,0{,}031| = |-0{,}031| = 0{,}031$. Der folgende griechische Buchstabe Δ („Delta“) soll an das lateinische ‘D wie Differenz’ erinnern:

> Ist $\boldsymbol{x_N}$ irgendein Näherungswert für den exakten Wert $\boldsymbol{x}$, so heißt
> $\Delta\boldsymbol{x} = |\boldsymbol{x} - \boldsymbol{x_N}|$ der *absolute Fehler*, und $\dfrac{\Delta\boldsymbol{x}}{|\boldsymbol{x}|}$ der *relative Fehler* von $\boldsymbol{x_N}$.

Fehler sind immer etwas lästig, aber manchmal auch von enormer Brisanz: Eine atomare Wiederaufbereitungsanlage gewinnt Plutonium aus atomarem Müll. Die erhaltenen Mengen werden durch aufwendige Messungen bestimmt, doch lassen sich Fehler auch hier nie vermeiden. So fehlten im Jahre 2004 von zu erwartenden $\mathbf{M} \approx 30$ Tonnen am Ende nur $\Delta\mathbf{M} = 30$ kg (absoluter Fehler).

Relativer Fehler: $\dfrac{\Delta \mathbf{M}}{\mathbf{M}} = \dfrac{30\ \text{kg}}{30 \cdot 10^3 \text{kg}} = 0{,}001 = 0{,}1\,\% = 1\,‰$

Der Fehler war im günstigsten Falle nur messtechnischer Art, was bedeutet: Es ist gar kein Plutonium abhanden gekommen, musste aber als fehlend verbucht werden. *Fabrikationstechnisch* war dieser Fehler recht unbedeutend, obwohl diese Menge für den Bau von 7 bis 8 Atombomben ausreichen würde! Das verursachte natürlich einen entsprechenden Pressewirbel. Anscheinend fiel niemandem auf, dass sogar ein relativer Fehler von 3 % als durchaus branchenüblich gilt. Das ist das Dreißigfache des hier gemessenen Fehlers, und mehr als nur besorgniserregend! Die geschilderte Problematik betrifft natürlich auch andere technische Anlagen und sogar medizinische Institute.

Webersches Gesetz Könnten Sie zwei Packungen Zucker unterscheiden, wenn die eine genau 1000 g enthält, die Mogelpackung in der anderen Hand nur 950 g? Hierzu fand der Physiologe E.H. Weber 1834, dass sich größere Gewichte um einen größeren Betrag unterscheiden müssen als kleinere. Entscheidend ist also nicht der absolute Unterschied, sondern der relative. Sie können gerade noch einen Gewichtsunterschied von rund 5 % erkennen:

$$\frac{\Delta \mathbf{G}}{\mathbf{G}} = 0{,}05 \quad \text{oder} \quad \Delta \mathbf{G} = 0{,}05 \cdot \mathbf{G}$$

Unterscheidet sich ein Geräusch von einem anderen nur durch die Intensität, so muss der *relative Unterschied* in diesem Falle zirka 15 % betragen. Für jede Sinnesempfindung gibt es einen großen Bereich, in dem die *relative Änderung der Reizstärke* $\frac{\Delta \mathbf{R}}{\mathbf{R}}$ einen konstanten Wert c nicht unterschreiten darf, um einen Unterschied erkennen zu können:

$$\frac{\Delta \mathbf{R}}{\mathbf{R}} = c \qquad \text{(Webersches Gesetz)}$$

Aufgabe 5 *Angenommen beim Abfüllen einer deklarierten Packung von* $\boldsymbol{G} = 1$ *kg soll ein* *<u>relativer</u>* *Fehler von nicht mehr als 5 % eingehalten werden. Wie groß ist dann der maximale* *<u>absolute</u>* *Fehler* $\Delta \boldsymbol{G}$*?*

<u>Lösung:</u> $\dfrac{\Delta \mathbf{G}}{\mathbf{G}} \leq \underbrace{0{,}05}_{5\,\%} \quad \Rightarrow \quad \Delta \mathbf{G} \leq 0{,}05 \cdot \mathbf{G} = 0{,}05 \cdot 1000\,\text{g} = 50\ \text{g}$

Ergebnis: $\Delta \mathbf{G} \leq 50$ g oder $\mathbf{G} = 1000\ \text{g} \pm 50\,\text{g}$ ♣

Merke: *Der absolute Fehler hat die gleiche Einheit wie die Messgröße! Der relative Fehler ist ohne Einheit und wird oft in Prozent angegeben!*

Fitness - Studio

Addieren oder subtrahieren Sie zwei Werte wie 1000 g ± 50 g und 860 g ± 30 g, so *addieren* sich im ungünstigsten Fall die beiden *absoluten* Fehler:

$$1000\,\mathrm{g} \pm 50\,\mathrm{g} \;+\; 860\,\mathrm{g} \pm 30\,\mathrm{g} \;=\; 1860\,\mathrm{g} \pm 80\,\mathrm{g}$$

$$1000\,\mathrm{g} \pm 50\,\mathrm{g} \;-\; 860\,\mathrm{g} \pm 30\,\mathrm{g} \;=\; 140\,\mathrm{g} \pm 80\,\mathrm{g}$$

Beachten Sie, dass das Vorzeichen des Fehlers beim ersten Wert zum Beispiel positiv, beim zweiten dagegen negativ sein könnte. Das würde sich dann beim Subtrahieren also addieren. In der Regel kennt man diese Vorzeichen nicht! Zur Sicherheit stellt man daher immer den *ungünstigsten* Fall in Rechnung.

Bei Messgeräten ist der maximale absolute oder relative Fehler oft angegeben.

Bei der Multiplikation addieren sich die *relativen* Fehler (siehe Lehrbuch)! Beträgt beispielsweise der relative Fehler des ersten Faktors höchstens 0,03 = 3 % und beim zweiten Faktor höchstens 0,04 = 4 %, so beträgt der relative Fehler des Produkts beider Faktoren maximal 0,07 = 7 %.

Für die Abschätzung des Fehlers gilt also im ungünstigsten Fall:

Bei der *Addition und Subtraktion* addieren sich die *absoluten* Fehler.
Bei der *Multiplikation und Division* addieren sich die *relativen* Fehler.

Rechnerisch ausgedrückt:

$$\begin{array}{|llll|} \hline \mathbf{S} = \boldsymbol{s_1} + \boldsymbol{s_2} \quad \text{oder} \quad \mathbf{S} = \boldsymbol{s_1} - \boldsymbol{s_2} & \Rightarrow & \Delta\mathbf{S} = \Delta\boldsymbol{s_1} + \Delta\boldsymbol{s_2} \\ \mathbf{P} = \boldsymbol{p_1} \cdot \boldsymbol{p_2} \quad \text{oder} \quad \mathbf{P} = \frac{\boldsymbol{p_1}}{\boldsymbol{p_2}} & \Rightarrow & \frac{\Delta\mathbf{P}}{\mathbf{P}} = \frac{\Delta\boldsymbol{p_1}}{\boldsymbol{p_1}} + \frac{\Delta\boldsymbol{p_2}}{\boldsymbol{p_2}} \\ \hline \end{array}$$

Aufgabe 6 *Zu einer Berechnung von* $\boldsymbol{I} = \boldsymbol{m}\,\boldsymbol{v}$ *und* $\boldsymbol{E} = \frac{1}{2}\boldsymbol{m}\,\boldsymbol{v}^2$ *konnte die Masse* $\boldsymbol{m}$ *mit einer Genauigkeit von 2 % bestimmt werden. Der relative Fehler für die Messung der Geschwindigkeit* $\boldsymbol{v}$ *wurde mit maximal 4% angegeben. Schätzen Sie den größtmöglichen Fehler bei der Bestimmung des Impulses* $\boldsymbol{I}$ *und der kinetischen Energie* $\boldsymbol{E}$.

Lösung: $\mathbf{I} = \boldsymbol{m} \cdot \boldsymbol{v} \quad \Rightarrow$

$$\frac{\Delta\mathbf{I}}{\mathbf{I}} = \frac{\Delta\boldsymbol{m}}{\boldsymbol{m}} + \frac{\Delta\boldsymbol{v}}{\boldsymbol{v}} = 0{,}02 + 0{,}04 = 0{,}06 \quad = 2\,\% + 4\,\% = 6\,\%$$

(Die Prozentangabe dürfen, aber müssen Sie nicht als Dezimalzahl ausdrücken.) Es handelt sich stets um den größtmöglichen Fehler, kurz um den 'Größtfehler'.

Bei $\mathbf{E} = \frac{1}{2} \cdot \mathbf{m} \cdot \mathbf{v} \cdot \mathbf{v}$ ist und bleibt der Faktor $\frac{1}{2}$ natürlich exakt, ohne Fehler. Quadrieren wiederholt den Faktor **v** und somit auch den zugehörigen Fehler. Die einzelnen relativen Fehler ergeben somit aufaddiert:

$$\frac{\Delta \mathbf{E}}{\mathbf{E}} = 0{,}00 + 0{,}02 + 0{,}04 + 0{,}04 = 0{,}10 = 10\,\% \qquad \text{(Größtfehler)} \;\clubsuit$$

Das Ergebnis dieser Aufgabe lässt sich auch anders interpretieren, nämlich:

Ändern Sie die Masse eines bewegten Körpers um höchstens 2 % und seine Geschwindigkeit um höchstens 4 %, so ändert sich sein Impuls um nicht mehr als 6 % und seine kinetische Energie um höchstens 10 %.

Aufgabe 7 *Falls die Messung der Massen* $\mathbf{M_1}$ *und* $\mathbf{M_2}$ *mit einem Fehler von maximal 0,5 % behaftet ist, der Abstand* **r** *mit 1 %, und der Wert* **G** *mit 7 %, wie hoch schätzen Sie dann den Größtfehler* $\frac{\Delta \mathbf{F}}{\mathbf{F}}$ *bei der Berechnung von*

$$\mathbf{F} = \mathbf{G} \cdot \frac{\mathbf{M_1} \cdot \mathbf{M_2}}{\mathbf{r}^2}$$

Lösung: Die relativen Fehler addieren sich sowohl bei Multiplikation als auch bei Division. Das ergibt als Größtfehler für

$$\frac{\Delta \mathbf{F}}{\mathbf{F}} = 2 \cdot 0{,}005 + 0{,}07 + 2 \cdot 0{,}01 = 0{,}10 = 10\,\% \qquad \clubsuit$$

Zur Wiederholung:

Relative und absolute Fehler kann man leicht umrechnen!

$$\frac{\Delta \mathbf{F}}{\mathbf{F}} = 0{,}10 \quad \text{bedeutet auch} \quad \Delta \mathbf{F} = 0{,}10 \cdot \mathbf{F}$$

Den absoluten Fehler $\Delta \mathbf{F}$ benötigen Sie beispielsweise, falls die Größe **F** in einer anderen Rechnung als Summand auftritt, wie etwa bei $\mathbf{S} = \mathbf{F} - \mathbf{K}$. Angenommen, Sie müssen hierfür den Gesamtfehler abschätzen:

Ausgehend von

$$\mathbf{S} = \mathbf{F} - \mathbf{K}$$

folgern Sie zur Abschätzung des Größtfehlers zunächst

$$\Delta \mathbf{S} = \Delta \mathbf{F} + \Delta \mathbf{K},$$

setzen den errechneten Wert für $\Delta \mathbf{F}$ ein, und bestimmen zusammen mit $\Delta \mathbf{K}$ schließlich den absoluten Fehler $\Delta \mathbf{S}$ und daraus den relativen Fehler $\frac{\Delta \mathbf{S}}{\mathbf{S}}$.

1 b) Das Internationale Einheiten – System (SI)

Die glorreichen Sieben

Die Angabe eines Radius wie $\mathbf{r} = 0{,}65 \cdot \mathrm{m}$ ist ein Produkt(!) aus der Maßzahl $\mathrm{r} = 0{,}65$ und der zu **r** gehörigen Einheit. Letztere notieren wir hier abkürzend als $[\mathbf{r}] = \mathrm{m}$, somit: $\mathbf{r} = \mathrm{r} \cdot [\mathbf{r}]$. Das Multiplikationszeichen lässt man oft weg! *In diesem Abschnitt geht es um die vielen möglichen Einheiten für* $[\mathbf{r}]$!

Die „Generalkonferenz für Maß und Gewicht“ sorgt seit 1889 regelmäßig für eine Anpassung der Einheitendefinition an den technischen Fortschritt. Im Jahr 1960 führte dies zu einer neuen Gesamtregelung mit der Bezeichnung **S**ystème **I**nternational d'Unités:

SI–Basisgröße	SI–Basiseinheit	Symbol
Länge	Meter	m
Masse	Kilogramm	kg
Zeit	Sekunde	s
Stoffmenge	Mol	mol
Stromstärke	Ampère	A
Lichtstärke	Candela	cd
Temperatur	Kelvin	K (nicht °K)

Die Auswahl von 7 Messgrößen und Maßeinheiten hat keine zahlenmystische, sondern nur historische und pragmatische Gründe. Diese Basisgrößen sind unabhängig voneinander, alle übrigen Grössen lassen sich aus ihnen ableiten.

Bei der Multiplikation solcher Größen werden die betreffenden Maßzahlen *und* die zugehörigen Maßeinheiten multipliziert, bei der Division dividiert. Folglich erhält somit zum Beispiel eine Fläche die Maßeinheit $\mathrm{m} \cdot \mathrm{m} = \mathrm{m}^2$, eine Geschwindigkeit $\frac{\mathrm{m}}{\mathrm{s}}$.

Bezeichnen also $[\mathbf{u}]$ und $[\mathbf{v}]$ die Maßeinheiten der Messgrößen **u** und **v**, so gilt für die Maßeinheit $[\mathbf{u} \cdot \mathbf{v}]$ des Produkts bzw. des Quotienten $[\mathbf{u}/\mathbf{v}]$:

$$[\mathbf{u} \cdot \mathbf{v}] = [\mathbf{u}] \cdot [\mathbf{v}] \qquad [\mathbf{u} / \mathbf{v}] = [\mathbf{u}] / [\mathbf{v}]$$

Merke: *Die Einheit eines Produkts ist gleich dem Produkt der Einheiten.*
Die Einheit eines Quotienten ist gleich dem Quotienten der Einheiten.

Fläche, Volumen: Aus Fläche = Länge · Breite folgt dementsprechend

$$[\,\text{Fläche}\,] = [\,\text{Länge}\,]\cdot[\,\text{Breite}\,] = \text{m} \cdot \text{m} = \text{m}^2 \text{ (Quadratmeter).}$$

Entsprechend ergibt sich für das Volumen die Einheit m^3 (Kubikmeter).

Geschwindigkeit: Bei konstanter Geschwindigkeit $\mathbf{v}$ gilt für die Strecke $\mathbf{s}$ nach der Zeit $\mathbf{t}$ die Beziehung $\mathbf{s} = \mathbf{v}\cdot\mathbf{t}$. Das bedeutet $\mathbf{v} = \mathbf{s}/\mathbf{t}$ und

$$[\,\mathbf{v}\,] = [\,\mathbf{s}\,]\,/\,[\,\mathbf{t}\,] = \text{m/s} = \text{m} \cdot \text{s}^{-1}$$

(Die Notation $\text{m}\cdot\text{s}^{-1}$ anstelle m/s erspart die Schreibweise mit Bruchstrich). Zum Beispiel ergeben olympische „100 Meter in 10 Sekunden“

$$\frac{100\,\text{m}}{10\,\text{s}} = 10\,\frac{\text{m}}{\text{s}} = 10\ \text{m}\cdot\text{s}^{-1} \ (= 10 \text{ „Meter pro Sekunde“})$$

wobei wir natürlich eine konstante Geschwindigkeit vorausgesetzt haben. Bei nichtkonstanten Bedingungen ist $\mathbf{v}$ zu bestimmen als Grenzwert von $\Delta\mathbf{s}\,/\,\Delta\mathbf{t}$, doch ändert das nichts an den Einheiten!

Beschleunigung: Springen Sie im Schwimmbad vom Turm, beträgt Ihre Geschwindigkeit im freien Fall nach einer Sekunde etwa 10 Meter pro Sekunde (genauer 9,8 $\text{m}\cdot\text{s}^{-1}$). Nach zwei Sekunden wären es ungebremst bereits 20 Meter pro Sekunde, und nach drei Sekunden schon 30 Meter pro Sekunde:

Es gilt also für die momentante Geschwindigkeit die Beziehung $\mathbf{v} = \mathbf{b}\cdot\mathbf{t}$, bei konstanter Beschleunigung $\mathbf{b}$ und nach der Zeit $\mathbf{t}$. Das bedeutet $\mathbf{b} = \mathbf{v}/\mathbf{t}$. Allgemein ist es der Grenzwert von $\Delta\mathbf{v}/\Delta\mathbf{t}$. Für die Einheiten folgt daraus:

$$[\,\mathbf{b}\,] = \frac{[\,\mathbf{v}\,]}{[\,\mathbf{t}\,]} = \frac{\frac{\text{m}}{\text{s}}}{\text{s}} = \frac{\text{m}}{\text{s}^2} = \text{m}\cdot\text{s}^{-2}$$

Die Erdbeschleunigung beträgt je nach Standort ungefähr $\mathbf{g} = 9{,}807\ \text{m}\cdot\text{s}^{-2}$. Ohne Luftwiderstand beträgt die Fallgeschwindigkeit nach 3 Sekunden also bereits rund $3\cdot 9{,}8 = 29{,}4$ Meter pro Sekunde oder umgerechnet 106 km/h. Schon erstaunlich: In 3 Sekunden von Null auf Hundert!

Zum Glück bremst der Luftwiderstand: Regen bringt es auf 20 bis 40 km/h, je nach Größe der Tropfen. Hagel wird nur auf 60 bis 120 km/h abgebremst. Fallschirmspringer erreichen ungefähr 200 km/h. Doch der wesentlich kleinere Wanderfalke bringt es im Sturz nach unten dank ausgefeilter Aerodynamik auf etwa 320 km/h. Man stelle sich einen Fallschirmspringer vor, wie er kurz vor dem Ziehen der Reißleine von einem Falken mit 120 km/h überholt wird:

HAU AB-
DIE MAUS DA UNTEN
GEHÖRT MIR!

Kraft: Die Kraft ist definiert als Produkt aus Masse mal Beschleunigung:

$$[\text{Kraft}] = [\text{Masse}] \cdot [\text{Beschleunigung}] = \text{kg} \cdot \text{m} \cdot \text{s}^{-2} = \text{N}$$

Wird ein Einheiten-Produkt zu kompliziert, erhält es einen neuen Namen mit eigenem Symbol, hier „N“ für „Newton“. Ein Körper mit der Masse 1 kg drückt also aufgrund der Erdbeschleunigung von 9,8 $\text{m} \cdot \text{s}^{-2}$ mit der *Gewichtskraft* von 9,8 Newton auf seine Unterlage! Bei einer Tafel Schokolade von 100 Gramm sind es 0,98 Newton. Nehmen wir noch die Verpackung dazu, so sind es bei angenommenen 102 Gramm ziemlich genau ein Newton!

Die Rakete Ariane 5 erzeugte eine *Schubkraft* von 11,6 MN (Mega-Newton), bei einem *Startgewicht* von 790 Tonnen. Das entspricht einer dem Schub entgegengesetzten Kraft von 7,74 MN. Es bleiben also noch 3,86 MN zur Beschleunigung beim Start übrig.

Arbeit: Die Beziehung Arbeit = Kraft · Weg ergibt als zugehörige Einheit:

$$[\text{Arbeit}] = \text{N} \cdot \text{m} = \text{kg} \cdot \text{m} \cdot \text{s}^{-2} \cdot \text{m} = \text{kg} \cdot \text{m}^2 \cdot \text{s}^{-2} = \text{J}$$

mit J für Joule (gesprochen „Dschuhl“). Heben Sie 1 kg, was einer Gewichtskraft von 9,8 N entspricht, um 1 m nach oben, so sind das demnach 9,8 J. Und falls Sie eine Masse von 75 kg, vielleicht ihre eigene, um 100 Meter nach oben bewegen, so sind das $75\,\text{kg} \cdot 9{,}8\,\frac{\text{m}}{\text{s}^2} \cdot 100\,\text{m} = 73\,500$ Joule! Jeder weiß, Treppensteigen macht schlank und bringt Sie vielleicht ins Schwitzen. Doch diese Energiemenge reicht in Wärme umgewandelt gerade mal dafür aus, um einen Becher Wasser zum Kochen zu bringen!

Leistung: Aus Leistung gleich Arbeit durch Zeit folgt nun:

$$[\text{Leistung}] = \text{J}/\text{s} = \text{kg} \cdot \text{m}^2 \cdot \text{s}^{-2}/\text{s} = \text{kg} \cdot \text{m}^2 \cdot \text{s}^{-3} = \text{W}$$

Um beim vorigen Beispiel zu bleiben: Was glauben Sie, wie lange Sie brauchen, um die 100 m nach oben zu kommen, etwa in einem Turm? Schaffen Sie am Anfang mehrere Stufen gleichzeitig, also insgesamt vielleicht einen Meter *pro Sekunde*? Dann sind das bei 75 kg Körpergewicht $75\,\text{kg} \cdot 9{,}807\,\frac{\text{m}}{\text{s}^2} \cdot 1\,\text{m}$ gleich 735,5 J *pro Sekunde*, also 735,5 W. Das entspricht exakt einer Leistung von 1 PS (nicht mehr gebräuchliche Einheit „Pferdestärke“). Das halten Sie nicht lange durch. Kein Mensch kann „arbeiten wie ein Pferd“! Kurzzeitig erreicht ein trainierter Mensch durchaus 1500 W, die Dauerleistung liegt aber nur bei 80 bis 100 W. Und ein Pferd schafft zumindest kurzfristig 20 PS. Das menschliche Herz hält mit einer Leistung von etwa 2 W den gesamten Blutkreislauf in Gang!

Auf diese einfache Weise erhält man schrittweise eine Tabelle folgender Art, die man so noch weiter verlängern könnte:

Abgeleitete Messgrößen und Einheiten (SI)

Abgeleitete Größe	Einheiten-Produkt	Abkürzungen	
Fläche	m^2		
Volumen	m^3		
Geschwindigkeit	$m \cdot s^{-1}$		
Beschleunigung	$m \cdot s^{-2}$		
Kraft	$kg \cdot m \cdot s^{-2}$	$= N$	(Newton)
Arbeit, Energie, Wärmemenge	$kg \cdot m^2 \cdot s^{-2}$	$= N \cdot m = J$	(Joule)
Leistung	$kg \cdot m^2 \cdot s^{-3}$	$= J/s = W$	(Watt)
Druck	$kg \cdot m^{-1} \cdot s^{-2}$	$= N/m^2 = Pa$	(Pascal)
Elektrische Spannung	$kg \cdot m^2 \cdot s^{-3} \cdot A^{-1}$	$= W/A = V$	(Volt)
Elektrischer Widerstand	$kg \cdot m^2 \cdot s^{-3} \cdot A^{-2}$	$= V/A = \Omega$	(Ohm)
Elektrischer Leitwert	$kg^{-1} \cdot m^{-2} \cdot s^3 \cdot A^2$	$= 1/\Omega = S$	(Siemens)
Elektrische Ladung	$s \cdot A$	$= C$	(Coulomb)
Elektrische Kapazität	$kg^{-1} \cdot m^{-2} \cdot s^4 \cdot A^2$	$= C/V = F$	(Farad)
Magnetische Flussdichte	$kg \cdot s^{-2} \cdot A^{-1}$	$= N/(A \cdot m) = T$	(Tesla)

Diese Einheiten wurden „kohärent“ abgeleitet, das heißt als formale Potenzprodukte mit dem Faktor 1 gebildet! Eine solche Einheit ist beispielsweise

$$1 \cdot kg \cdot m^2 \cdot s^{-2} = 1 \cdot J \text{ („Joule“)}.$$

Gegenbeispiele: $4{,}184 \cdot kg \cdot m^2 \cdot s^{-2} = 1 \cdot cal$ („Kalorie“) und $101\,325 \cdot kg \cdot m^{-1} \cdot s^{-2} = 1 \cdot atm$ („Atmosphäre“) sind wegen des Faktors 4,184 bzw. 101 325 systemfremde Einheiten und werden eigentlich nicht mehr benötigt!

Die SI–Einheiten wurden auch in den USA übernommen, doch gelten dort weiterhin parallel die historisch anmutenden alten Systeme: Maße wie etwa „inch, pound, pint, ... sind offiziell gültig, erinnern aber mehr an Folklore. Das Nebeneinander zur Moderne führt leicht zu Kollisionen: Beim Landemanöver der amerikanischen Marssonde „Climate Orbiter“ arbeiteten zwei Kontrollteams mit unterschiedlichen Maßsystemen. Das eine Team benutzte das metrische System, das andere verwendete Einheiten wie Inches und Fuß. Das millionenschwere Unternehmen scheiterte: Folklore kann auch teuer sein!

Genug der Theorie, wie wäre es mit einer kleinen Anwendung?

Aufgabe 1 *Rentner Benedikt und sein Nachbar Carsten möchten ein paar Pfunde abtrainieren! Deshalb legen sie jedes Mal vor dem abendlichen Kartenspiel erst eine Strecke von 3 km zurück. Sie starten zwar gleichzeitig, aber während Benedikt gemütlich geht, joggt Carsten diese Strecke. Nach dem Duschen erledigt er noch Schreibtischarbeiten, bis Benedikt wieder zurück ist!*

Die benötigte Leistung für unsere Tätigkeiten erbringt unser Stoffwechsel, (Stoffwechselrate). In einer Tabelle finden wir für folgende Tätigkeiten die entsprechenden Leistungsangaben. Verbuchen Sie das Duschen einfach unter Schreibtischtätigkeit. Bestimmen und vergleichen Sie den Energieverbrauch! Das Ergebnis ist überraschend. (Hinweis: Energie = Leistung mal Zeit).

Tätigkeit	Stoffwechselrate
absolute Ruhe	80 $Watt$
Schreibtischarbeit	120 $Watt$
Gehen (3km/h)	290 $Watt$
Joggen (12km/h)	700 $Watt$

Lösung: Die Rechnung für Benedikt ist besonders einfach:

Für 3 km benötigt er bei seiner gemütlichen Geschwindigkeit von 3 km/h genau eine Stunde! Das sind umgerechnet 3600 Sekunden und ergibt einen Energieverbrauch = 'Leistung mal Zeit' von:

$$E_{\text{Benedikt}} = 290\ \text{W} \cdot 3600\ \text{s} = 1044 \cdot 10^3\ \text{Ws} = 1044 \cdot 10^3\ \text{Joule}$$

(4,184 Joule entsprechen 1 Kalorie. Umrechnen ergibt rund 250 Kilokalorien.)

Carsten benötigt bei 12 km/h für die 3 km nur eine Viertelstunde. Das sind umgerechnet lediglich 900 Sekunden. Für einen korrekten Vergleich müssen wir fairerweise auch seinen Energieverbrauch bis zum Eintreffen von Benedikt hinzurechnen! Er verbringt die restliche 3/4 Stunde gleich 2700 Sekunden mit Büroarbeit. Das ergibt dann insgesamt:

$$\begin{aligned} E_{\text{Carsten}} &= 700\,\text{W} \cdot 900\ \text{s} + 120\ \text{W} \cdot 2700\ \text{s} \\ &= 630 \cdot 10^3\ \text{Ws} + 324 \cdot 10^3\ \text{Ws} \\ &= 954 \cdot 10^3\ \text{Ws} = 954 \cdot 10^3\ \text{Joule} \end{aligned}$$

Kaum zu glauben, aber Carsten verbraucht fast 10 % weniger als Benedikt! (Das ändert sich auch nicht durch Umrechnen, bei Carsten 228 Kilokalorien.)

Ergebnis: Joggen ist eine zeit–, aber auch energiesparende Fortbewegung! ♣

Beispiel 2 Die Leistung $\mathbf{L} = \mathbf{U} \cdot \mathbf{I}$ in einem elektrischen Stromkreis errechnet sich als Produkt aus Spannung $\mathbf{U}$ und Stromstärke $\mathbf{I}$. Wir folgern daraus:

$$[\,\mathbf{U}\,] = [\,\mathbf{L}\,]/[\,\mathbf{I}\,] \;= \mathrm{W/A} = \mathrm{W} \cdot \mathrm{A}^{-1} = \mathrm{V}.$$

Einsetzen des bereits bekannten Einheiten-Produkts für W ergibt das in der Tabelle angegebene Produkt. Bei einem Wasserkocher mit einer Leistung von 735 Watt und einer Netzspannung von 230 Volt beträgt die Stromstärke rund 3,2 Ampere. Der Zitteraal erzeugt eine Spannung von etwa 900 V bei einer Stromstärke bis zu einem Ampere! Ganz kurz noch weitere Beispiele:

Die Einheit für den elektrischen Widerstand $\mathbf{R}$ folgt aus $\mathbf{U} = \mathbf{R} \cdot \mathbf{I}$. Der Leitwert ist nur der reziproke Wert des Widerstandes. Die Stromstärke $\mathbf{I}$ ergibt sich auch als Quotient aus der elektrischen Ladung $\mathbf{Q}$ (Strommenge) und der Zeit $\mathbf{t}$: $\mathbf{I} = \mathbf{Q}/\mathbf{t}$, Menge pro Zeit! Hieraus folgt dann die Beziehung $[\,\mathbf{Q}\,] = [\,\mathbf{t}\,] \cdot [\,\mathbf{I}\,] \;= \mathrm{s} \cdot \mathrm{A} = \mathrm{C}$ (Coulomb). ♣

Und hier nun ein überraschendes Ergebnis mit Elektrizität und Magnetismus:

Aufgabe 3 (*i*) *Taschenrechner gefragt, bestimmen Sie:* $\mathbf{c} = \sqrt{\dfrac{1}{\varepsilon_0 \cdot \boldsymbol{\mu}_0}}$,

mit $\varepsilon_0 = 8{,}854\,187\,817 \cdot 10^{-12}\, A \cdot s \cdot V^{-1} \cdot m^{-1}$, $\boldsymbol{\mu}_0 = 4\pi \cdot 10^{-7}\, V \cdot s \cdot A^{-1} \cdot m^{-1}$!

(ε_0 *die elektrische Feldkonstante, auch Dielektrizitätskonstante des Vakuums, Permittivität des Vakuums oder Influenzkonstante genannt; die Konstante* $\boldsymbol{\mu}_0$ *heißt auch magnetische Permeabilität oder Induktionskonstante).*

(*ii*) *Um welche Art von abgeleiteter Meßgröße wie elektrischer Widerstand, Fläche oder Kraft handelt es sich bei diesem Wert* $\mathbf{c}$ *?*

Lösung: (i) Zunächst ohne die Wurzel, Maßzahlen und Einheiten getrennt:

$$\frac{1}{\varepsilon_0 \cdot \boldsymbol{\mu}_0} = \frac{1}{8{,}854\,187\,817 \cdot 10^{-12} \cdot 4\pi \cdot 10^{-7} \cdot \ \mathrm{A} \cdot \mathrm{s} \cdot \mathrm{V}^{-1} \cdot \mathrm{m}^{-1} \cdot \ \mathrm{V} \cdot \mathrm{s} \cdot \mathrm{A}^{-1} \cdot \mathrm{m}^{-1}}$$

$$= \frac{1}{111{,}265\,005\,6 \cdot 10^{-19} \cdot \mathrm{A}^0 \cdot \mathrm{s}^2 \cdot \mathrm{V}^0 \cdot \mathrm{m}^{-2}} = \frac{1}{111{,}265\,005\,6 \ \cdot \ 10^{-19}} \cdot \frac{1}{\mathrm{s}^2 \cdot \mathrm{m}^{-2}}$$

$$= 8{,}987\,551\,788 \cdot 10^{16} \cdot \frac{\mathrm{m}^2}{\mathrm{s}^2}$$ Hiermit folgt nun leicht:

(ii) $\mathbf{c} = \sqrt{8{,}987\,551\,788 \cdot 10^{16} \cdot \frac{\mathrm{m}^2}{\mathrm{s}^2}} = 299\,792\,458\ \frac{\mathrm{m}}{\mathrm{s}} \approx 300\,000\ \frac{\mathrm{km}}{\mathrm{s}}$

Die Einheit $\frac{\mathrm{m}}{\mathrm{s}}$ bedeutet: Es handelt sich bei $\mathbf{c}$ um eine Geschwindigkeit! (Und zwar die Lichtgeschwindigkeit, ein *elektro magnetisches* Resultat). ♣

Vorsilben (Präfixe) für dezimale Vielfache und Bruchteile

Sind Einheiten für bestimmte Anwendungen zu groß oder zu klein, so geht man einfach zu dezimalen Vielfachen oder Bruchteilen über. Zum Beispiel ist ein Zentimeter der hunderste Teil eines Meters:

$$\text{Zentimeter} = \text{cm} = 10^{-2} \cdot \text{m} = \tfrac{1}{100}\ \text{m}$$

Die Vorsilbe „Zenti“, abkürzendes Symbol „c“, steht für den Faktor 10^{-2} gleich $\frac{1}{100}$, also für den hundertsten Teil. Die wichtigsten Vorsilben (‘Präfixe’) und Symbole sind in der nachfolgenden Tabelle zusammengefasst:

Vorsilbe	Symbol	Faktor	Vorsilbe	Symbol	Faktor
deka	da	10^{1}	dezi	d	10^{-1}
hekto	h	10^{2}	zenti	c	10^{-2}
kilo	k	10^{3}	milli	m	10^{-3}
mega	M	10^{6}	mikro	μ	10^{-6}
giga	G	10^{9}	nano	n	10^{-9}
tera	T	10^{12}	piko	p	10^{-12}
peta	P	10^{15}	femto	f	10^{-15}
exa	E	10^{18}	atto	a	10^{-18}
zetta	Z	10^{21}	zepto	z	10^{-21}
yotta	Y	10^{24}	yokto	y	10^{-24}

Gemäß dieser Tabelle ist hPa die Abkürzung für $10^2 \cdot$ Pa (Hektopascal), pF für $10^{-12} \cdot$ F (Pikofarad), genauso wie nm für $10^{-9} \cdot$ m (Nanometer). Der mittlere Luftdruck auf Meereshöhe beträgt:

$$1013 \cdot 10^2\,\text{Pa (Pascal)} = 1013\ \text{hPa (Hektopascal)} = 101{,}3\ \text{kPa (Kilopascal)}$$

Der Durchmesser eines Atomkerns liegt in der Größenordnung von einem Femtometer. Der Durchmesser eines gesamten Atoms beträgt dagegen 100 bis 400 Pikometer und ist somit mehr als 100 000 mal größer als der Kern. Wäre der Kern ein Zentimeter groß, so befänden sich die umgebenden Elektronen in einem Abstand von 0,5 bis 2 Kilometer vom Kern.

Die Abkürzungen „da, h, k“ und „d, c, m“ folgen zunächst in Zehnerschritten, die weiteren dann in Tausenderschritten. Bei den Vielfachen handelt es sich übrigens um griechische, bei den Bruchteilen um lateinische Bezeichnungen.

Vorsicht Stolpersteine Vorsilben oder ihre Symbole werden von der zugehörigen Einheit *nicht* durch Leerzeichen getrennt: mV bedeutet Millivolt, m V steht für m · V (Meter mal Volt). Wird der Punkt für die Multiplikation weggelassen, muss offensichtlich ein Leerzeichen dafür stehen bleiben!

Jeder Einheit darf nur eine einzige Vorsilbe bzw. nur ein einziges Symbol voranstehen! Zum Beispiel muss ein Millimillivolt bzw. mmV natürlich als Mikrovolt beziehungsweise μV notiert werden! *

Das Rechnen mit diesen Vorsilben birgt weitere unerwartete Tücken:

Aufgabe 4 (*i*) *Bestimmen Sie das Volumen einer 10 m hohen Säule bei einer Grundfläche von lediglich 1 cm². Formulieren Sie das Ergebnis mit einer alltagsüblichen Einheit.*

(*ii*) *Kniffliger: Wieviel Quadratmeter sind eigentlich 1 Quadratzentimeter?*

Lösung: (i) Das Volumen berechnet sich als Grundfläche mal Höhe:

$$\mathbf{V} = \mathbf{G} \cdot \mathbf{h} = 10\,\mathrm{m} \cdot 1\,\mathrm{cm}^2 = 10 \cdot \mathrm{m} \cdot \mathrm{cm}^2 \text{ ?}$$

Rechnen wir einfach Meter in Zentimeter um, $1\,\mathrm{m} = 100\ \mathrm{cm}$:

$$\mathbf{V} = 10 \cdot \mathrm{m} \cdot \mathrm{cm}^2 = 10 \cdot 100 \cdot \mathrm{cm} \cdot \mathrm{cm}^2 = 1000\ \mathrm{cm}^3$$

Da $\mathrm{cm}^3 = \mathrm{mL}$ (Milliliter) wäre $1000\ \mathrm{mL} = 1$ Liter eine alltagsübliche Einheit.

(ii) Gilt wegen $\mathbf{c} = 10^{-\mathbf{2}}$: $1\,\mathbf{c}\mathrm{m}^2 = 10^{-\mathbf{2}}\,\mathrm{m}^2$? Denken Sie an die Bedeutung der abkürzenden Notation: $\mathrm{cm}^2 = \mathrm{cm} \cdot \mathrm{cm} = 10^{-2} \cdot \mathrm{m} \cdot 10^{-2} \cdot \mathrm{m} = 10^{-4} \cdot \mathrm{m}^2$! *Richtig ist es also, um* $10^{-2} \cdot \mathrm{m}$ *Klammern zu setzen*:

$$\mathbf{c}\mathrm{m}^2 = (10^{-\mathbf{2}} \cdot \mathrm{m})^2 = 10^{-\mathbf{4}} \cdot \mathrm{m}^2$$ ♣

Merke: *Eine Potenz gilt vereinbarungsgemäß auch immer für die Vorsilbe! Beim Er'setzen' einer Vorsilbe durch den Dezimalfaktor 'Klammern setzen'!*

Beispiel 5

$$\mathrm{cm}^3 = (10^{-2} \cdot \mathrm{m})^3 = 10^{-6} \cdot \mathrm{m}^3 \neq \mu\mathrm{m}^3,$$
$$\mu\mathrm{m}^3 = (10^{-6} \cdot \mathrm{m})^3 = 10^{-18} \cdot \mathrm{m}^3 \neq \mathrm{am}^3.$$

Die Dichte von Wasser in SI–Einheiten: $1\,\dfrac{\mathrm{g}}{\mathrm{cm}^3} = \dfrac{10^{-3}\,\mathrm{kg}}{10^{-6}\,\mathrm{m}^3} = 1000\,\dfrac{\mathrm{kg}}{\mathrm{m}^3}$. ♣

Aufgabe 6 *Rechnen Sie 580 μm^2 um in mm^2.*

Lösung: $1\,\mu\mathrm{m}^2 = (10^{-6}\,\mathrm{m})^2 = (10^{-6} \cdot 10^3\,\mathrm{mm})^2 = (10^{-3}\mathrm{mm})^2 = 10^{-6}\mathrm{mm}^2$,
$580\,\mu\mathrm{m}^2 = 580 \cdot 10^{-6}\,\mathrm{mm}^2 = 0{,}580 \cdot 10^{-3}\,\mathrm{mm}^2$ (Ergebnis). ♣

*Keine(!) Einheit ist „der Par<u>a</u>meter“, Betonung bitte wie bei „Par<u>a</u>bel“, aber mit kurzem *a*!

Druck machen: at, atm, bar.

Aufgabe 7 *Mit einer Nadel können Sie einen sehr hohen Druck ausüben, denn 'Druck = Kraft durch Fläche'. Das SI Einheiten–Produkt heißt Pascal:*

$$Pa = N/m^2 = kg \cdot m^{-1} \cdot s^{-2}$$

Wie hoch ist der Druck bei einer Gewichtskraft der Masse 1 kg auf 1 cm² ? (Hinweis: Gewichtskraft $\boldsymbol{K}$ *= Masse mal Erdbeschleunigung,* $\boldsymbol{g} = 9{,}807\,\frac{\mathrm{m}}{\mathrm{s}^2}$ *).*

Lösung: Die Erdbeschleunigung bewirkt eine Gewichtskraft von

$$\mathbf{K} = 1\,\mathrm{kg} \cdot 9{,}807\,\mathrm{m} \cdot \mathrm{s}^{-2} = 9{,}807 \cdot \mathrm{kg} \cdot \mathrm{m} \cdot \mathrm{s}^{-2} = 9{,}807 \cdot \mathrm{N}\ (\text{Newton}).$$

Diese Kraft wirkt auf eine Fläche von $1\,\mathrm{cm}^2 = 10^{-4}\,\mathrm{m}^2$. Als Druck gleich Kraft durch Fläche ergibt sich also:

$$\frac{9{,}807 \cdot \mathrm{N}}{10^{-4}\,\mathrm{m}^2} = 9{,}807 \cdot 10^4 \cdot \frac{\mathrm{N}}{\mathrm{m}^2} = 9{,}807 \cdot 10^4 \cdot \mathrm{Pa} = 980{,}7 \cdot 10^2 \cdot \mathrm{Pa} = 980{,}7 \cdot \mathrm{hPa}$$

♣

Diesen Druck von 1 kg pro cm^2 = 980,7 hPa (Hektopascal) nennt man auch 'technische Atmosphäre', kurz 1 at. Ein praktisches Beispiel, vgl. vorige Aufg.: In 10 m Wassertiefe steht über jedem Quadratzentimeter eine *Wassersäule* von 10 m Höhe, Volumen 1 Liter (Aufg. 4 (i)): Gewicht 1 kg pro cm^2 ergibt einen Druck von 1 at ! Das bereitet zum Beispiel Probleme beim Tauchen!

Die Lufthülle über uns drückt mit 1 atm 'physikalische Atmosphäre'. Das entspricht dem Druck einer *Quecksilbersäule* mit einer Höhe von 760 mm = 760 Torr beim früher üblichen Quecksilberbarometer und ergibt 1013 hPa. Die Luft in unserer Lunge oder im Inneren des Ohres hat den gleichen Druck wie der atmosphärische Außendruck, weshalb wir nichts davon spüren:

1 bar = 1 000 hPa liegt zwischen 1 at = 980,7 hPa und 1 atm = 1013 hPa.

Die Unterschiede zwischen 1 bar, 1 at und 1 atm betragen nur wenige Prozent! Beispiel: Der (Über–) Druck im Autoreifen liegt ungefähr bei 2 bis 3 bar.

Aufgabe 8 *Druckunterschiede zwischen Hoch– und Tiefdruckgebieten von 50 hPa sind nicht ungewöhnlich und führen zu 'Luftbewegungen'. Welche Kraft pro Quadratmeter erzeugt eigentlich ein solcher Druckunterschied?*

Lösung: Wie in Aufgabe 7 erwähnt, ist $1\ \mathrm{Pa} = 1\,\frac{\mathrm{N}}{\mathrm{m}^2}$. Somit folgt:

$$50\ \mathrm{hPa} = 50 \cdot 100\ \mathrm{Pa} = 5000\ \mathrm{Pa} = \tfrac{5000\mathrm{N}}{\mathrm{m}^2}.$$

(Das entspricht einer Gewichtskraft von mehr als 500 kg pro m^2 . Eine solche Kraft kann natürlich einiges 'bewegen' und heftige Stürme verursachen!) ♣

Fitness - Studio

Kürzen Müssen Sie Einheiten links und rechts einer Gleichung miteinander vergleichen, oder Ausdrücke vereinfachen, dann ist „konsequentes Kürzen" oft ein gutes Mittel. Hierfür sollten Sie zusammengesetzte Einheiten in Basiseinheiten ausdrücken. Anschließend lässt sich das Ergebnis immer noch zweckmäßig wieder umformen.

Beispiel 9 $\mathrm{J{\cdot}S/A} = \underbrace{\mathrm{kg \cdot m^2 \cdot s^{-2}}}_{\mathrm{J = Joule}} \cdot \underbrace{\mathrm{kg^{-1} \cdot m^{-2} \cdot s^3 \cdot A^2}}_{\mathrm{S = Siemens}} / \mathrm{A} = \mathrm{s{\cdot}A} = \mathrm{C}\,.$ ♣

Einheitenprobe Gleichungen können nur sinnvoll sein, wenn auf beiden Seiten auch gleiche Einheiten stehen. Das ermöglicht eine schnelle Negativ–Probe für eine aufgestellte Gleichung: Stimmt es schon bei den Einheiten nicht, kann auch die gesamte Gleichung nicht stimmen: Etwa die Beziehung zwischen den Größen Druck $\mathbf{p}$, Volumen $\mathbf{V}$ und Temperatur $\mathbf{T}$ eines Gases

$$\mathbf{p} \cdot \mathbf{V} = \mathbf{T} \quad \text{ist in dieser Form sicherlich falsch,}$$

denn links $[\mathbf{p}] \cdot [\mathbf{V}] = \mathrm{N \cdot m^{-2} \cdot m^3} = \mathrm{kg \cdot m^2 \cdot s^{-2}} = \mathrm{J}$ (Joule) und rechts $[\mathbf{T}] = \mathrm{K}$ (Kelvin) sind offensichtlich verschieden! Man sollte diesen Vorteil nutzen und grundsätzlich *Größengleichungen* schreiben. Sind diese korrekt, so entstehen daraus nach Kürzen der Einheiten die entsprechenden *Zahlengleichungen* für die Maßzahlen! Betrachten wir zum Beispiel die korrekte Beziehung für die kinetische Energie

$$\mathbf{E} = \tfrac{1}{2}\,\mathbf{m} \cdot \boldsymbol{v}^2$$

Bei einer Masse eines Fahrzeugs von beispielsweise $\mathbf{m} = 1000\,\mathrm{kg}$ und einer Geschwindigkeit von $\boldsymbol{v} = 20\ \mathrm{m/s}$ erhalten wir: $\mathbf{E} =$

$$\tfrac{1}{2}\,\mathbf{m}{\cdot}\boldsymbol{v}^2 = \tfrac{1}{2} \cdot 1000\,\mathrm{kg} \cdot (20 \cdot \tfrac{\mathrm{m}}{\mathrm{s}})^2 = 500\,\mathrm{kg} \cdot 400 \cdot \tfrac{\mathrm{m^2}}{\mathrm{s^2}} = 200 \cdot 10^3\ \mathrm{kg}\,\tfrac{\mathrm{m^2}}{\mathrm{s^2}} = 200 \cdot 10^3\,\mathrm{J}$$

Da die linke Seite $\mathbf{E}$ der vorigen Gleichung natürlich ebenfalls die Einheit Joule besitzt, ist daran auch nichts auszusetzen. Bei einer korrekten Gleichung lassen sich immer links und rechts die Einheiten kürzen! Notieren wir allgemein $\mathbf{E} = \mathrm{E} \cdot \mathrm{J}$, $\mathbf{m} = \mathrm{M} \cdot \mathrm{kg}$, und $\boldsymbol{v} = v \cdot \frac{\mathrm{m}}{\mathrm{s}}$:

$$\underbrace{\mathbf{E} = \frac{1}{2}\,\mathbf{m} \cdot \boldsymbol{v}^2}_{\text{Die Größengleichung}} \quad , \quad \underbrace{\mathrm{E} \cdot \mathrm{J} = \frac{1}{2}\,\mathrm{M} \cdot \mathrm{kg} \cdot v^2 \cdot \frac{\mathrm{m^2}}{\mathrm{s^2}}}_{\text{ergibt nach Kürzen der Einheiten}} \quad , \quad \underbrace{\mathrm{E} = \frac{1}{2}\,\mathrm{M} \cdot v^2}_{\text{die Zahlengleichung}} \quad .$$

Merke: *Eine korrekte Größengleichung liefert nach Kürzen der Einheiten eine Zahlengleichung für die Maßzahlen der betreffenden Größen.*
(Diese Vorgehensweise ist auch umkehrbar.)

Umrechnen – wie hätten Sie's denn gern? Ganz gleich ob veraltet, zulässige SI–Einheit oder nicht, das Prinzip ist recht einfach:

Ersetze die jeweilige Einheit durch das entsprechende Vielfache der anderen!

Aufgabe 10 *Eine Libelle erreicht Geschwindigkeiten bis zu 54* $\frac{\text{km}}{\text{h}}$ *. Rechnen Sie um in Meter pro Sekunde!*

Lösung: $1\ \text{km} = 1\,000\ \text{m}\,,\quad 1\ \text{h} = 3\,600\ \text{s}\,,$ folglich

$$54\ \frac{\text{km}}{\text{h}} = 54 \cdot \frac{1\,000\ \text{m}}{3\,600\ \text{s}} = 54 \cdot \frac{1}{3{,}6}\frac{\text{m}}{\text{s}} = 15\ \frac{\text{m}}{\text{s}}$$ ♣

Zur Umrechnung von 15 Meter pro Sekunde in Kilometer pro Stunde ersetzen wir umgekehrt einen Meter m durch $10^{-3}\cdot$ km, und eine Sekunde s durch $\frac{1}{3600}\cdot\text{h}$ $= \frac{1}{3{,}6\cdot 10^3}\cdot\text{h} = \frac{1}{3{,}6}\cdot 10^{-3}\cdot\text{h}$:

$$15\cdot\text{m}\cdot\text{s}^{-1} = 15\cdot\frac{\text{m}}{\text{s}} = 15\cdot\frac{10^{-3}\cdot\text{km}}{\frac{1}{3{,}6}\cdot 10^{-3}\cdot\text{h}} = 15\cdot 3{,}6\cdot\frac{\text{km}}{\text{h}} = 54\ \text{km}\cdot\text{h}^{-1}$$

Allgemein notieren wir die Maßzahl für die Geschwindigkeit in m/s mit $v_{\text{m/s}}$, für die Einheit km/h dagegen mit $v_{\text{km/h}}$. Das Produkt mit den zugehörigen Einheiten ergibt in beiden Fällen die Geschwindigkeit $\boldsymbol{v}$.

Wir dürfen also gleichsetzen:

$$v_{\text{m/s}}\cdot\frac{\text{m}}{\text{s}} = v_{\text{km/h}}\cdot\frac{\text{km}}{\text{h}}$$

Am einfachsten bildet man nun den Quotienten der beiden Maßzahlen:

$$\frac{v_{\text{m/s}}}{v_{\text{km/h}}} = \frac{\text{km}}{\text{h}}\Big/\frac{\text{m}}{\text{s}} = \frac{\text{km}}{\text{h}}\cdot\frac{\text{s}}{\text{m}} = \frac{\text{km}}{\text{m}}\cdot\frac{\text{s}}{\text{h}} = \frac{1000\,\text{m}}{\text{m}}\cdot\frac{\text{s}}{3600\,\text{s}} = \frac{1000}{1}\cdot\frac{1}{3600} = \frac{1}{3,6}$$

Ergebnis $v_{\text{m/s}} = \frac{1}{3{,}6}\cdot v_{\text{km/h}}$ und umgekehrt $v_{\text{km/h}} = 3{,}6\cdot v_{\text{m/s}}$

Bei häufigem Umrechnen wird man sich diese Faktoren schnell einprägen. Bei 900 Stundenkilometern im Flugzeug rasen Sie mit $\frac{1}{3{,}6}\cdot 900 = 250$ Metern pro Sekunde durch die Luft. Ein Hundertmeterläufer mit rekordverdächtigen 10 Metern pro Sekunde erreicht hierbei $3{,}6\cdot 10 = 36$ Stundenkilometer.

Veranschaulichung Der Pfeil an einer Koordinatenachse bedeutet *nicht*, 'da geht's weiter' (ganz falsch: manche markieren beide Enden mit Pfeil). Die Pfeilrichtung markiert die *positive* Richtung einer Zahlengeraden, kurz: 'hier wird's größer'! Selbstverständlich gibt es nur eine(!) positive Richtung!

An der x–Achse lassen sich tatsächlich Zentimeter oder Dezimeter antragen, aber nicht Joule, Stundenkilometer oder Newton, auch nicht wirklich Meter oder Kilometer!

Merke: *An der x–Achse werden einfach nur Maßzahlen angetragen.*
Die Einheiten müssen Sie also zusätzlich notieren!

Im Falle einer Geschwindigkeit $\boldsymbol{v}$ tragen Sie also die Maßzahl v an und notieren, meist in Klammern, die gewählte Einheit wie 'in Meter pro Sekunde', 'in m/s', 'in $\mathrm{m \cdot s^{-1}}$', oder 'in km/h', etc. Üblich ist auch die Schreibweise wie $\frac{\boldsymbol{v}}{\mathrm{km/h}}$, denn die Division einer Größe durch die gewählte Einheit ergibt die zugehörige Maßzahl. Die zwei folgenden Skizzen veranschaulichen beide die kinetische Energie eines Fahrzeugs in Abhängigkeit der Geschwindigkeit:

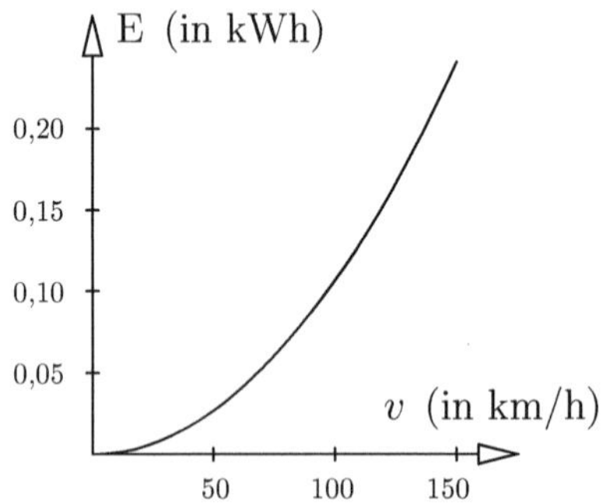

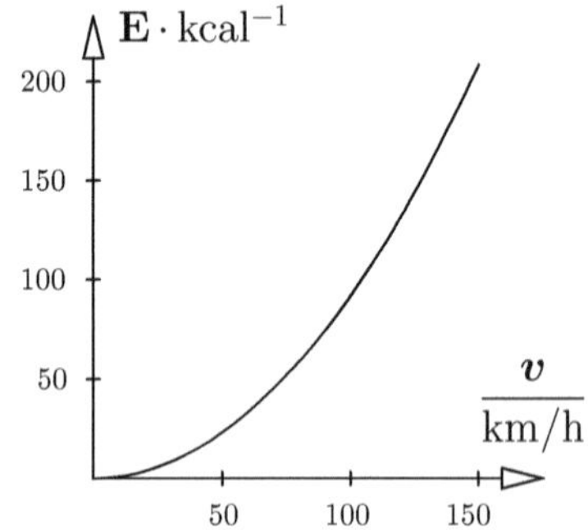

Schließlich sei noch erwähnt, dass x- und y-Achse sich nicht unbedingt im Nullpunkt schneiden müssen! Beide Skizzen zeigen denselben Kurvenverlauf:

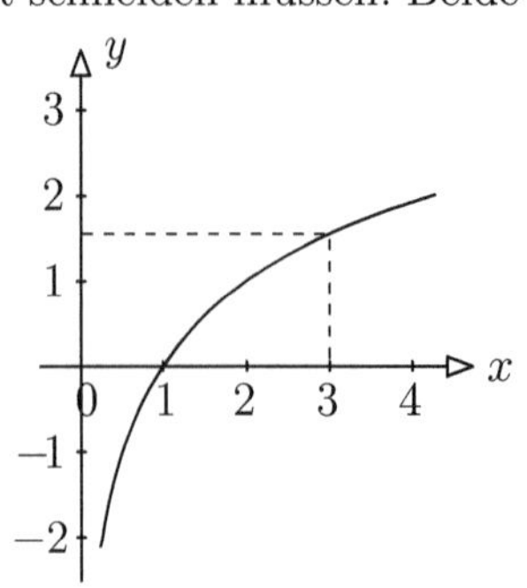

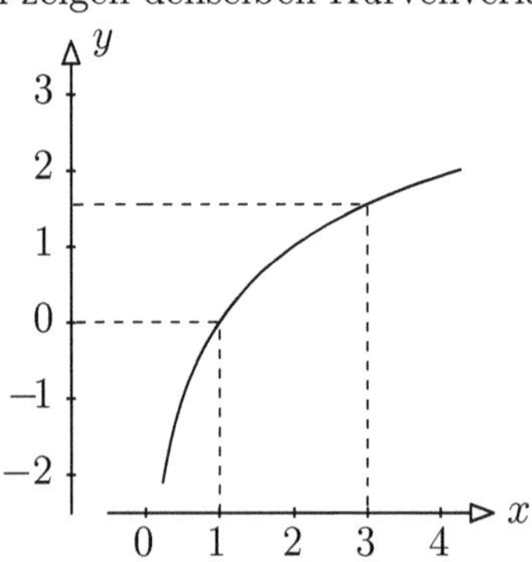

Die gleichmäßig beschleunigte Bewegung

Diese einfachste nichtkonstante Bewegungsform scheint langweilig zu sein, doch völlig zu unrecht. Zuerst einmal die Grundlagen, siehe auch Seite 21: Nehmen wir an, Ihre Anfangsgeschwindigkeit $\mathbf{v}$ und zurückgelegte Strecke $\mathbf{s}$ seien zunächst gleich Null. Bei konstanter Beschleunigung $\mathbf{b}$ gilt dann in Abhängigkeit der Zeit $\mathbf{t}$:

$$\mathbf{v} = \mathbf{b} \cdot \mathbf{t} \qquad \text{und} \qquad \mathbf{s} = \tfrac{1}{2}\,\mathbf{b} \cdot \mathbf{t}^2$$

(Im allgemeinen Fall ist noch die Anfangsgeschwindigkeit $\mathbf{v_0}$ zu addieren bzw. die Anfangsstrecke $\mathbf{s_0}$.)

Aufgabe 11 *Sie springen im Schwimmbad ganz mutig vom 10 Meter–Turm: Wie hoch ist Ihre Geschwindigkeit beim Eintauchen ins Wasser?*
(Rechnen Sie vereinfachend mit einer Erdbeschleunigung von $\boldsymbol{b} = 10\,\frac{m}{s^2}$ *).*

Hinweis: Bestimmen Sie zunächst die Fallzeit für die Fallstrecke $\boldsymbol{s} = 10\,m$*!*

Lösung: Die nach der Fallzeit $\mathbf{t}$ zurückgelegte Strecke $\mathbf{s}$ beträgt $\mathbf{s} = 10$ Meter:

$$10\,\text{m} = \tfrac{1}{2} \cdot 10\,\tfrac{\text{m}}{\text{s}^2} \cdot \mathbf{t}^2\,, \text{ also } \mathbf{t}^2 = 2\,\text{s}^2\,, \text{ Ergebnis: } \mathbf{t} = \sqrt{2}\,\text{s} \approx 1{,}4 \text{ Sekunden.}$$

Sie erreichen also nach ungefähr $\mathbf{t} = 1{,}4$ Sekunden die Wasseroberfläche. Ihre Geschwindigkeit beträgt in diesem Moment gemäß $\mathbf{v} = \mathbf{b} \cdot \mathbf{t}$:

$$\mathbf{v} = 10\,\tfrac{\text{m}}{\text{s}^2} \cdot 1{,}4\,\text{s} = 10 \cdot 1{,}4\,\tfrac{\text{m}}{\text{s}}\,, \text{ Ergebnis: } \mathbf{v} \approx 14 \text{ Meter pro Sekunde.} \quad \clubsuit$$

Leicht zu merken: Umgerechnet in Stundenkilometer sind das rund 50 km/h! Geübte Springer werden einigermaßen sanft vom Wasser abgebremst - bei einem Zusammenstoß im Straßenverkehr übernimmt der Airbag wohl etwas weniger sanft diese Bremsfunktion. Zu Ihrer Information: Die für Hersteller vorgeschriebenen Euro–Crashtests werden bei 64 km/h durchgeführt.

Eine *Überlebenschance* bei einem Aufprall besteht nur, wenn die auftretende (negative) Beschleunigung nicht mehr als 250 m/s^2 beträgt (rund 25–fache Erdbeschleunigung). Nehmen wir an, Sie werden frontal durch einen Baum oder eine Mauer zum Stoppen gebracht. Schätzen wir doch ab: Wie dick muss der Airbag aufgeblasen sein, um Sie vor einem Direktaufprall zu schützen?

Wir vereinfachen natürlich sehr stark, denn es handelt sich um ein kompliziertes Zusammenspiel! Aber Sie erhalten doch eine ungefähre Vorstellung, welchen Schutz ein Airbag im günstigsten Fall gerade noch zu leisten vermag. Hier ist mit extrem hoher Beschleunigung und extrem geringen 'Fallzeiten' zu rechnen! Und bei einer *negativen* Beschleunigung wird die Geschwindigkeit in gleichem Maße *verringert,* wie sie bei *positiver* Beschleunigung *erhöht* wird:

Beispiel 12 Diskutieren wir zunächst wieder eine positive Beschleunigung:

Bei einer Beschleunigung von $\mathbf{b} = 250\,\frac{\mathrm{m}}{\mathrm{s}^2}$ erreichen wir zum Beispiel schon nach $\mathbf{t}=0{,}067$ Sekunden eine Geschwindigkeit von ca. 60 Stundenkilometern:

$$\mathbf{v} = 250\,\tfrac{\mathrm{m}}{\mathrm{s}^2}\cdot 0{,}067\,\mathrm{s} = 16{,}75\,\tfrac{\mathrm{m}}{\mathrm{s}} \approx 60\,\tfrac{\mathrm{km}}{h}$$

$$\mathbf{s} = \tfrac{1}{2}\cdot 250\,\tfrac{\mathrm{m}}{\mathrm{s}^2}\cdot(0{,}067\,\mathrm{s})^2 = 0{,}56\ \mathrm{m} \qquad \text{(zurückgelegte Strecke).}$$

Das bedeutet umgekehrt(!) : Sind Kopf und Rumpf mit 60 km/h unterwegs, benötigen diese bei einer *negativen* Beschleunigung von $250\,\frac{\mathrm{m}}{\mathrm{s}^2}$ ziemlich genau 0,067 Sekunden und (mindestens) 56 cm, um auf Null abgebremst zu werden!

Sollte der Airbag nicht so prall sein, werden Sie wohl trotzdem überleben, da der Gurt und die Knautschzone hierbei noch nicht berücksichtigt wurden. (Übrigens hat sich ein praller Airbag schon nach 0,120 Sekunden bereits vollständig entleert!) Wie ist es eigentlich mit anderen Geschwindigkeiten? Rechnen Sie nach:

Bei 50 km/h genügen schon 39 cm Airbag, was die Überlebenschancen enorm verbessert. Bei hohen Geschwindigkeiten kann es leider sehr kritisch werden: Selbst wenn die Knautschzone Ihre Geschwindigkeit auf 120 km/h verringerte, wären mehr als 200 cm Luftkissen notwendig! Da hilft auch der Gurt oft nicht, und Gurtmuffel sind ohnehin chancenlos. ♣

Üben wir noch das Umformen von Ausdrücken und Rechnen mit Einheiten:

Aufgabe 13 *Forschern gelang es im Jahre 2004, die Masse* $\mathbf{M}$ *eines Virus mit einer winzigen Anordnung zu messen, die sich wie ein Federpendel verhielt! Für die Eigenfrequenz* $\boldsymbol{f_1}$ *eines Federpendels mit der schwingenden, bekannten Masse* $\mathbf{m}$ *gilt* $\boldsymbol{f_1} = \frac{1}{2\pi}\sqrt{\frac{k}{m}}$, $\mathbf{k}$ *die Federkonstante. Wird eine zweite, unbekannte Masse* $\mathbf{M}$ *hinzugefügt, misst man demnach für die neue Frequenz* $\boldsymbol{f_2} = \frac{1}{2\pi}\sqrt{\frac{k}{m+\mathrm{M}}}$. *Folgern Sie:*

(*i*)
$$\frac{f_2}{f_1} = \sqrt{\frac{1}{1+\frac{\mathrm{M}}{m}}}$$

Somit lässt sich $\mathbf{M}$ ohne Kenntnis von $\mathbf{k}$ bestimmen! Zeigen Sie:

(*ii*)
$$\mathbf{M} = \left(\left(\frac{f_1}{f_2}\right)^2 - 1\right)\cdot \mathbf{m}$$

(*iii*) Was erhält man konkret für $\mathbf{M}$ bei folgenden Messwerten:
$\mathbf{m} = 2{,}1\cdot 10^{-16}\,\mathrm{g}$, $\boldsymbol{f}_1 = 2{,}0\cdot 10^{15}$ Hertz, $\boldsymbol{f}_2 = 2{,}87\cdot 10^{14}$ Hertz?

Lösung: (i) $\boldsymbol{f_2} = \frac{\sqrt{k}}{\sqrt{m+\mathrm{M}}}$, $\boldsymbol{f_1} = \frac{\sqrt{k}}{\sqrt{m}}$:

$$\frac{f_2}{f_1} = \frac{\sqrt{k}}{\sqrt{m+\mathrm{M}}} \cdot \frac{\sqrt{m}}{\sqrt{k}} = \sqrt{\frac{m}{m+\mathrm{M}}} = \sqrt{\frac{m/m}{(m+\mathrm{M})/m}} = \sqrt{\frac{1}{1+\frac{\mathrm{M}}{m}}}$$

(ii) $$\left(\frac{f_2}{f_1}\right)^2 = \left(\sqrt{\frac{1}{1+\frac{\mathrm{M}}{m}}}\right)^2 = \frac{1}{1+\frac{\mathrm{M}}{\mathrm{m}}} \quad \text{Kehrwert:} \quad \left(\frac{f_1}{f_2}\right)^2 = 1 + \frac{\mathbf{M}}{\mathbf{m}}$$

$$\mathbf{m} \cdot \left(\frac{f_1}{f_2}\right)^2 = \mathbf{m} + \mathbf{M} \qquad \mathbf{M} = \mathbf{m} \cdot \left(\frac{f_1}{f_2}\right)^2 - \mathbf{m} = \mathbf{m} \cdot \left(\left(\frac{f_1}{f_2}\right)^2 - 1\right)$$

(iii) $$\mathbf{M} = \left(\left(\frac{20 \cdot 10^{14}}{2{,}87 \cdot 10^{14}}\right)^2 - 1\right) \cdot 2{,}1 \cdot 10^{-16}\,\mathrm{g} = 100 \cdot 10^{-16}\,\mathrm{g} = 10\ \mathrm{fg}$$ ♣

Aufgabe 14 *Ersetzen Sie in* $\frac{J \cdot s}{C^2}$ *die abgeleiteten Einheiten J und C durch das entsprechende Einheitenprodukt aus Basiseinheiten (vgl. Tabelle S. 24). Welche abgeleitete Einheit der Tabelle erhalten Sie?*

Lösung: Mit $\mathrm{J} = \mathrm{kg} \cdot \mathrm{m}^2 \cdot \mathrm{s}^{-2}$ und $\mathrm{C} = \mathrm{s} \cdot \mathrm{A}$ folgt:

$$\frac{\mathrm{J} \cdot \mathrm{s}}{\mathrm{C}^2} = \frac{\mathrm{kg} \cdot \mathrm{m}^2 \cdot \mathrm{s}^{-2} \cdot s}{(\mathrm{s} \cdot \mathrm{A})^2} = \frac{\mathrm{kg} \cdot \mathrm{m}^2 \cdot \mathrm{s}^{-1}}{\mathrm{s}^2 \cdot \mathrm{A}^2} = \mathrm{kg} \cdot \mathrm{m}^2 \cdot \mathrm{s}^{-3} \cdot \mathrm{A}^{-2} = \Omega$$ ♣

Aufgabe 15 *Die Steighöhe* $\boldsymbol{h}$ *einer Flüssigkeit in einer Glaskapillaren mit Innenradius* $\boldsymbol{r}$ *lässt sich berechnen gemäß*

$$\boldsymbol{h} = \frac{2\boldsymbol{\sigma}}{\boldsymbol{r} \cdot \boldsymbol{\rho} \cdot \boldsymbol{g}}$$

$\boldsymbol{g}$ *die Erdbeschleunigung,* $\boldsymbol{\rho}$ *die Dichte und* $\boldsymbol{\sigma}$ *die Oberflächenspannung der betreffenden Flüssigkeit.*

Welche Einheit hat die Oberflächenspannung $\boldsymbol{\sigma}$ *?*

Lösung: Nach Multiplikation mit $\mathbf{r} \cdot \boldsymbol{\rho} \cdot \mathbf{g}$ folgt $\boldsymbol{\sigma} = \frac{1}{2}\,\mathbf{h} \cdot \mathbf{r} \cdot \boldsymbol{\rho} \cdot \mathbf{g}$. Die SI–Einheit von Höhe und Radius ist m, die Dichte gleich Masse durch Volumen hat die Einheit $\mathrm{kg{\cdot}m^{-3}}$, die Erdbeschleunigung $\mathrm{m{\cdot}s^{-2}}$. Zusammen erhalten wir als Einheit von $\boldsymbol{\sigma}$:

$$\mathrm{m} \cdot \mathrm{m} \cdot \mathrm{kg} \cdot \mathrm{m}^{-3} \cdot \mathrm{m} \cdot \mathrm{s}^{-2} = \mathrm{kg} \cdot \mathrm{s}^{-2}$$ ♣

1 c) Proportionale Größen – Der allgemeine Dreisatz

Das macht nach Adam Riese Eigentlich hieß der deutsche Rechenmeister, der uns das Rechnen mit den indisch–arabischen Ziffern und den Dreisatz beibrachte, Adam Ries (1492 – 1559)! Was ist eigentlich charakteristisch für eine *Dreisatzaufgabe*? Und lässt sich so eine Aufgabe auch veranschaulichen?

Beispiel 1 Was immer es war: Sie zahlten für **1,80** kg beim Einkauf **4,50 €**!
Wie hoch wäre der Preis für **3,00** kg gewesen?

Sie erinnern sich an die Schulmethode? Man notiert sich die *drei gesetzten*(!) Größen, hier fett gedruckt, in einer Tabelle. Für die Zwischenrechnungen lässt man etwas Platz. Wir kommentieren das Ganze noch am Rande:

Menge (kg)	Preis (€)	Kommentar
1,80	**4,50**	Erster Schritt ist
$\frac{1{,}80}{1{,}80}$	$\frac{4{,}50}{1{,}80}$	„Umrechnen auf 1“:
$\boxed{1}$	2,50	Zweiter Schritt mit
$3{,}00 \cdot 1$	$3{,}00 \cdot 2{,}50$	Zielwert 3,00 kg:
3,00	7,50	Ergebnis!

Charakteristisch beim Dreisatz ist die *Konstanz des Quotienten* beider Seiten. In diesem Beispiel bedeutet das:

'Menge geteilt durch Preis' ist konstant!

(Das gilt natürlich auch umgekehrt für den Quotienten 'Preis durch Menge'.) Man sagt dazu: Die Größen 'Menge und Preis' sind zueinander *proportional*. Wenn wir z.B. die Menge verdoppeln, müssen wir auch den Preis verdoppeln! Der *Quotient* aus Zähler und Nenner bleibt dadurch *konstant*. Statt mit 2 dürfen wir Zähler und Nenner auch mit jeder anderen Zahl ($\neq 0$) erweitern:

Bei vorigem Beispiel wurde zuerst mit $\frac{1}{1{,}80}$ multipliziert und dann mit $3{,}00$. *Insgesamt* wurden beide Werte letztendlich mit $\frac{1}{1{,}80} \cdot 3{,}00 = \frac{5}{3}$ multipliziert:

$$\frac{\text{Menge}}{\text{Preis}} = \frac{1{,}80}{4{,}50} = \frac{1{,}80 \cdot \frac{1}{1{,}80} \cdot 3{,}00}{4{,}50 \cdot \frac{1}{1{,}80} \cdot 3{,}00} = \frac{1{,}80 \cdot \frac{5}{3}}{4{,}50 \cdot \frac{5}{3}} = \frac{3{,}00}{7{,}50}$$

Mit dem Faktor $\frac{5}{3}$ erhielte man das gewünschte Ergebnis in *einem* Schritt! *Dieser komplizierte Schritt wird beim Dreisatz durch 'Umrechnen auf 1' und 'Multiplikation mit dem Zielwert' in zwei einfachere Rechenschritte aufgeteilt!*

Die Geraden durch den Nullpunkt Eine Dreisatzaufgabe lässt sich auch anschaulich lösen, indem wir zum Beispiel die Geradengleichung $y = a \cdot x + b$ zur Hilfe nehmen! Wählen wir wieder als Beispiel die Beziehung zwischen der Menge **M** $(= x)$ und dem Preis **P** $(= y)$ beim Einkaufen.

Verdoppeln oder verdreifachen wir die eine Größe, dann verdoppelt oder verdreifacht sich sich auch die andere. Anschaulich führt das mit dem Strahlensatz zu einer Geraden *durch den Nullpunkt.* Letzteres versteht sich von selbst: Wenn wir gar nichts kaufen, kostet das ja nichts, für $x = 0$ ist $y = 0$. Für die Geradengleichung $y = a \cdot x + b$ bedeutet das also $b = 0$. Somit bleibt nur:

$$y = a \cdot x \qquad (a \text{ Geradensteigung}).$$

Als Beispiel für eine Skizze: 1,80 kg kosteten 4,50 €; Null kg kosten Null €! Durch Angabe zweier verschiedener Punkte ist eine Gerade bereits festgelegt:

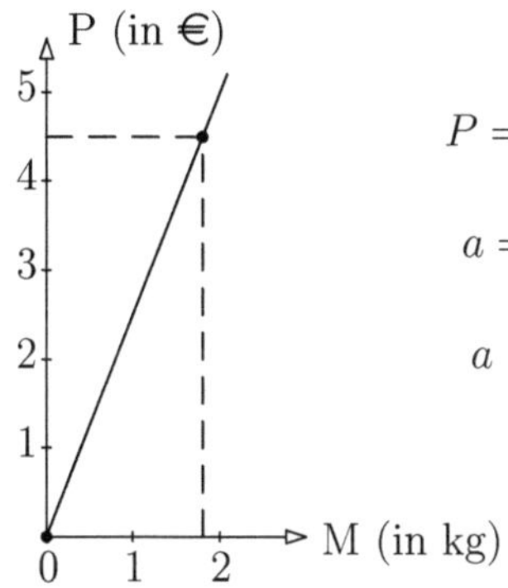

$$P = a \cdot M \quad \text{bzw.} \quad y = a \cdot x$$

$$a = \frac{P}{M} \quad \text{bzw.} \quad a = \frac{y}{x}$$

a ‘Proportionalitätskonstante’
(Geradensteigung)

Die ‘Preisfrage’ hieß: Für 1,80 kg bezahlen Sie 4,50 €, wie viel kosten 3 kg? Das lässt sich an obiger Skizze nicht mehr ablesen.

Hat man aber a bestimmt, lässt sich jeder(!) Preis $P = a \cdot M$ ausrechnen:

$$\mathbf{P} = \boldsymbol{a} \cdot \mathbf{M}\,, \quad \boldsymbol{a} = \frac{\mathbf{P}}{\mathbf{M}} = \frac{4{,}50\ €}{1{,}80\ \text{kg}} = 2{,}50\,\frac{€}{\text{kg}}\,, \quad \text{also: } \mathbf{P} = 2{,}50\,\frac{€}{\text{kg}} \cdot 3\ \text{kg} = 7{,}50\ €\,.$$

Man erkennt wieder die beiden Rechenschritte des Dreisatzes. Beachten Sie: *Die Bestimmung von **a** entspricht dem dreisatzüblichen ‘Umrechnen auf 1’*!

Im Unterricht wird das Rechnen mit Einheiten beim Dreisatz vermieden. Beim Rechnen mit Gleichungen müssen wir die Einheiten aber berücksichtigen. Insbesondere stellen wir fest:

Die Proportionalitätskonstante hat die Einheit des entsprechenden Quotienten!

Rollentausch Welche Größe Sie der x– und welche der y–Achse zuordnen, bleibt Ihnen überlassen. Machen wir es beim vorigen Beispiel mit **P** und **M** dieses Mal umgekehrt, so ergibt sich folgendes Bild:

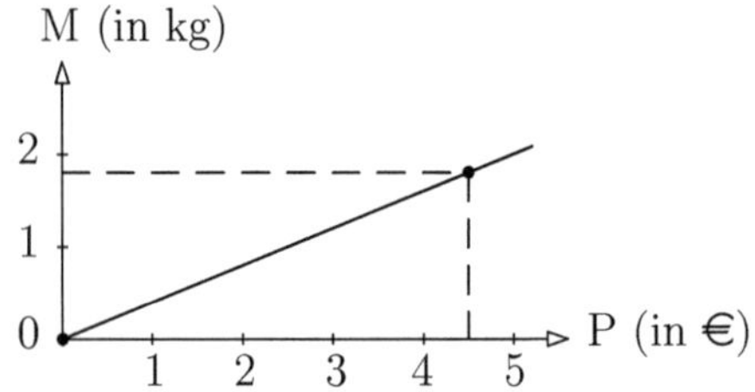

Wir erhalten natürlich wieder eine Gerade durch den Nullpunkt, aber mit einer anderen Steigung! Nennen wir sie c, so gilt auch hier $y = c \cdot x$ bzw.

$$\mathbf{M} = \mathbf{c} \cdot \mathbf{P} \qquad \mathbf{c} = \frac{\mathbf{M}}{\mathbf{P}}$$

Das bedeutet konkret $\mathbf{c} = \frac{1{,}8\,\text{kg}}{4{,}50\,€} = 0{,}4\,\frac{\text{kg}}{€}$. Ergebnis: $\mathbf{M} = 0{,}4\,\frac{\text{kg}}{€} \cdot \mathbf{P}$

Allerdings hätten wir das bereits mit dem ersten Ergebnis erhalten können:

$$\mathbf{P} = \mathbf{a} \cdot \mathbf{M} \qquad \mathbf{M} = \underbrace{\tfrac{1}{a}}_{\mathbf{c}} \cdot \mathbf{P} \qquad \mathbf{c} = \frac{1}{\boldsymbol{a}} = \frac{1}{2{,}50\,\frac{€}{\text{kg}}} = 0{,}4\,\frac{\text{kg}}{€}$$

Die Beziehungen $\mathbf{P} = \boldsymbol{a} \cdot \mathbf{M}$ und $\mathbf{M} = \mathbf{c} \cdot \mathbf{P}$ lassen sich jederzeit umrechnen! Man beachte jedoch $\boldsymbol{a} = \frac{1}{\mathbf{c}}$ und $\mathbf{c} = \frac{1}{\boldsymbol{a}}$. Als grundlegende Definition bleibt:

> Zwei Größen **L** und **R** heißen *proportional*, wenn es eine Konstante $\mathbf{k} \neq 0$ gibt, so dass gilt:
>
> $$\frac{\mathbf{L}}{\mathbf{R}} = \mathbf{k} \quad \text{beziehungsweise} \quad \mathbf{L} = \mathbf{k} \cdot \mathbf{R}$$
>
> Für diese 'Konstanz des Quotienten' schreiben wir auch kurz $\mathbf{L} \sim \mathbf{R}$.

k heißt Proportionalitätskonstante oder Proportionalitätsfaktor.*

Wählen wir ein einfaches Beispiel aus der Geometrie.

Der Quotient aus Umfang **U** und Radius **R** eines Kreises ist konstant, $\mathbf{U} \sim \mathbf{R}$:

$$\frac{\mathbf{U}}{\mathbf{R}} = 2\pi\,, \quad \text{beziehungsweise} \quad \mathbf{U} = 2\pi \cdot \mathbf{R}\,.$$

Der Zahlenwert dieses Proportionalitätsfaktors dürfte Ihnen bekannt sein. Dieser Faktor trägt keine Einheiten: Sie kürzen sich in Zähler und Nenner weg!

*Anstelle von $\mathbf{L} \sim \mathbf{R}$ ist auch die Kurzschreibweise $\mathbf{L} \propto \mathbf{R}$ üblich.

Aufgabe 2 *Im Jahre 1905 formulierte A. Einstein die vielleicht berühmteste Proportionalität von Energie und Masse:* $\mathbf{E} = \boldsymbol{m} \cdot \boldsymbol{c}^2$, *(***c** *Lichtgeschwindigkeit). Überprüfen Sie etwas respektlos und misstrauisch, ob der Quotient*

$$\frac{\mathbf{E}}{\boldsymbol{m}} = \boldsymbol{k}$$

als Einheit tatsächlich das Quadrat einer Geschwindigkeit besitzt! (Hinweis: Tabelle im vorigen Abschnitt auf Seite 24.)

Lösung: Die Einheit der Energie **E** ist das Joule: $\mathrm{J} = \mathrm{N} \cdot \mathrm{m} = \mathrm{kg} \cdot \mathrm{m}^2 \cdot \mathrm{s}^{-2}$.
Dividieren wir nun durch die Einheit kg der Masse, bleibt nur $\mathrm{m}^2 \cdot \mathrm{s}^{-2} = \frac{\mathrm{m}^2}{\mathrm{s}^2}$.
Das ist aber die Einheit einer Geschwindigkeit $\frac{\mathrm{m}}{\mathrm{s}}$ zum Quadrat! ♣

Für $\mathbf{E} = \boldsymbol{m} \cdot \mathbf{c}^2$ ist hier der Proportionalitätsfaktor $\mathbf{c}^2$ ungeheuer groß! Die 1945 von den USA über Hiroshima und Nagasaki abgeworfenen Atombomben zerstrahlten die Energie von nur wenigen Gramm Masse (die Summe der Spaltprodukte hat eine etwas geringere Masse als das Ausgangsmaterial)!

Kinetische Energie bewirkt eine entsprechende proportionale *Massenzunahme* gemäß $\boldsymbol{m} = \mathbf{E} \cdot \frac{1}{\mathbf{c}^2}$. Das ist im Alltag wegen des ungeheuer kleinen Faktors $\frac{1}{\mathbf{c}^2}$ nicht messbar. Sagen Sie also nicht, Sie spüren das bereits beim Joggen! Bei Teilchenbeschleunigern der Physik spielt diese Massenzunahme allerdings eine große Rolle! Kehren wir aber nun zurück in die Welt der Chemie:

Die Gesamtmasse $\boldsymbol{m}$ einer Substanz ist proportional zur Anzahl **n** der Mole, $\boldsymbol{m} = \mathbf{M} \cdot \mathbf{n}$. Den Proportionalitätsfaktor **M** nennt man 'Molmasse' oder 'molare Masse', einprägsamer wäre 'Masse pro Mol'. Für Wasser gilt z.B. $\mathbf{M} = \frac{18\,\mathrm{g}}{\mathrm{mol}}$. Multipliziert mit der Anzahl **n** der Mole (= Stoffmenge) folgt:

$$\mathbf{M} \cdot \mathbf{n} = \boldsymbol{m} \qquad \text{und} \qquad \mathbf{n} = \frac{\boldsymbol{m}}{\mathbf{M}} \qquad (\mathbf{M} \text{ die Molmasse}).$$

Weitere Beispiele für Molmassen: $\mathbf{M}(\mathrm{CO_2}) = 44\,\frac{\mathrm{g}}{\mathrm{mol}}$, $\mathbf{M}(\mathrm{C_6H_{12}O_6}) = 180\,\frac{\mathrm{g}}{\mathrm{mol}}$.

Aufgabe 3 *Zeigen Sie, dass die Stoffmengen von 1 kg* H_2O *(Wasser) und 10 kg* $C_6H_{12}O_6$ *(Traubenzucker) gleich groß sind! Hinweis: Bestimmen Sie* **n**.

(Beachten Sie: Gleiche Stoffmengen bedeuten gleiche Anzahl von Molekülen!)

Lösung:

$$\mathbf{n}(\mathrm{H_2O}) = \frac{\boldsymbol{m}}{\mathbf{M}} = \frac{1000\,\mathrm{g}}{18{,}0\,\frac{\mathrm{g}}{\mathrm{mol}}} = \frac{1000}{18{,}0}\,\mathrm{mol} = 55{,}6\,\mathrm{mol}$$

$$\mathbf{n}(\mathrm{C_6H_{12}O_6}) = \frac{\boldsymbol{m}}{\mathbf{M}} = \frac{10\,000\,\mathrm{g}}{180\,\frac{\mathrm{g}}{\mathrm{mol}}} = \frac{10\,000}{180}\,\mathrm{mol} = 55{,}6\,\mathrm{mol}$$

♣

Verallgemeinerung

Die Fläche $\mathbf{F} = \pi \cdot \mathbf{R}^2$ eines Kreises ist *nicht* proportional zum *Radius* –, sie ist aber proportional zum Quadrat des Radius! Dividieren wir nämlich die Fläche $\mathbf{F}$ irgendeines Kreises durch $\mathbf{R}^2$, so erhalten wir stets den Wert π. Wir notieren die Konstanz des Quotienten $\frac{\mathbf{F}}{\mathbf{R}^2}$ wieder als

$$\mathbf{F} \sim \mathbf{R}^2$$

Für eine Proportionalität ist allgemein charakteristisch, dass der Quotient der beiden Größen links und rechts konstant ist! Für Volumen und Oberfläche geometrisch ähnlicher Körper ist zum Beispiel der Quotient $\frac{\mathbf{V}^2}{\mathbf{F}^3}$ konstant:

$$\mathbf{V}^2 \sim \mathbf{F}^3$$

Umgekehrt proportional: Unter diesen zahlreichen allgemeinen Beispielen wird eine ganze Gruppe durch eine eigene Bezeichnungsweise hervorgehoben! Wenn Sie etwa ein Wasserbecken füllen möchten, so hängt die benötigte Zeit $\mathbf{t}$ vom Zufluss $\mathbf{I}$ ab. Doch je *größer* $\mathbf{I}$, um so *kleiner* $\mathbf{t}$, präzise ausgedrückt: Das *Produkt* $\mathbf{I}\cdot\mathbf{t}$ der beiden Größen *ist konstant*! Das ist nicht verwunderlich, denn es ergibt stets das zu füllende *konstante* Volumen: $\mathbf{I}\cdot\mathbf{t} = \mathbf{V}$. Und weiter,

$\mathbf{I} = \mathbf{V} \cdot \frac{1}{\mathbf{t}}$ bzw. $\mathbf{I} \sim \frac{1}{\mathbf{t}}$. Ebenso $\mathbf{t} = \mathbf{V} \cdot \frac{1}{\mathbf{I}}$ bzw. $\mathbf{t} \sim \frac{1}{\mathbf{I}}$. Jede der Größen $\mathbf{I}$, $\mathbf{t}$ ist proportional zum *Kehrwert* der anderen! Verdoppeln wir den Zufluss, dauert es nur halb so lange, und umgekehrt. Man nennt dies auch eine antiproportionale Beziehung, kurz eine Antiproportionalität oder Antiproportion:

Zwei Größen $\mathbf{T}$ und $\mathbf{U}$ heißen *antiproportional*, wenn es eine Konstante $\mathbf{k}$ gibt, so dass gilt:

$$\mathbf{T} \cdot \mathbf{U} = \mathbf{k} \quad \text{beziehungsweise} \quad \mathbf{T} = \mathbf{k} \cdot \frac{1}{\mathbf{U}}$$

Die rechte Gleichung bedeutet aber einfach nur: Die eine Größe ist proportional zum *Kehrwert* der anderen!

$$\mathbf{T} \sim \frac{1}{\mathbf{U}}$$

Allgemein gehören also auch die Antiproportionen zu den proportionalen Beziehungen! Denn auch hier ist der Quotient der beiden Seiten konstant! Speziell ergibt dieser Quotient in diesem Fall das Produkt der beiden Größen:

$$\frac{\mathbf{T}}{\frac{1}{\mathbf{U}}} = \mathbf{T} \cdot \mathbf{U} = \mathbf{k}$$

Der allgemeine Dreisatz

Sind zwei Größen $\mathbf{L}$ und $\mathbf{R}$ proportional, so folgt aus der Konstanz des Quotienten $\mathbf{L}/\mathbf{R}=\mathbf{k}$ für jedes vorgegebene Wertepaar immer $\mathbf{L}_0/\mathbf{R}_0=\mathbf{k}$. Gleichsetzen liefert die einfache Beziehung:

$$\boxed{\frac{\mathbf{L}_0}{\mathbf{R}_0}=\frac{\mathbf{L}}{\mathbf{R}}}$$

Sind drei Größen bekannt, lässt sich letztere Gleichung nach der vierten Größe auflösen, womit alles gesagt wäre! Früher hieß es, drei Größen seien gesetzt. Mit einer Lösung 'in drei Sätzen' hat die Bezeichnung Dreisatz nichts zu tun!

Beispiel 4 Lösen wir mit diesem Ansatz noch einmal unser Einkaufsbeispiel. Preis $\mathbf{P}$ und Menge $\mathbf{M}$ sind proportional, folglich ist der Quotient konstant:

$$\frac{\mathbf{P}_0}{\mathbf{M}_0}=\frac{\mathbf{P}}{\mathbf{M}}$$

Sie zahlten $\mathbf{P_0}=4{,}50$ € für $\mathbf{M_0}=1{,}80$ kg. Welcher Preis $\mathbf{P}$ gilt für $\mathbf{M}=3$ kg?

$$\frac{\textit{4,50 €}}{\textit{1,80 kg}}=\frac{\mathbf{P}}{\textit{3 kg}}$$

Sie erkennen die 'drei gesetzten' Größen und die hier entstehende Gleichung! Die Auflösung nach $\mathbf{P}$ dürfte wohl kein Problem sein: $\mathbf{P}=\frac{\textit{4,50 €}}{\textit{1,80 kg}}\cdot \textit{3 kg}=7{,}50$ €.

Allerdings gibt es für die Quotientenbildung noch eine zweite Möglichkeit: Außer $\mathbf{P}/\mathbf{M}$ ist auch $\mathbf{M}/\mathbf{P}$ konstant! Ihnen bleibt nur die Qual der Wahl. Auch im letzteren Falle erhalten Sie *eine* Gleichung für *eine* Unbekannte:

$$\frac{\textit{1,80 kg}}{\textit{4,50 €}}=\frac{\textit{3 kg}}{\mathbf{P}}$$ Auch diese Gleichung liefert natürlich $\mathbf{P}=7{,}50$ €. ♣

Das war noch nichts Neues. Nun also eine etwas schwierigere Proportionalität! Für *geometrisch ähnliche* Körper gilt für das Volumen $\mathbf{V}$ und die Oberfläche $\mathbf{F}$:

$$\underbrace{\mathbf{V}^2}_{\mathbf{L}}\sim\underbrace{\mathbf{F}^3}_{\mathbf{R}}$$

Aufgabe 5 *Die Volumenbestimmung einer Kugel ergab* $\boldsymbol{V}_0=\frac{4\pi}{3}\ cm^3$. *Die Bestimmung der Oberfläche ergab* $\boldsymbol{F}_0=4\pi\ cm^2$. *Gesucht ist allerdings das Volumen* $\boldsymbol{V}$ *eines Ballons mit einer Oberfläche von* $\boldsymbol{F}=1\ m^2$ *!*

Hinweis: Für dieses Beispiel ist der Quotient $\frac{\mathbf{L}}{\mathbf{R}}=\frac{\mathbf{V}^2}{\mathbf{F}^3}$ *konstant!*

Lösung: Die Konstanz des Quotienten $\frac{\mathbf{L}}{\mathbf{R}}$ aus linker und rechter Seite liefert:

$$\frac{\mathbf{V}^2}{\mathbf{F}^3} = \frac{\mathbf{V}_0^2}{\mathbf{F}_0^3}$$ Wir setzen die drei gegebenen Werte ein und erhalten:

$$\frac{\mathbf{V}^2}{(1\ \mathrm{m}^2)^3} = \frac{(\frac{4\pi}{3}\ \mathrm{cm}^3)^2}{(4\pi\ \mathrm{cm}^2)^3} = \frac{(\frac{4\pi}{3})^2\ \mathrm{cm}^6}{(4\pi)^3\ \mathrm{cm}^6} = \frac{(4\pi)^2}{9\cdot(4\pi)^3} = \frac{1}{9\cdot 4\pi} = \frac{1}{36\pi}$$

$$\frac{\mathbf{V}^2}{\mathrm{m}^6} = \frac{1}{36\pi} \qquad \mathbf{V}^2 = \frac{1}{36\pi}\ \mathrm{m}^6 \qquad \mathbf{V} = \frac{1}{6}\cdot\frac{1}{\sqrt{\pi}}\ \mathrm{m}^3 \qquad \mathbf{V} = 0{,}094\ \mathrm{m}^3$$ ♣

Aufgabe 6 *3 baugleiche Maschinen verpacken die Tagesproduktion einer Molkerei in 10 Stunden. Wie lange dauert das Verpacken beim Einsatz von 5 Maschinen? Hinweis: Formulieren Sie zunächst den Zusammenang zwischen der Anzahl* $\boldsymbol{N}$ *der Maschinen und der benötigten Zeit* $\boldsymbol{t}$*.*

Lösung: Verdoppeln wir die Anzahl $\mathbf{N}$ der Maschinen, beträgt die benötigte Zeit $\mathbf{t}$ nur noch die Hälfte. Allgemein gilt:

$$\mathbf{t} \sim \frac{1}{\mathbf{N}} \quad \text{bzw.} \quad \frac{\mathbf{t}}{\frac{1}{\mathbf{N}}} = \mathbf{k} \quad \text{bzw.} \quad \mathbf{t}\cdot\mathbf{N} = \mathbf{k}$$

Die Anzahl $\mathbf{N}$ der eingesetzten Maschinen mal benötigte Zeit $\mathbf{t}$ ist konstant (gleich der Tagesproduktion). Folglich gilt $\mathbf{t}\cdot\mathbf{N} = \mathbf{t}_0\cdot\mathbf{N}_0$. Konkret:

$$\mathbf{t}\cdot 5 = 10\,h\cdot 3\,, \qquad \mathbf{t} = \frac{30\,h}{5} = 6\,h\,.$$ ♣

Das folgende Beispiel betrifft zwei Funktionstasten Ihres Taschenrechners!

Aufgabe 7 *Wie wir noch in Abschnitt 3 b) ausführlicher erfahren, gilt auch: Die Funktionswerte des natürlichen und des dekadischen Logarithmus sind proportional, kurz:*

$$\ln x \sim \log x\,, \qquad (\textit{für alle } x > 0\,).$$

Bestimmen Sie mit Ihrem Taschenrechner die Proportionalitätskonstante k*!*

Lösung: Wir wissen also, dass

$$\underbrace{\ln x}_{\mathbf{L}} = k\cdot\underbrace{\log x}_{\mathbf{R}} \qquad (\text{für alle } x > 0\,).$$

Dies ist endlich mal ein Beispiel, bei dem die proportionalen Größen auch negative Werte annehmen können! Für $x=1$ sind beide Seiten gleich Null (für $x<1$ beide negativ). Setzen wir *irgendeinen* Wert $x\neq 1$ ein, erhalten wir eine Gleichung für die Unbekannte k. Am geschicktesten ist die Wahl $x=10$: $\ln 10 = k\cdot\log 10$. Wegen $\log 10 = 1$ folgt sofort: $k = \ln 10 = 2{,}30\ldots$ ♣

Fitness - Studio

Zuwachs - darf's ein bisschen mehr sein Erhöhen Sie Ihre momentane Einkaufsmenge $\mathbf{M}$ um $\Delta\mathbf{M}$, erhöht sich der momentane Einkaufspreis

$$\mathbf{P} = \mathbf{k} \cdot \mathbf{M} \quad \text{um} \quad \Delta\mathbf{P} = \mathbf{k} \cdot \Delta\mathbf{M}:$$

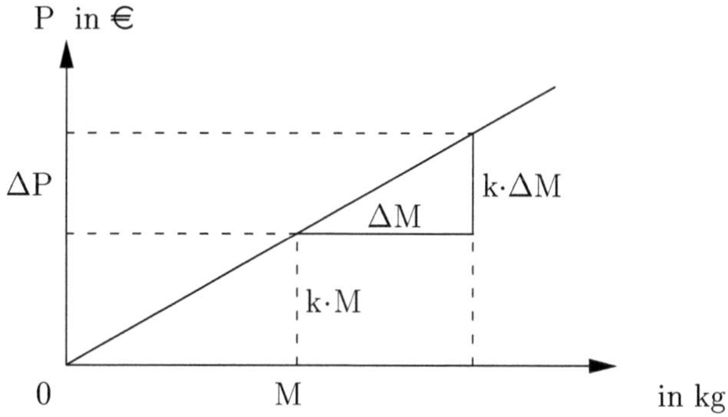

Was Sie mehr bezahlen müssen, ist proportional zur zusätzlichen Menge $\Delta\mathbf{M}$, *unabhängig von der bereits gekauften Menge* $\mathbf{M}$, *mit gleicher Konstanten* $\mathbf{k}$.

Aufgabe 8 *Denken wir uns um den Äquator der Erde (Umfang 40 000 km) ein straffes Band gespannt. Dann verlängern wir das Band um einen Meter. Wie viel würde das Band gleichmäßig abstehen – passt da noch eine Ameise darunter durch? Für Umfang* $\mathbf{U}$ *und Radius* $\mathbf{r}$ *gilt bekanntlich die Beziehung*

$$\mathbf{U} = 2\pi \cdot \mathbf{r} \quad \textit{bzw.} \quad \mathbf{r} = \frac{1}{2\pi} \cdot \mathbf{U}$$

Lösung: Vergrößern wir $\mathbf{U}$ um $\Delta\mathbf{U}$, so beträgt der Zuwachs beim Radius

$$\Delta\mathrm{r} = \frac{1}{2\pi} \cdot \Delta\mathbf{U}, \qquad \left(\tfrac{1}{2\pi} = 0{,}159\right).$$

Bei einer Zunahme $\Delta\mathbf{U} = 1\,\mathrm{m}$ wächst der Radius um $\Delta\mathbf{r} = \frac{1\,\mathrm{m}}{2\pi} = 0,159\,\mathrm{m}$. Unter diese 159 mm ≈ 16 cm passt also viel mehr als nur eine Ameise! ♣

Absolute Temperatur und Proportionalität Für das Volumen $\mathbf{V}$ eines *idealen Gases,* in Abhängigkeit der Temperatur $\mathbf{t}$ in °C, gilt: $\mathbf{V} = \mathbf{V}_0 \cdot \left(1 + \frac{t}{273}\right)$.

Hierbei bezeichnet $\mathbf{V}_0$ das entsprechende Volumen dieses Gases bei Null Grad Celsius, alles bei konstantem Druck. Das ist *keine* Proportionalität $\mathbf{V} \sim \mathbf{t}$, denn dann müsste für $\mathbf{t} = 0$ auch $\mathbf{V} = 0$ sein:

$$\mathbf{V} = \mathbf{V}_0 \cdot \left(1 + \frac{\mathrm{t}}{273}\right):$$

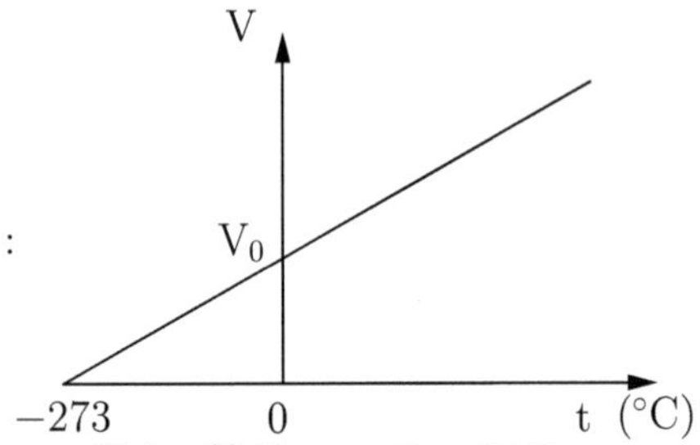

Keine(!) Proportionalität

Die folgende Umformung

$$\mathbf{V} = \mathbf{V}_0 \cdot \left(1 + \frac{t}{273}\right) = \mathbf{V}_0 \cdot \left(\frac{273 + \mathrm{t}}{273}\right) = \frac{\mathbf{V}_0}{273} \cdot \underbrace{(273 + \mathrm{t})}_{\mathrm{T}}$$

macht es plausibel, bei $\mathrm{t} = -273$ einen neuen Bezugspunkt einzuführen! Man nennt ihn den „absoluten Nullpunkt“. Die ab diesem Punkt gemessene Temperatur $\mathbf{T} = 273 + \mathrm{t}$ heißt die „absolute Temperatur“ (in Kelvin).

$$\mathbf{V} = \underbrace{\frac{\mathbf{V}_0}{273}}_{\mathbf{k}} \cdot \mathbf{T}:$$

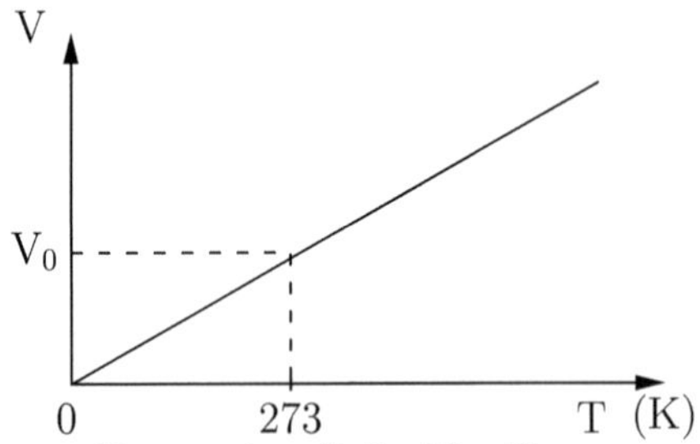

Proportionalität $\mathbf{V} \sim \mathbf{T}$

Die anfänglich komplizierte Volumenberechnung hat sich vereinfacht zu einer Proportionalität, bekannt als das *Gay–Lussac Gesetz*:

$$\mathbf{V} = \mathbf{k} \cdot \mathbf{T} \quad \text{oder} \quad \mathbf{V} \sim \mathbf{T}, \qquad \text{(bei konstantem Druck).}$$

In guter Näherung gilt diese Beziehung auch für reale Gase wie zum Beispiel Wasserstoff, Sauerstoff, Stickstoff und Mischungen wie Luft, usw.

Beispiel 9 Sie erwärmen im Labor 240 cm^3 Luft von 27° auf 102° Celsius, also von $273 + 27 = 300$ Kelvin auf $273 + 102 = 375$ Kelvin. Der Druck bleibe konstant, folglich auch $\frac{\mathbf{V}}{\mathbf{T}}$! Für das neue Volumen $\mathbf{V}$ gilt also für $\mathbf{T} = 375$ K:

$$\frac{\mathbf{V}}{375\,\mathrm{K}} = \frac{240\ \mathrm{cm}^3}{300\,\mathrm{K}}, \quad \mathbf{V} = \frac{375\,\mathrm{K}}{300\,\mathrm{K}} \cdot 240\ \mathrm{cm}^3 = 1{,}25 \cdot 240\ \mathrm{cm}^3 = 300\ \mathrm{cm}^3 \ \clubsuit$$

37° IST GANZ NORMAL.
OH- SIE SIND ARZT?
BERGBAHN-BAUUNTERNEHMUNG GmbH
37°

Geradengleichung

Bei dieser Gelegenheit wollen wir auch kurz die Geradengleichung

$$\boxed{y = m \cdot x + c}$$

wiederholen! Wir beginnen mit der einfachen

Aufgabe 10 *Skizzieren Sie die folgenden Geraden:*

$$(i) \quad y = 2x\,, \quad y = 2x + 3\,, \quad y = 2x - 2$$

$$(ii) \quad y = -2x\,, \quad y = -2x + 3\,, \quad y = -2x - 2\,.$$

(*Falls es Ihnen hilft, bestimmen Sie eine Funktionswert–Tabelle.*)

Lösung: Eine Tabelle braucht man dazu eigentlich nicht, denn eine Gerade ist bereits durch zwei Punkte festgelegt. Besonders einfach ist natürlich das Einsetzen von $x_0 = 0$ und $x_1 = 1$, aber Sie können natürlich auch zwei andere Werte wählen. Anschließend zeichnen Sie die Gerade durch die zwei errechneten Punkte $P_0 = (x_0|y_0)$ und $P_1 = (x_1|y_1)$:

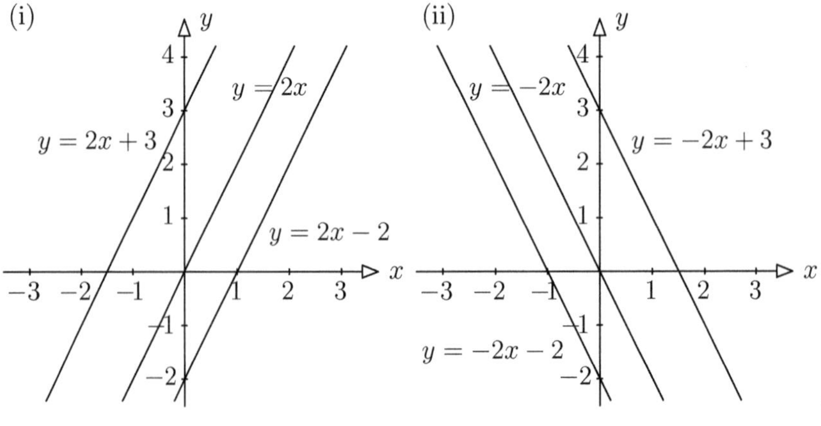

♣

Sind umgekehrt zwei Geradenpunkte $P_0 = (x_0|y_0)$ und $P_1 = (x_1|y_1)$ vorgegeben, setzt man die x, y–Werte in die Geradengleichung $y = m \cdot x + c$ ein und erhält:

$$y_0 = m \cdot x_0 + c$$

$$y_1 = m \cdot x_1 + c$$

Das sind zwei Gleichungen für die beiden Unbekannten m und c. Wir lösen wie üblich die erste Gleichung nach c auf und erhalten:

$$c = y_0 - m \cdot x_0$$

Einsetzen in die zweite Gleichung liefert

$y_1 = m \cdot x_1 - m \cdot x_0 + y_0 = m \cdot (x_1 - x_0) + y_0$, also: $y_1 - y_0 = m \cdot (x_1 - x_0)$

Auflösen nach der zweiten Unbekannten m ergibt schließlich:

$$m = \frac{y_1 - y_0}{x_1 - x_0}$$

Zusammengefasst erhalten wir mit der Kenntnis zweier Geradenpunkte $P_0 = (x_0 | y_0)$ und $P_1 = (x_1 | y_1)$ für $y = m\,x + c$ konkret:

$$\boxed{y = m \cdot x + (y_0 - m \cdot x_0)} \quad \text{mit} \quad m = \frac{y_1 - y_0}{x_1 - x_0}$$

Aufgabe 11 *Bestimmen Sie die Gerade durch $P_0 = (0|3)$ und $P_1 = (1{,}5|0)$.*

<u>Lösung:</u> Wegen $m = \dfrac{y_1 - y_0}{x_1 - x_0} = \dfrac{0-3}{1{,}5-0} = \dfrac{-3}{1{,}5} = -2$ erhalten wir sofort:

$y = -2x + (3 - (-2) \cdot 0) = -2x + 3$, Ergebnis: $y = -2x + 3$. ♣

Anmerkung: Es gilt auch $m = \frac{y_0 - y_1}{x_0 - x_1}$, denn $\frac{y_1 - y_0}{x_1 - x_0} = \frac{-(y_1 - y_0)}{-(x_1 - x_0)} = \frac{y_0 - y_1}{x_0 - x_1}$. Sie müssen nur auf die entsprechenden Indizes im Zähler und Nenner achten. Und anstelle $c = y_0 - m \cdot x_0$ dürfen Sie auch $c = y_1 - m \cdot x_1$ benutzen, (also einfach die Auflösung der *zweiten* Gleichung nach c anstelle der ersten, vergleichen Sie die beiden Gleichungen unten auf der vorigen Seite).

Sie kennen die *anschauliche* Bedeutung von $m = \frac{y_1 - y_0}{x_1 - x_0}$:

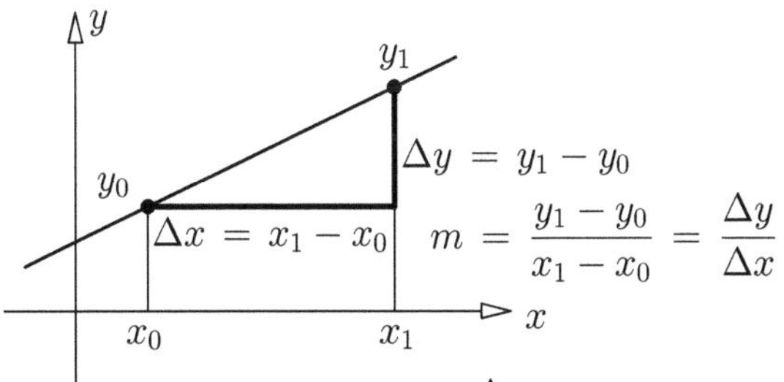

(Geradensteigung!)

Man nennt den Quotienten $m = \dfrac{\Delta y}{\Delta x}$ die *Steigung der Geraden.* Es folgt:

$$\boxed{\Delta y = m \cdot \Delta x}$$

Ändern Sie x um Δx, so ändert sich y um $\Delta y = m \cdot \Delta x$, also um das m–fache! Eine Einheit nach rechts bedeutet m Einheiten nach oben im Falle $m > 0$ oder entsprechend nach unten, falls $m < 0$.

Die Lösung $y = m \cdot x + (y_0 - m \cdot x_0)$ lässt sich nicht besonders gut merken! Fassen wir doch $m \cdot x$ und $-m \cdot x_0$ einfach zusammen zu $m \cdot (x - x_0)$:

$$y = m \cdot x + y_0 - m \cdot x_0 = y_0 + m \cdot x - m \cdot x_0 = y_0 + m \cdot (x - x_0)$$

$$\boxed{y = y_0 + m \cdot (x - x_0)} \qquad \left(\text{mit } m = \tfrac{y_1 - y_0}{x_1 - x_0} = \tfrac{y_0 - y_1}{x_0 - x_1}\right)$$

Es lohnt sich, diese Gleichung der Geraden durch $P = (x_0|y_0)$ zu merken!

Wählen sie nämlich speziell $y_0 = f(x_0)$ und $m = f'(x_0)$, so erhalten Sie auch sofort die *Gleichung der Tangente* einer Funktion $f(x)$ im Punkt $P = (x_0|\, y_0)$! (Siehe auch Taylorentwicklung in Abschnitt 4 f).

Eine andere einfache Darstellung liefern die Achsenabschnitte.

Beispiel 12 Achsenabschnittsgleichung:

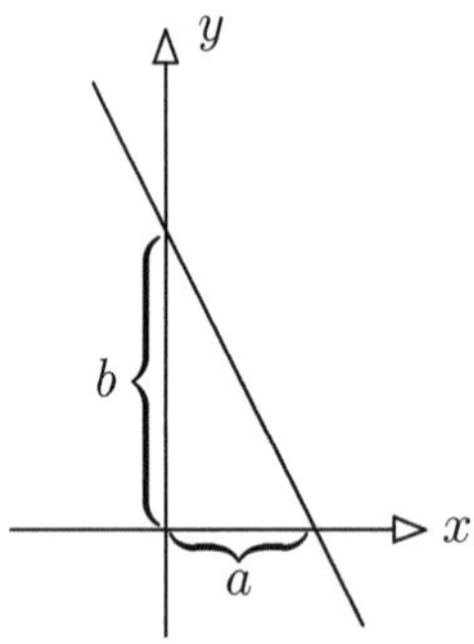

$$\frac{x}{a} + \frac{y}{b} = 1$$

Dass die Koordinaten von $P_1 = (0|b)$ diese Gleichung erfüllen, sieht man sofort durch Einsetzen: $\frac{0}{a} + \frac{b}{b} = 1$. Analog für $P_2 = (a|0)$: $\frac{a}{a} + \frac{0}{b} = 1$.

Dass es sich bei $\frac{x}{a} + \frac{y}{b} = 1$ um eine Geradengleichung handelt, erkennt man durch Auflösen nach y, wie es auch das folgende Beispiel sofort zeigt. ♣

Diese Form setzt natürlich die Kenntnis der Achsenabschnitte a und b voraus:

Beispiel 13 Wählen wir $b = 3$ und $a = 1{,}5$ (wie bei Aufgabe 11, S. 47).

$$\frac{x}{1{,}5} + \frac{y}{3} = 1 \;\Leftrightarrow\; \frac{y}{3} = -\frac{x}{1{,}5} + 1 \;\Leftrightarrow\; y = -\frac{3\,x}{1{,}5} + 3 \;\Leftrightarrow\; y = -2x + 3$$ ♣

Vorsicht: Als Geradengleichung wird oft die Schreibweise $y = a \cdot x + b$ benutzt! a bezeichnet also in diesem Falle die Steigung und nicht den Achsenabschnitt!

1 d) Rechenregeln für proportionale Beziehungen

Symmetrieregel

Ist die Größe **u** proportional zur Größe **v**, dann ist auch **v** proportional zu **u**, und umgekehrt:

$$\mathbf{u} \sim \mathbf{v} \quad \Leftrightarrow \quad \mathbf{v} \sim \mathbf{u}$$

Am Beispiel Preis und Menge haben wir das schon ausführlich zu Beginn des vorigen Abschnitts behandelt! Die sogenannte Transitivität

$$\mathbf{u} \sim \mathbf{v} \text{ und } \mathbf{v} \sim \mathbf{w} \Rightarrow \mathbf{u} \sim \mathbf{w}$$

sei nur am Rande erwähnt, denn ihre praktische Bedeutung ist recht gering. Ganz anders verhält es sich mit der nun folgenden

Multiplikationsregel

Ein etwas scherzhaftes Beispiel aus dem Lehrbuch:
2 Katzen fangen in 4 Stunden 8 Mäuse. Wie viele fangen 3 Katzen in 3 Stunden?
Doch nun etwas realistischer: 3 Maler lackieren in 6 Stunden 27 Heizkörper, wie lange benötigen 5 Maler für 30 Heizkörper? Hier geht es also um die Zeit!

In letzterem Fall ist die benötigte Zeit **Z** proportional zur Anzahl **H** der Heizkörper, und außerdem umgekehrt proportional zur Anzahl **M** der Maler:

$$\mathbf{Z} \sim \mathbf{H} \text{ (bei festem } \mathbf{M}\text{)} \qquad \text{und} \qquad \mathbf{Z} \sim \frac{1}{\mathbf{M}} \text{ (bei festem } \mathbf{H}\text{)}$$

Im Falle von *mehreren* Proportionalitäten dieser Art könnte man von einem 'mehrfachen oder multiplen Dreisatz' sprechen. Tatsächlich erhält man die Lösung durch eine Art von 'Multiplikation'. Die Regel lautet:

$$\boxed{\mathbf{u} \sim \mathbf{v}_1 \text{ (wenn } \mathbf{v}_2 \text{ konstant) und } \mathbf{u} \sim \mathbf{v}_2 \text{ (wenn } \mathbf{v}_1 \text{ konstant)} \;\Leftrightarrow\; \mathbf{u} \sim \mathbf{v}_1 \cdot \mathbf{v}_2}$$

Die Verallgemeinerung für mehr als zwei Proportionalitäten dürfte klar sein!

Beispiel 1 Speziell für $\mathbf{Z} \sim \mathbf{H}$ und $\mathbf{Z} \sim \frac{1}{\mathbf{M}}$ folgt: $\mathbf{Z} \sim \mathbf{H} \cdot \frac{1}{\mathbf{M}}$ bzw. $\mathbf{Z} \sim \frac{\mathbf{H}}{\mathbf{M}}$
Bezeichne **k** die zugehörige Proportionalitätskonstante: $\mathbf{Z} = \mathbf{k} \cdot \frac{\mathbf{H}}{\mathbf{M}}$
Einsetzen der Werte $\mathbf{M} = 3$, $\mathbf{H} = 27$, $\mathbf{Z} = 6$ liefert: $6 = \mathbf{k} \cdot \frac{27}{3}$, also $\mathbf{k} = \frac{2}{3}$.
Das ergibt im Falle von 5 Malern und 30 Heizkörpern: $\mathbf{Z} = \frac{2}{3} \cdot \frac{30}{5} = 4$ Stunden Arbeitszeit. ♣

Beispiel 2 Beim elektrischen Plattenkondensator befinden sich zwei gleich große Metallplatten (oder Metallfolien) in einem festen Abstand gegenüber.

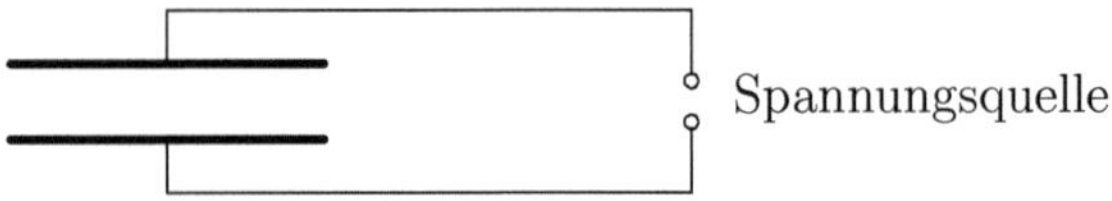

Die Kapazität **C** eines solchen Kondensators ist proportional zur Fläche **F** einer Platte, $\mathbf{C} \sim \mathbf{F}$ (bei konstantem Abstand), und umgekehrt proportional zum Abstand **d** dieser Platten, $\mathbf{C} \sim \frac{1}{\mathbf{d}}$ (bei konstanter Fläche):

$$\mathbf{C} \sim \mathbf{F} \text{ (Abstand } \mathbf{d} \text{ konstant)}, \qquad \mathbf{C} \sim \frac{1}{\mathbf{d}} \text{ (Fläche } \mathbf{F} \text{ konstant).}$$

Wir dürfen also zusammenfassend folgern: $\mathbf{C} \sim \frac{\mathbf{F}}{\mathbf{d}}$ bzw. $\mathbf{C} = \mathbf{k} \cdot \frac{\mathbf{F}}{\mathbf{d}}$

Ist der Raum zwischen den Platten leer, hat die Proportionalitätskonstante **k** den Wert $8{,}8541\ldots \cdot 10^{-12}$ A·s /V·m . Sie heißt elektrische Feldkonstante ε_0 und spielte bereits eine wichtige Rolle in Aufgabe 3 auf Seite 26. ♣

Solche Beziehungen sind zunächst unbekannt! Es ist natürlich viel leichter, die Abhängigkeit von den einzelnen Größen einzeln(!) zu verifizieren, und die Konstante **k** für die gesamte Formel erst dann experimentell zu bestimmen:

Aufgabe 3 *Zum Erhitzen von Wasser zur Zubereitung von Tee oder Kaffee müssen Sie Energie in Form von Wärme zuführen:*

Die benötigte Wärmeenergie $\mathbf{Q}$ *ist abhängig von der gewünschten Temperaturerhöhung* $\mathbf{\Delta T}$ *und der Wassermenge* **m**.

(i) Bestimmen Sie eine Formel zur Berechnung von $\mathbf{Q}$*!*

(ii) Eine Messung ergab $\mathbf{Q} = 67{,}2$ *kJ für* $\mathbf{m} = 0{,}200$ *kg und* $\mathbf{\Delta T} = 80$ *K. Bestimmen Sie den Wert der Proportionalitätskonstanten in SI–Einheiten!*

Lösung: (i) Wegen $\mathbf{Q} \sim \mathbf{m}$ ($\mathbf{\Delta T}$ konstant) und $\mathbf{Q} \sim \mathbf{\Delta T}$ (**m** konstant) gilt

$$\mathbf{Q} \sim \mathbf{m} \cdot \mathbf{\Delta T} \quad \text{bzw.} \quad \mathbf{Q} = \mathbf{k} \cdot \mathbf{m} \cdot \mathbf{\Delta T}$$

(ii) Einsetzen der gemessenen Werte liefert: $67{,}2\,\text{kJ} = \mathbf{k} \cdot 0{,}200\,\text{kg} \cdot 80\,\text{K}$.
Wir erhalten $\mathbf{k} = \frac{67{,}2\,\text{kJ}}{16\,kg \cdot K} = 4{,}2\,\text{kJ} \cdot \text{kg}^{-1} \cdot \text{K}^{-1}$. ♣

Das war natürlich ein Umweg, denn selbstverständlich wussten Sie bereits: Die *spezifische Wärme* von Wasser beträgt 1 kcal ≈ 4,2 kJ pro kg und Grad!

Aufgabe 4 *Bei einer chemischen Reaktion bilden die Ausgangssubstanzen A und B eine Verbindung P. Für die Reaktions– oder Bildungsgeschwindigkeit* $\boldsymbol{v}(P)$ *wurden folgende Werte gemessen (in Mol pro Liter und Sekunde):*

	$\mathbf{c}\,(A)$	$\mathbf{c}\,(B)$	$\boldsymbol{v}\,(P)$
1.	$0{,}30\ \frac{mol}{L}$	$0{,}15\ \frac{mol}{L}$	$7{,}20\cdot 10^{-4}\frac{mol}{L\cdot s}$
2.	$0{,}30\ \frac{mol}{L}$	$0{,}30\ \frac{mol}{L}$	$1{,}44\cdot 10^{-3}\frac{mol}{L\cdot s}$
3.	$0{,}60\ \frac{mol}{L}$	$0{,}30\ \frac{mol}{L}$	$2{,}88\cdot 10^{-3}\frac{mol}{L\cdot s}$
4.	$0{,}15\ \frac{mol}{L}$	$0{,}90\ \frac{mol}{L}$	$2{,}16\cdot 10^{-3}\frac{mol}{L\cdot s}$

Welche Proportionalität zwischen $\boldsymbol{v}\,(P)$ *und den Werten von* $\mathbf{c}\,(A)$ *und* $\mathbf{c}\,(B)$ *vermuten Sie? Stellen Sie eine entsprechende Gleichung auf für* $\boldsymbol{v}\,(P)$ *in Abhängigkeit von den beiden Konzentrationen* $\mathbf{c}\,(A)$ *und* $\mathbf{c}\,(B)$!

Lösung: Der Vergleich der ersten mit der zweiten Messung legt nahe, dass $\mathbf{v}\,(P) \sim \mathbf{c}\,(B)$, die zweite und dritte Messung entsprechend $\mathbf{v}\,(P) \sim \mathbf{c}\,(A)$. Zusammenfassend also $\mathbf{v}\,(P) \sim \mathbf{c}\,(A)\cdot\mathbf{c}\,(B)$ bzw. $\mathbf{v}\,(P) = \mathbf{k}\cdot\mathbf{c}\,(A)\cdot\mathbf{c}\,(B)$. Jede der vier Messungen liefert hier $\mathbf{k} = 1{,}6\cdot 10^{-2}\ \frac{\mathrm{L}}{\mathrm{mol\cdot s}}$. Ist der Wert der Proportionalitätskonstanten von besonderer Bedeutung, wird man zu deren Bestimmung natürlich eine besonders aufwendige Messung durchführen! ♣

Aufgabe 5 *Das Volumen* $\boldsymbol{V}$ *eines idealen Gases hängt ab von der absoluten Temperatur* $\boldsymbol{T}$, *vom Druck* $\mathbf{p}$ *und der Stoffmenge* $\boldsymbol{n}$ *(Anzahl der Teilchen)*:

$$\mathbf{V} \sim \mathbf{n}\quad (\mathbf{T}, \mathbf{p}\ \textit{konstant}),\qquad \mathbf{V} \sim \mathbf{T}\quad (\mathbf{p}, \mathbf{n}\ \textit{konstant}),\qquad \mathbf{V} \sim \frac{1}{\mathbf{p}}\quad (\mathbf{T}, \mathbf{n}\ \textit{konstant}).$$

Fassen Sie nun diese drei Proportionalitäten zu einer einzigen zusammen. Die zugehörige Konstante wird üblicherweise mit $\boldsymbol{R}$ *bezeichnet.*

Lösung: Die Multiplikation der rechten Seiten ergibt sofort:

$$\mathbf{V} \sim \mathbf{n}\cdot\mathbf{T}\cdot\frac{1}{\mathbf{p}} \quad \text{bzw.} \quad \mathbf{V} = \mathbf{R}\cdot\frac{\mathbf{n}\cdot\mathbf{T}}{\mathbf{p}} \quad \text{bzw.} \quad \mathbf{p}\cdot\mathbf{V} = \mathbf{n}\cdot\mathbf{R}\cdot\mathbf{T}$$ ♣

Auch die meisten realen Gase erfüllen unter gewöhnlichen Bedingungen die Gleichung sehr gut, nur bei ungewöhnlich tiefer Temperatur oder hohem Druck kommt es zu Abweichungen. Man nennt ein hypothetisches Gas, das unter *allen* Bedingungen diese Gleichung erfüllt, ein ideales Gas. Diese Gleichung heißt deshalb auch die „Zustandsgleichung eines idealen Gases“, oder einfach nur „ideales Gasgesetz“. Die ideale „Gaskonstante“ $\mathbf{R}$ beträgt:

$$\mathbf{R} = 8{,}31451\ \mathrm{Pa}\cdot\mathrm{m}^3\cdot\mathrm{K}^{-1}\cdot\mathrm{mol}^{-1} = 8{,}31451\ \mathrm{J}\cdot\mathrm{K}^{-1}\cdot\mathrm{mol}^{-1}$$

Aufgabe 6 *Welches Volumen* $\boldsymbol{V}$ *hat ein Mol* ($\boldsymbol{n} = 1{,}00\,mol$) *eines idealen Gases unter 'Normbedingungen', also bei 0° C und 1 atm = 1013 hPa Druck?*

Lösung: $\mathbf{n} = 1$ mol beansprucht bei $\mathbf{T} = 273$ K (0° C) und 1013 hPa (1 atm)

$\mathbf{V} = \mathbf{R} \cdot \frac{\mathbf{n} \cdot \mathbf{T}}{\mathbf{p}} = 8{,}31\,\mathrm{Pa} \cdot \mathrm{m}^3 \cdot \mathrm{K}^{-1} \cdot \mathrm{mol}^{-1} \cdot \frac{1{,}00\,\mathrm{mol} \cdot 273\,\mathrm{K}}{101{,}3\,\mathrm{kPa}} = 22{,}4 \cdot 10^{-3}\,\mathrm{m}^3 = 22{,}4\,\mathrm{L}$

Diese 22,4 Liter pro Mol bezeichnet man auch kurz als 'Molvolumen'! ♣

1 Mol oder 32 Gramm Sauerstoff haben also ein Volumen von ca. 22,4 Litern, woraus sich sofort das Litergewicht von ca. 32 g/22,4 L = 1,43 g/L ergibt, natürlich bei 0° Celsius und 1 atm.

Aufgabe 7 *1 Mol Sauerstoff beanspruchen bei 0° C und 1 atm = 1013 hPa ein Volumen von 22,4 Litern. Wieviel Liter sind es bei gleichem Druck, aber einer Zimmertemperatur von 20 ° Celsius (entsprechend 293 K)?*

Lösung: Man könnte vorige Rechnung mit den neuen Angaben wiederholen. Aber viel einfacher ist hier der normale Dreisatz gemäß $\mathbf{V} \sim \mathbf{T}$, denn bei dieser Aufgabenstellung bleiben die Stoffmenge $\mathbf{n}$ und der Druck $\mathbf{p}$ konstant!

Überlegen Sie selbst noch einmal, wie $\mathbf{V} = \mathbf{R} \cdot \dfrac{\mathbf{n} \cdot \mathbf{T}}{\mathbf{p}}$ für $\mathbf{n}$ und $\mathbf{p}$ konstant einfach zu $\mathbf{V} = \mathbf{k} \cdot \mathbf{T}$ bzw. $\mathbf{V} \sim \mathbf{T}$ wird! Und das bedeutet ja wieder nur, dass der Quotient aus Volumen und Temperatur stets gleich ist:

$$\frac{\mathbf{V}}{293\ \mathrm{K}} = \frac{22{,}4\ \mathrm{L}}{273\ \mathrm{K}} \qquad \text{Ergebnis:} \quad \mathbf{V} = \frac{293\ \mathrm{K} \cdot 22{,}4\ \mathrm{L}}{273\ \mathrm{K}} = 24{,}0\ \mathrm{L}$$ ♣

Beispiel 8 Bestimmen wir auch einmal den Druck $\mathbf{p}$! Auflösen ergibt:

$$\mathbf{p} = \frac{\mathbf{n}}{\mathbf{V}} \cdot \mathbf{R} \cdot \mathbf{T} \quad \text{bzw.} \quad \mathbf{p} \sim \frac{\mathbf{n}}{\mathbf{V}} \ (\mathbf{T}\ \text{konstant})$$

Bei $\mathbf{T} = 20°$ C und $\mathbf{n} = 1$ mol, $\mathbf{V} = 24$ L beträgt der Druck $\mathbf{p} = 1$ atm, (vorige Aufgabe). *Steigern wir das Verhältnis von Stoffmenge zum Volumen!*

$\frac{\mathbf{n}}{\mathbf{V}} = \frac{1\,\mathrm{mol}}{24\,\mathrm{L}} = 0{,}042\,\frac{\mathrm{mol}}{\mathrm{L}}$ (und $\mathbf{T} = 20°$): $\mathbf{p} = 1$ atm Proportional folgt:

$\frac{\mathbf{n}}{\mathbf{V}} = \frac{2\,\mathrm{mol}}{24\,\mathrm{L}} = 0{,}084\,\frac{\mathrm{mol}}{\mathrm{L}}$ (und $\mathbf{T} = 20°$): $\mathbf{p} = 2$ atm

⋮ ⋮

$\frac{\mathbf{n}}{\mathbf{V}} = \frac{24\,\mathrm{mol}}{24\,\mathrm{L}} = 1{,}000\,\frac{\mathrm{mol}}{\mathrm{L}}$ (und $\mathbf{T} = 20°$): $\mathbf{p} = 24$ atm

usw. ♣

Fitness - Studio

Osmose – hier wird Druck gemacht Der für die Natur und Technik so wichtige Vorgang der Osmose ist vielleicht etwas schwierig zu verstehen, aber der formal rechnerische Zusammenhang mit dem idealen Gasgesetz ist so erstaunlich wie einfach zugleich.

Die Membranen von pflanzlichen oder tierischen Zellen sind 'semipermeabel', oder zumindest selektiv permeabel. Eine semipermeable („halbdurchlässige") Membran zwischen zwei Lösungen lässt nur die Wassermoleküle hindurch, hält aber die viel größeren Moleküle ∴ der gelösten Stoffe zurück:

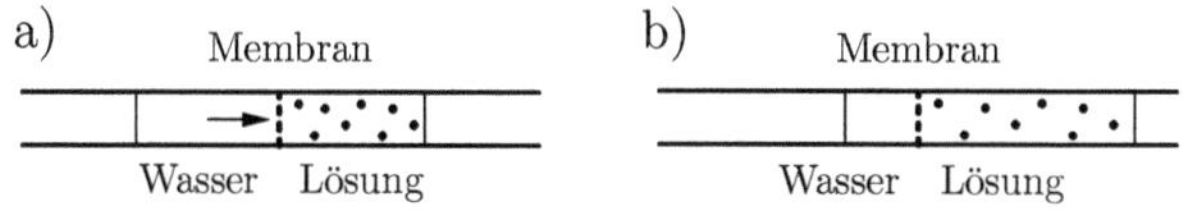

a) Durch die Membran diffundieren (nur) Wassermoleküle *sowohl von links* (reines Wasser) *als auch von rechts* (Wasser und Salz) durch die Poren. Im Vergleich zur linken Seite ist aber die Wasserkonzentration auf der rechten Seite natürlich geringer. Es gelangen mehr Wassermoleküle von links nach rechts als umgekehrt, so dass sich *insgesamt* eine Fließrate vom reinen Lösungsmittel links zur Lösung auf der rechten Seite ergibt.

b) Folge: Die Lösung rechts nimmt Wasser auf (und wird dabei verdünnt)!

Der Druckcharakter dieses Vorgangs wird deutlich, wenn man von rechts einen Gegendruck ausübt. Hierdurch werden vermehrt Wassermoleküle von rechts durch die Poren der Membran zur linken Seite gedrückt. Ist dieser Gegendruck nicht hoch genug, wird die Fließrate von links nach rechts nur vermindert. Erst bei genügend hohem Gegendruck herrscht *Gleichgewicht* und der Fluss kommt insgesamt zum Stillstand! Im Labor verwendet man zu diesem Zweck gerne eine Anordnung mit einem U–Rohr:

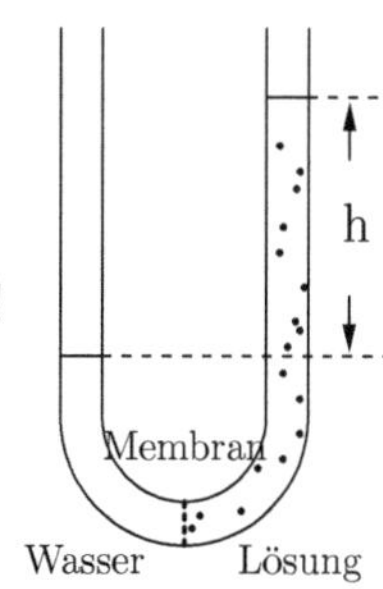

Durch die Fließrate nach rechts wird allmählich eine Flüssigkeitssäule der Höhe h aufgebaut. Der entstehende Gegendruck dieser Flüssigkeitssäule bringt den Vorgang schließlich zum Erliegen (Gleichgewicht)!

Man nennt diesen Druck den *osmotischen Druck* der Lösung (rechts) gegenüber dem Lösungsmittel (links). *Der osmotische Druck* $\mathbf{p}_{osm}$ *hängt nur von der Anzahl der gelösten Teilchen ab, nicht von deren Art oder Größe!*

Dieser Gleichgewichtsdruck $\mathbf{p}_{osm}$ lässt sich leicht mit einem U–Rohr veranschaulichen und messen. (Wird rechts der Druck auf die Lösung weiter erhöht, fließt wieder mehr Wasser von rechts nach links. Durch diese 'Umkehr-Osmose' wird beispielsweise aus Salzwasser reines Wasser gewonnen.)

Es herrscht eine völlige Analogie zu Gasen: $\mathbf{p}_{osm}$ *ist gleich dem Gasdruck, der sich ergäbe, wenn man dieselbe Anzahl der gelösten Teilchen gasförmig im Volumen* $\mathbf{V}$ *einsperren würde:*

$$\mathbf{p}_{osm} = \frac{\mathbf{n}}{\mathbf{V}} \cdot \mathbf{R} \cdot \mathbf{T} \qquad \text{(van't- Hoff-Gleichung)}$$

Das bedeutet, vgl. Beispiel 8: Eine Lösung von 0,042 Mol Traubenzucker ($\approx$ 8 g) in 1 Liter Wasser erzeugt denselben Druck wie 0,042 Mol Sauerstoff in einem Behälter von 1 Liter, also 1 atm (bei 20°C). Die entsprechende Wassersäule des U–Rohres wäre 10 m hoch!

Sind mehrere Substanzen gelöst, so sind die entsprechenden Stoffmengen zu addieren. Elektrolyte wie zum Beispiel NaCl (Natriumchlorid) dissoziieren in stark verdünnten Lösungen fast vollständig in Na^+ und Cl^-, wodurch sich die Menge der osmotisch wirksamen Teilchen verdoppelt, was bei der Bestimmung von $\mathbf{n}$ mit dem Faktor 2 zu Buche schlägt.

In obiger einfacher Form gilt diese Gleichung auch nur für 'ideale' Lösungen, wenn diese also nicht zu hoch konzentriert sind! Und der Wert $\mathbf{p}_{osm}$ gilt in *Vergleich* zum reinen Lösungsmittel: Sind eine schwach konzentrierte und eine höher konzentrierte Lösung durch eine semipermeable Membran getrennt, so wirkt nur der *Differenzdruck*! Durch den Wassertransport in Richtung höherer Konzentration kann diese Differenz dann ausgeglichen werden.

Merke: *Ein osmotischer Druck existiert nur zwischen zwei Lösungen!*

Der osmotische Druck einer Lösung tritt ja überhaupt nicht in Erscheinung, solange diese Lösung nicht mit einer Lösung mit anderem osmotischem Druck in Kontakt kommt! Dann kann es aber auch zu einer Zerstörung von Zellen kommen (Platzen oder Schrumpfen).

Beispiele Das Aufplatzen von Kirschen im Regen oder der Würstchen beim Kochen ist solch ein unerwünschter Effekt. Süßwasserfische nehmen durch Osmose viel Wasser auf, zu viel, und scheiden es über den Urin wieder aus – Wassertrinken überflüssig! Umgekehrt bietet das Konservieren mit Salz oder Zucker eine gezielte Anwendung, Mikroorganismen durch Wasserentzug das Leben schwer zu machen.

Aufgabe 9 *Der osmotische Druck von Blut bei 37° C beträgt 763 kPa. Infusionslösungen müssen isotonisch mit dem Blut sein, also den gleichen osmotischen Druck besitzen.*

Eine sog. 'physiologische Kochsalz–Lösung' ist isotonisch zum Blut:

Bestimmen Sie den osmotischen Druck einer Lösung von 8,66 g/L NaCl bei 37° C, unter der vereinfachenden Annahme, dass die Kochsalzmenge vollständig in Na^+ und Cl^- Ionen aufgespalten, osmotisch also doppelt wirksam ist.

Hinweis: Die molare Masse von NaCl beträgt $\boldsymbol{M} = 58{,}5$ *g/mol.*

Lösung: Wegen $\mathbf{n} = \frac{\mathbf{m}}{\mathbf{M}}$ entsprechen $\mathbf{m} = 8{,}66\,\mathrm{g}$ Kochsalz $\mathbf{n} = \frac{8{,}66}{58{,}5}$ mol. Einsetzen mit dem Faktor 2 in die van't- Hoff-Gleichung ergibt für $\mathbf{V} = 1\,\mathrm{L} = 10^{-3}\,\mathrm{m}^3$ und $\mathbf{T} = (273 + 37)\,\mathrm{K} = 310\,\mathrm{K}$:

$$\mathbf{p}_{osm} = 2 \cdot \frac{8,66}{58,5} \cdot \frac{\mathrm{mol}}{10^{-3}\,\mathrm{m}^3} \cdot 8{,}31451\ \mathrm{Pa} \cdot \mathrm{m}^3 \cdot \mathrm{K}^{-1} \cdot \mathrm{mol}^{-1} \cdot 310\ \mathrm{K} = 763\ \mathrm{kPa}\ \clubsuit$$

Sie erkennen, dass die Gaskonstante **R** nicht nur bei Gasen Anwendung findet:

Merke: *Was π für Kreise und Ellipsen, bedeutet **R** für Gase und Lösungen!*

Durch Aufspaltung in Ionen wird also die Anzahl der osmotisch wirksamen Teilchen vergrößert. Umgekehrt verringern Pflanzen den osmotischen Druck von Glucose, die ständig bei der Assimilation entsteht, durch die Bildung größerer Moleküle wie Doppel- oder Mehrfachzucker, und noch wirksamer: durch die Umwandlung von Glucose in geradezu riesige und fast unlösliche Stärkemoleküle!

Das Massenwirkungsgesetz Die meisten chemischen Reaktionen verlaufen auch in umgekehrter Richtung. Man notiert das oft mit einer Art Doppelpfeil:

$$\mathrm{A} + \mathrm{B} \rightleftharpoons \mathrm{C}$$

Die Geschwindigkeit $\mathbf{v}_1$ = Anzahl der Teilchen pro Zeit, mit der sich C bildet, ist proportional zur Konzentration $\mathbf{c}(\mathrm{A})$, und natürlich auch zu $\mathbf{c}(\mathrm{B})$. Somit ist nach den Rechengesetzen $\mathbf{v}_1$ proportional zum *Produkt* $\mathbf{c}(\mathrm{A}) \cdot \mathbf{c}(\mathrm{B})$ (mit **c** in $\frac{mol}{L}$ bezeichnet man die 'Stoffmengenkonzentration', vergleiche 1 e):

$$\mathbf{v}_1 \ = \ \mathbf{k}_1 \cdot \mathbf{c}(\mathrm{A}) \cdot \mathbf{c}(\mathrm{B})$$

Durch diesen Vorgang verringern sich die Konzentrationen von A und B, während die Konzentration von C natürlich ansteigt!

Nun setzt aber auch die Rückreaktion ein, zunächst nur langsam, jedoch mit zunehmender Konzentration von C allmählich immer schneller:

Die Geschwindigkeit $\mathbf{v}_2$ = Anzahl der Teilchen pro Zeit, mit der sich C *zerlegt*, ist proportional zu seiner Konzentration $\mathbf{c}(\mathrm{C})$: $\mathbf{v}_2 = \mathbf{k}_2 \cdot \mathbf{c}(\mathrm{C})$. Schließlich hat die Geschwindigkeit der Hinreaktion so weit abgenommen, und die der Rückreaktion so weit zugenommen, dass ein dynamisches Gleichgewicht herrscht, d.h. es gilt $\mathbf{v}_1 = \mathbf{v}_2$:

$$\mathbf{k}_1 \cdot \mathbf{c}(\mathrm{A}) \cdot \mathbf{c}(\mathrm{B}) = \mathbf{k}_2 \cdot \mathbf{c}(\mathrm{C}) \qquad \Leftrightarrow \qquad \frac{\mathbf{c}(\mathrm{C})}{\mathbf{c}(\mathrm{A}) \cdot \mathbf{c}(\mathrm{B})} = \frac{\mathbf{k}_1}{\mathbf{k}_2} \quad = \mathbf{K}$$

Der Wert der Gleichgewichtskonstanten **K** hängt natürlich von der jeweiligen Reaktionsgleichung ab und muss experimentell ermittelt werden.

Beispiel 10 Falls Sie gerade ein Glas Wasser trinken, befinden sich darin auch H^+ und OH^- Ionen. Allerdings nur in relativ geringer Menge, denn sie verbinden sich beim Zusammentreffen zu H_2O, werden aber andererseits durch Zerfall der Wassermoleküle in geringer Anzahl ständig neu gebildet:

$$\mathrm{H}^+ + \mathrm{OH}^- \rightleftharpoons \mathrm{H_2O}\,, \qquad \frac{\mathbf{c}(\mathrm{H_2O})}{\mathbf{c}(\mathrm{H}^+) \cdot \mathbf{c}(\mathrm{OH}^-)} = 5{,}56 \cdot 10^{15}\ \mathrm{L/mol} \qquad (\text{bei } 22^\circ\,\mathrm{C})$$

Vereinbarungsgemäß werden die Konzentrationen der *rechten Seite* in den *Zähler* geschrieben, 'man fängt von hinten wieder an'.

Sind die Konzentrationen der rechten Seite vergleichsweise hoch, ist auch der Wert dieser *Gleichgewichtskonstanten* **K** entsprechend hoch. Man sagt in unserem Beispiel, das Gleichgewicht „liegt auf der rechten Seite". ♣

Die weiteren Ausführungen halten wir knapp, da die Rechengesetze nicht weiter als bisher berührt sind. Zum Beispiel gilt im Falle einer Reaktion

$$\mathrm{A} + \mathrm{B} \rightleftharpoons \mathrm{C} + \mathrm{D} \qquad \text{entsprechend} \qquad \frac{\mathbf{c}(\mathrm{C}) \cdot \mathbf{c}(\mathrm{D})}{\mathbf{c}(\mathrm{A}) \cdot \mathbf{c}(\mathrm{B})} = \mathbf{K},$$

und im Spezialfall C = D

$$\mathrm{A} + \mathrm{B} \rightleftharpoons 2\,\mathrm{C} \qquad \text{entsprechend} \qquad \frac{\mathbf{c}^2(\mathrm{C})}{\mathbf{c}(\mathrm{A}) \cdot \mathbf{c}(\mathrm{B})} = \mathbf{K}.$$

Hier ist $\mathbf{c}^2(\mathrm{C})$ die abkürzende Schreibweise für das Quadrat von $\mathbf{c}(\mathrm{C})$, also für das Produkt $\mathbf{c}(\mathrm{C}) \cdot \mathbf{c}(\mathrm{C})$.

Beispiel 11 Reaktion von gasförmigem Chlorwasserstoff HCl mit Sauerstoff O_2:

$$4\,\mathrm{HCl} + \mathrm{O_2} \rightleftharpoons 2\,\mathrm{H_2O} + 2\,\mathrm{Cl_2} \qquad \frac{\mathbf{c}^2(\mathrm{H_2O}) \cdot \mathbf{c}^2(\mathrm{Cl_2})}{\mathbf{c}^4(\mathrm{HCl}) \cdot \mathbf{c}(\mathrm{O_2})} = \mathbf{K}$$

♣

1 e) Konzentrationen und Anteile von Lösungen

Die Herstellung von Lösungen ist überraschend fehleranfällig:

Falls Sie zum Beispiel 30,0 g einer Substanz in 100 mL Wasser lösen, beträgt die Konzentration natürlich *nicht* $\frac{30{,}0\,\text{g}}{100\,\text{mL}} = 0{,}300\,\text{kg/L}$! Durch Zugabe der Substanz ändert sich ja auch das Gesamtvolumen der Lösung, sagen wir zum Beispiel auf insgesamt 120 mL. Diese Lösung hätte dann also nur noch eine Konzentration von $\frac{30{,}0\,\text{g}}{120\,\text{mL}} = 0{,}250\,\text{kg/L}$. Geben Sie korrekterweise das Lösungsmittel unter ständigem Umrühren zu den 30 g dieser Substanz, bis 100 mL Lösung erreicht sind, so erhalten Sie wirklich $\frac{30{,}0\,\text{g}}{100\,\text{mL}} = 0{,}300\,\text{kg/L}$!
60 g Zucker plus 100 g Wasser ergeben auch keinen Zuckeranteil von 60 % (Gewichts- bzw. Massenanteil), sondern von $\frac{60}{160} = 0{,}375 = 37{,}5$ %. Denn 60 von 160 Gramm sind Zucker. Wirklich kompliziert wird es erst beim Volumen:

Mischen Sie z. B. 51,8 mL Wasser und 51,8 mL reinen Alkohol C_2H_5OH, erhalten Sie 100 mL Lösung (sog. Volumenkontraktion)! Nun entscheiden Sie: Enthalten diese 100 mL jetzt 51,8 % Alkohol, oder sind es nur 50 % Alkohol?
Bei den Definitionen ist also genau darauf zu achten, ob die Einzelvolumina oder das Volumen der Lösung benutzt werden – und natürlich ganz elementar: Bitte verwechseln Sie nicht Konzentrationen und Anteile!

Um es gleich vorab zu klären:

Charakteristischerweise tragen Angaben zur Konzentration immer *Einheiten* wie kg/L („Kilogramm pro Liter"), mol/L, mL/L, also auch bei der Volumenkonzentration! So sind 518 mL/L umgerechnet zum Beispiel 0,518 L/L. Die Einheit 'Liter' in Zähler und Nenner wird hierbei *nicht* weggekürzt, sozusagen aus 'erkennungsdienstlichen Gründen'.

Anstelle der Konzentration pro Liter sind auch Angaben pro 100 mL üblich. Zum Beispiel sind 0,409 kg/L umgerechnet 409 g/L oder 40,9 g/100 mL, in Worten: „40,9 Gramm pro 100 Milliliter". Man folgert daraus gerne 40,9 %.

40,9 % von 100 mL ergeben aber 40,9 mL: Deren Masse muss nicht 40,9 g betragen! Zu missverständlichen Notationen dieser Art siehe auch Seite 68.

Merke: *Konzentrationen sind in Einheiten, Anteile in Prozent anzugegeben.*

Rechnerisch sind also recht viele Fehler möglich. Fangen wir doch besser noch einmal ganz von vorne an (im Fitness - Studio am Ende dieses Abschnitts finden Sie zusätzlich eine Wiederholung der elementaren Prozentrechnung):

Konzentrationen

Beispiel Lösungsmittel Wasser, gelöster Stoff Ethanol C_2H_5OH.

Ausgangsmenge 40,9 g Alkohol (Ethanol):
Nach Zugabe von 51,8 g Wasser sind 100 mL Lösung entstanden.
Die genannten Mengen lassen sich natürlich auch in mol und mL ausdrücken:

100 mL Lösung:	Alkohol	Wasser
Masse **m**	40,9 g	51,8 g
Stoffmenge **n**	0,89 mol	2,88 mol
Volumen **V**	51,8 mL	51,8 mL

Definition Wir notieren abkürzend „A" für Alkohol und „W" für Wasser. Anhand der Tabellenwerte lassen sich folgende *Konzentrationen* bestimmen:

$$\left.\begin{aligned} \boldsymbol{\beta}(\mathrm{A}) &= \frac{\mathbf{m}(\mathrm{A})}{\mathbf{V}(\mathrm{Lös})} = \frac{40{,}9\,\mathrm{g}}{0{,}100\,\mathrm{L}} = 409\ \frac{\mathrm{g}}{\mathrm{L}} \\ \boldsymbol{\beta}(\mathrm{W}) &= \frac{\mathbf{m}(\mathrm{W})}{\mathbf{V}(\mathrm{Lös})} = \frac{51{,}8\,\mathrm{g}}{0{,}100\,\mathrm{L}} = 518\ \frac{\mathrm{g}}{\mathrm{L}} \end{aligned}\right\}\ \text{Massenkonzentration}$$

$$\left.\begin{aligned} \mathbf{c}(\mathrm{A}) &= \frac{\mathbf{n}(\mathrm{A})}{\mathbf{V}(\mathrm{Lös})} = \frac{0{,}89\,\mathrm{mol}}{0{,}100\,\mathrm{L}} = 8{,}9\ \frac{\mathrm{mol}}{\mathrm{L}} \\ \mathbf{c}(\mathrm{W}) &= \frac{\mathbf{n}(\mathrm{W})}{\mathbf{V}(\mathrm{Lös})} = \frac{2{,}88\,\mathrm{mol}}{0{,}100\,\mathrm{L}} = 28{,}8\ \frac{\mathrm{mol}}{\mathrm{L}} \end{aligned}\right\}\ \text{Stoffmengenkonzentration}$$

$$\left.\begin{aligned} \boldsymbol{\delta}(\mathrm{A}) &= \frac{\mathbf{V}(\mathrm{A})}{\mathbf{V}(\mathrm{Lös})} = \frac{51{,}8\,\mathrm{mL}}{0{,}100\,\mathrm{L}} = 518\ \frac{\mathrm{mL}}{\mathrm{L}} \\ \boldsymbol{\delta}(\mathrm{W}) &= \frac{\mathbf{V}(\mathrm{W})}{\mathbf{V}(\mathrm{Lös})} = \frac{51{,}8\,\mathrm{mL}}{0{,}100\,\mathrm{L}} = 518\ \frac{\mathrm{mL}}{\mathrm{L}} \end{aligned}\right\}\ \text{Volumenkonzentration}$$

Es ist oft nützlich, den Quotienten aufzulösen. Für einen gelösten Stoff S folgt:

$$\boxed{\mathbf{m}(\mathrm{S}) = \boldsymbol{\beta}(\mathrm{S}) \cdot \mathbf{V}(\mathrm{Lös}) \qquad \mathbf{n}(\mathrm{S}) = \mathbf{c}(\mathrm{S}) \cdot \mathbf{V}(\mathrm{Lös}) \qquad \mathbf{V}(\mathrm{S}) = \boldsymbol{\delta}(\mathrm{S}) \cdot \mathbf{V}(\mathrm{Lös})}$$

Aufgabe 1 *Die Zuckerkonzentration einer Lösung betrage $\boldsymbol{\beta}(Z) = 8{,}75\,g/L$. Wie viel Zucker sind in 640 mL dieser Zuckerlösung enthalten?*

<u>Lösung:</u> $\mathbf{m}(\mathrm{Z}) = \boldsymbol{\beta}(\mathrm{Z}) \cdot \mathbf{V}(\mathrm{Lös}) = 8{,}75\,\frac{\mathrm{g}}{\mathrm{L}} \cdot 0{,}640\,\mathrm{L} = 5{,}60\ \mathrm{g}$ ♣

Aufgabe 2 *Wie viel Gramm Glycol benötigen Sie für 160 mL Glycollösung mit einer Konzentration von 250 mL/L ? (Dichte von Ethylenglycol 1,11* $\frac{\mathrm{g}}{\mathrm{mL}}$ *).*

Lösung: Mit 'G' als Abkürzung für Glycol beträgt das benötigte Volumen:

$$\mathbf{V}(\mathrm{G}) = \boldsymbol{\delta}(\mathrm{G}) \cdot \mathbf{V}(\mathrm{Lös}) = 250\,\frac{\mathrm{mL}}{\mathrm{L}} \cdot 160\ \mathrm{mL} = 250\,\frac{\mathrm{mL}}{\mathrm{L}} \cdot 0{,}160\ \mathrm{L}$$
$$= 250\ \mathrm{mL} \cdot 0{,}160 = 40{,}0\ \mathrm{mL}\,.$$ Nun noch auf Gramm umrechnen:

Bei einer Dichte $\boldsymbol{\rho}(G) = 1{,}11\,\mathrm{g/mL}$ sind das $\mathbf{m}(G) = \mathbf{V}(G) \cdot \boldsymbol{\rho}(G) = 44{,}4\,g$.

Geben Sie unter ständigem Umrühren das Lösungsmittel hinzu, bis 160 mL Lösung entstanden sind! ♣

Wichtig ist auch die Herstellung von Stammlösungen mit vorgegebener Molarität. Als einfaches Beispiel

Aufgabe 3 *Wie viel Gramm Kochsalz NaCl sind erforderlich zur Herstellung von 500 mL einer 0,1 M NaCl–Lösung?*

Hinweise: Die Laborangabe 0,1 M bedeutet $\mathbf{c}(NaCl) = 0{,}1\ mol/L$ *im Rahmen der Messgenauigkeit, also mehr als nur eine signifikante Stelle. Wir wählen hier 0,100 mol/L. Die relativen Atommassen betragen Na = 23,0 , Cl = 35,5.*

Lösung: Die benötigte Stoffmenge beträgt in diesem Fall:

$$\mathbf{n}(\mathrm{NaCl}) = \mathbf{c}(\mathrm{NaCl}) \cdot \mathbf{V}(\mathrm{Lös}) = 0{,}100\,\frac{\mathrm{mol}}{\mathrm{L}} \cdot 500\ \mathrm{mL} = 0{,}100\,\frac{\mathrm{mol}}{\mathrm{L}} \cdot 0{,}500\ \mathrm{L}$$
$$= 0{,}100\ \mathrm{mol} \cdot 0{,}500 = 0{,}0500\ \mathrm{mol} = 50{,}0\ \mathrm{mmol} = 50{,}0 \cdot 10^{-3}\,\mathrm{mol}$$

Die Masse eines Mols NaCl, auch Molmasse oder die molare Masse genannt, ist gleich der Summe der relativen Atommassen in Gramm

$$\mathbf{M}(\mathrm{NaCl}) = (23{,}0 + 35{,}5)\,\mathrm{g/mol} = 58{,}5\ \mathrm{g/mol}$$

also 58,5 Gramm pro Mol.

Die Anzahl Mol von NaCl multipliziert mit der Molmasse in Gramm pro Mol ergibt die benötigte Menge NaCl in Gramm:

$$\mathbf{m}(\mathrm{NaCl}) = \mathbf{n}(\mathrm{NaCl}) \cdot \mathbf{M}(\mathrm{NaCl}) = 50{,}0 \cdot 10^{-3}\,\mathrm{mol} \cdot 58{,}5\,\frac{\mathrm{g}}{\mathrm{mol}} = 2{,}93\ \mathrm{g}$$

Zu dieser Menge NaCl gibt man unter Umrühren das Lösungsmittel hinzu, bis sich die Menge gelöst hat und ein Volumen von 500 mL Lösung erreicht ist.

♣

Anteile

Beispiel 40,9 g Alkohol (Ethanol) und 51,8 g Wasser.
Die genannten Mengen lassen sich natürlich auch in mol und mL ausdrücken:

	Alkohol	Wasser	Summe
Masse **m**	40,9 g	51,8 g	92,7 g
Stoffmenge **n**	0,89 mol	2,88 mol	3,77 mol
Volumen **V**	51,8 mL	51,8 mL	103,6 mL

Definition Wir schreiben abkürzend „A“ für Alkohol und „W“ für Wasser. Es geht nun um den *Anteil an der Summe der einzelnen Komponenten*, hier

$$\mathbf{m} = \mathbf{m}(\mathrm{A}) + \mathbf{m}(\mathrm{W}), \qquad \mathbf{n} = \mathbf{n}(\mathrm{A}) + \mathbf{n}(\mathrm{W}), \qquad \mathbf{V} = \mathbf{V}(\mathrm{A}) + \mathbf{V}(\mathrm{W}).$$

Die Anteile der Einzelkomponenten Alkohol A und Wasser W betragen:

$$\left.\begin{aligned} \mathrm{w}(\mathrm{A}) &= \frac{\mathbf{m}(\mathrm{A})}{\mathbf{m}} = \frac{40{,}9\ \mathrm{g}}{92{,}7\ \mathrm{g}} = 0{,}441 = 44{,}1\,\% \\ \mathrm{w}(\mathrm{W}) &= \frac{\mathbf{m}(\mathrm{W})}{\mathbf{m}} = \frac{51{,}8\ \mathrm{g}}{92{,}7\ \mathrm{g}} = 0{,}559 = 55{,}9\,\% \end{aligned}\right\} \text{„Massenanteil“}$$

$$\left.\begin{aligned} \chi(\mathrm{A}) &= \frac{\mathbf{n}(\mathrm{A})}{\mathbf{n}} = \frac{0{,}89\,\mathrm{mol}}{3{,}77\,\mathrm{mol}} = 0{,}236 = 23{,}6\,\% \\ \chi(\mathrm{W}) &= \frac{\mathbf{n}(\mathrm{W})}{\mathbf{n}} = \frac{2{,}88\,\mathrm{mol}}{3{,}77\,\mathrm{mol}} = 0{,}764 = 76{,}4\,\% \end{aligned}\right\} \begin{array}{c}\text{„Stoffmengenanteil“}\\ \text{(„chi“ } \chi)\end{array}$$

$$\left.\begin{aligned} \varphi(\mathrm{A}) &= \frac{\mathbf{V}(\mathrm{A})}{\mathbf{V}} = \frac{51{,}8\ \mathrm{mL}}{103{,}6\ \mathrm{mL}} = 0{,}500 = 50{,}0\,\% \\ \varphi(\mathrm{W}) &= \frac{\mathbf{V}(\mathrm{W})}{\mathbf{V}} = \frac{51{,}8\ \mathrm{mL}}{103{,}6\ \mathrm{mL}} = 0{,}500 = 50{,}0\,\% \end{aligned}\right\} \begin{array}{c}\text{„Volumenanteil“}\\ \text{(„phi“ } \varphi)\end{array}$$

Ob Masse, Stoffmenge, Volumen: Die Summe aller Anteile ergibt stets $1 = 100\,\%$.

Aufgabe 4 *Wie viel Gramm Meersalz enthalten 1 Liter Meerwasser der Masse 1,025 kg bei einem duchschnittlichen Salzgehalt von* $w(S) = 3{,}5\,\%$ *?*

Lösung: Die Salzmenge **m**(S) beträgt wegen $\frac{\mathbf{m}(\mathrm{S})}{\mathbf{m}} = \mathrm{w}(\mathrm{S})$ und $\mathbf{m} = 1025$ g:

$$\mathbf{m}(\mathrm{S}) = \mathrm{w}(\mathrm{S}) \cdot \mathbf{m} = 3{,}5\,\% \cdot 1025\ \mathrm{g} = 0{,}035 \cdot 1025\ \mathrm{g} = 36\ \mathrm{g}$$

Oder ganz einfach formuliert: 3,5 % von 1025 g sind 36 g. ♣

Aufgabe 5 *(i) Wie viel Zucker und Wasser enthalten 280 g Blütennektar, wenn die Anteile w(Z) = 30 % und w(W) = 70 % betragen?*

(ii) Vergleichen Sie mit der Zucker– und Wassermenge in 100 g Bienenhonig, wenn hier die Anteile w(Z) = 84 % und w(W) = 16 % betragen.

Lösung: Es gilt: $\mathbf{m}(\mathrm{Z}) = \mathrm{w}(\mathrm{Z}) \cdot \mathbf{m}$ und $\mathbf{m}(\mathrm{W}) = \mathrm{w}(\mathrm{W}) \cdot \mathbf{m}$. Wir erhalten

(i) $\mathbf{m}(\mathrm{Z}) = 30\,\% \cdot 280\ \mathrm{g} = 84\ \mathrm{g}$, $\quad \mathbf{m}(\mathrm{W}) = 70\,\% \cdot 280\ \mathrm{g} = 196\ \mathrm{g}$.

(ii) $\mathbf{m}(\mathrm{Z}) = 84\,\% \cdot 100\ \mathrm{g} = 84\ \mathrm{g}$, $\quad \mathbf{m}(\mathrm{W}) = 16\,\% \cdot 100\ \mathrm{g} = 16\ \mathrm{g}$.

Die Zuckermengen sind in beiden Fällen gleich! Der Honig wird bekanntlich durch Eindicken aus dem Nektar gewonnen. In diesem Beispiel müssen den 280 Gramm Nektar hierfür 180 Gramm Wasser entzogen werden!

Bei einem Wassergehalt $\geq 18\,\%$ besteht die Gefahr, dass der Honig durch Mikroorganismen in Gärung übergeht. Durch einen genügend hohen Zuckergehalt wird dieser Vorgang jedoch unterbunden (vgl. Seite 54, unten). ♣

Aufgabe 6 *Luft besteht zu etwa 78,08 % seines Volumens aus Stickstoff N_2, 20,95 % sind Sauerstoff O_2, 0,93 % Argon, und rund 0,04 % Kohlendioxid. Bestimmen Sie den Stoffmengenanteil von Sauerstoff in der Luft. Zeigen Sie für Gase: Stoffmengenanteil = Volumenanteil!*

Hinweis: Nutzen Sie die Proportionalität von Stoffmenge und Volumen $\mathbf{V} \sim \mathbf{n}$. *Die Proportionalitätskonstante* $\mathbf{k}$ *ist für alle (idealen) Gase gleich (s. S. 51).*

Lösung: Wegen $\mathbf{V}(\mathrm{N_2}) = \mathbf{k} \cdot \mathbf{n}(\mathrm{N_2})$, analog $\mathbf{V}(\mathrm{O_2}) = \mathbf{k} \cdot \mathbf{n}(\mathrm{O_2})$, ..., folgt:

$$\varphi(\mathrm{O_2}) = \frac{\mathbf{V}(\mathrm{O_2})}{\mathbf{V}(\mathrm{N_2}) + \mathbf{V}(\mathrm{O_2}) + \ldots} = \frac{\mathbf{k} \cdot \mathbf{n}(\mathrm{O_2})}{\mathbf{k} \cdot \mathbf{n}(\mathrm{N_2}) + \mathbf{k} \cdot \mathbf{n}(\mathrm{O_2}) + \ldots}$$

$$= \frac{\mathbf{k} \cdot \mathbf{n}(\mathrm{O_2})}{\mathbf{k} \cdot (\mathbf{n}(\mathrm{N_2}) + \mathbf{n}(\mathrm{O_2}) + \ldots)} = \frac{\mathbf{n}(\mathrm{O_2})}{\mathbf{n}(\mathrm{N_2}) + \mathbf{n}(\mathrm{O_2}) + \ldots} = \chi(\mathrm{O_2}) \quad ♣$$

Andere Bezeichnungen und Schreibweisen:

Der Stoffmengenanteil $\chi(\mathrm{A})$ wurde früher als Molenbruch bezeichnet.

Die Stoffmengenkonzentration wird oft molare Konzentration oder *Molarität* genannt, zum Beispiel: $\mathbf{c}(\mathrm{A}) = 2{,}0\ \mathrm{mol/L} = 2\text{-molar} = 2\ \mathrm{M}$. Konzentrationen werden auch einfach nur in eckigen Klammern notiert, vgl. Bsp. Seite 58: $[\mathrm{A}] = 409\ \frac{\mathrm{g}}{\mathrm{L}} = 8{,}9\ \frac{\mathrm{mol}}{\mathrm{L}} = 518\ \frac{\mathrm{mL}}{\mathrm{L}}$

Eine etwas andere Art der Konzentrationsangabe ist die 'Molalität':

Molalität b versus Molarität c

Volumina, daher auch volumenbezogene Angaben, sind temperaturabhängig: In der Regel vergrößert eine Temperaturerhöhung das Volumen einer Lösung! Dadurch verringert sich z. B. die Massen– und Stoffmengenkonzentration ($\mathbf{V}$(Lös) steht im Nenner!), obwohl sich hierbei nichts an den beteiligten Massen und Stoffmengen ändert! Bei exakten Arbeiten muss also eine Lösung einer festgelegten Konzentration bei gleicher Temperatur verwendet werden, bei der sie hergestellt wurde. Bei der *Molalität* ist nun vieles anders.

Während zum Beispiel die Stoffmengenkonzentration oder 'Molarität' **c** die Anzahl der Mole eines Stoffes pro Liter Lösung angibt, ist es nun bei der 'Molalität' **b** die Anzahl der Mole des Stoffes pro Kilogramm *Lösungsmittel* (nicht pro Kilogramm *Lösung*). Genau formuliert lautet die

Definition Sei $\mathbf{m}$(LM) die Masse des beteiligten Lösungsmittels LM, und sei $\mathbf{n}$(X) die Stoffmenge der gelösten Substanz X.
Dann bezeichnet man als *Molalität*: $\mathbf{b}(\mathrm{X}) = \dfrac{\mathbf{n}(\mathrm{X})}{\mathbf{m}(\mathrm{LM})}$

Sie erhalten eine Zuckerlösung der Molalität $\mathbf{b} = 1$ mol/kg (= 1 mmol/g), wenn Sie ein Mol Zucker $C_{12}H_{22}O_{11}$ (342 g) in einem Kilogramm Wasser auflösen. Oder indem Sie z. B. je die Hälfte, also 0,5 mol Zucker in 500 g Wasser auflösen. Die Gesamtmasse oder gar das Volumen der Lösung interessieren hierbei nicht.

Die Angabe der Molalität benötigt Einheiten. Die Molalität hat also analog zur Molarität den Charakter einer Konzentration, aber:

Im Gegensatz zur Molarität (1 M = 1 mol/L) ist die Molalität (1 m = 1 mol/kg) temperaturunabhängig! Die bevorzugte Verwendung der Molalität liegt daher in der Kalorimetrie und in der Gefrier- und Siedepunktbestimmung.

Aufgabe 7 *Auch Massen- und Stoffmengenanteile sind temperaturunabhängig: Welche Molalität hat eine 12,5-prozentige (wässrige) Glucoselösung, genauer formuliert, mit einem Massenanteil $w(G) = 12{,}5\,\%$?*

<u>Lösung:</u> Ein Massenanteil von 12,5 % bedeutet 12,5 g Glucose in 87,5 g Wasser. 180 g Glucose $C_6H_{12}O_6$ entsprechen 1 mol: 12,5 g sind $\frac{1\,\mathrm{mol}\cdot 12{,}5}{180} = 0{,}06944$ mol. Demnach sind $\mathbf{n}$(G) = 0,06944 mol Glucose in $\mathbf{m}$(LM) = 87,5 g Wasser gelöst!

Das ergibt: $\mathbf{b}(\mathrm{G}) = \dfrac{0{,}06944\ \mathrm{mol}}{87{,}5\ \mathrm{g}} = \dfrac{0{,}06944\ \mathrm{mol}}{0{,}0875\ \mathrm{kg}} = 0{,}794\,\dfrac{\mathrm{mol}}{\mathrm{kg}}$ (Ergebnis) ♣

Aufgabe 8 *Die Molalität einer Lösung von Salz S (=NaCl) in Wasser W betrage* $\mathbf{b}(S)=1\,mol/kg$. *Bestimmen Sie die Stoffmengenanteile* $\chi(S)$ *und* $\chi(W)$.
Hinweis: Ein Kilogramm H_2O *sind umgerechnet* $\mathbf{n} = \frac{1000\,g}{18{,}0\,g/mol} = 55{,}56\,mol$.

Lösung: Die Bestimmung von Anteilen kennen wir ja bereits von Seite 60: $\mathbf{b}(\mathrm{S}) = 1\,\mathrm{mol/kg}$ ist gleichbedeutend mit einer Mischung von 1 mol Salz S und 1 kg = 55,56 mol Wasser W. Die Stoffmengenanteile betragen in diesem Fall

$$\chi(\mathrm{S}) = \frac{\mathbf{n}(\mathrm{S})}{\mathbf{n}(\mathrm{S})+\mathbf{n}(\mathrm{W})} = \frac{1\,\mathrm{mol}}{1\,\mathrm{mol}+55{,}56\,\mathrm{mol}} = 0{,}018 = 1{,}8\,\%$$

$$\chi(\mathrm{W}) = \frac{\mathbf{n}(\mathrm{W})}{\mathbf{n}(\mathrm{S})+\mathbf{n}(\mathrm{W})} = \frac{55{,}56\,\mathrm{mol}}{1\,\mathrm{mol}+55{,}56\,\mathrm{mol}} = 0{,}982 = 98{,}2\,\%$$ ♣

Aufgabe 9 *Die Molalität einer Lösung von Glucose* ($C_6H_{12}O_6$) *in Wasser W betrage* $\mathbf{b}(G)=1\,mol/kg$. *Bestimmen Sie die Stoffmengenanteile* $\chi(G)$ *und* $\chi(W)$.
Hinweis: Ein Kilogramm H_2O *sind umgerechnet* $\mathbf{n} = \frac{1000\,g}{18{,}0\,g/mol} = 55{,}56\,mol$.

Lösung: Die Stoffmengen und Anteile sind identisch zu voriger Aufgabe! ♣

Gleiche Molalität bedeutet also auch gleiche Stoffmengenanteile, doch ändern sich die Anteile bei *Wechsel des Lösungsmittels*:

Aufgabe 10 *Die Molalität eines Stoffes S in Tetrachlormethan T* (=CCl_4) *betrage* $\mathbf{b}(S)=1\,mol/kg$. *Bestimmen Sie die Stoffmengenanteile* $\chi(S)$ *und* $\chi(T)$.
Hinweis: Ein Kilogramm CCl_4 *sind umgerechnet* $\mathbf{n} = \frac{1000\,g}{153{,}8\,g/mol} = 6{,}50\,mol$.

$$\chi(\mathrm{S}) = \frac{\mathbf{n}(\mathrm{S})}{\mathbf{n}(\mathrm{S})+\mathbf{n}(\mathrm{T})} = \frac{1\,\mathrm{mol}}{1\,\mathrm{mol}+6{,}50\,\mathrm{mol}} = 0{,}133 = 13{,}3\,\%$$

$$\chi(\mathrm{T}) = \frac{\mathbf{n}(\mathrm{T})}{\mathbf{n}(\mathrm{S})+\mathbf{n}(\mathrm{T})} = \frac{6{,}50\,\mathrm{mol}}{1\,\mathrm{mol}+6{,}50\,\mathrm{mol}} = 0{,}867 = 86{,}7\,\%$$

Anmerkung: Vor folgendem Trugschluss sei gewarnt:

Die Verdopplung der Molalität eines Stoffes S bedeutet *nicht* die Verdopplung des Stoffmengenanteils von S. Zum Beispiel erhalten wir für $\mathbf{b}(\mathrm{S}) = 2\,\mathrm{mol/kg}$:

$$\chi(\mathrm{S}) = \frac{\mathbf{n}(\mathrm{S})}{\mathbf{n}(\mathrm{S})+\mathbf{n}(\mathrm{T})} = \frac{2\,\mathrm{mol}}{2\,\mathrm{mol}+6{,}50\,\mathrm{mol}} = 0{,}235 = 23{,}5\,\%$$

$$\chi(\mathrm{T}) = \frac{\mathbf{n}(\mathrm{T})}{\mathbf{n}(\mathrm{S})+\mathbf{n}(\mathrm{T})} = \frac{6{,}50\,\mathrm{mol}}{2\,\mathrm{mol}+6{,}50\,\mathrm{mol}} = 0{,}765 = 76{,}5\,\%$$ ♣

Fitness - Studio

Prozent %

Einfache Prozentrechnung spielt nicht nur bei der Bestimmung von Anteilen eine wichtige Rolle. Eine kurzes Übungsprogramm kann also nicht schaden! Natürlich wissen Sie, dass 1 % nur eine Kurzschreibweise ist für den Wert $\frac{1}{100}$, also „ein Hundertstel“ oder auch „eins pro Hundert“ (lat.: pro centum).

1 % von 350 € ergeben: $\frac{1}{100} \cdot 350\,€ = 3{,}50\,€$.

Entsprechend sind 19 % das 19–fache. Das bedeutet aber zusammengefasst,

19 % von 350 €: $19 \cdot \frac{1}{100} \cdot 350\,€ = \frac{19}{100} \cdot 350\,€ = 0{,}\mathbf{19} \cdot 350\,€ \qquad (=66{,}50\,€)$.

Mit etwas Übung lösen Sie eine solche Aufgabe bitte sofort in *einem* Schritt, (siehe Produkt rechts), also ohne Umweg über das Teilergebnis ein Prozent.

Aufgabe 11 (*i*) *Der Listenpreis eines Fahrrads betrug zunächst 350 €. Wie viel kostete es mit einem Aufschlag von 19 % (z. B. Mehrwertsteuer)?*

(*ii*) *Der Blutdruck eines Patienten erhöhte sich bei Belastung von 121 mm auf 144 mm Hg. Das ist ein Anstieg um wie viel Prozent?*

Lösung: (i) 19 % von den 350 € kommen zu den 350 € hinzu, Gesamtpreis:

$$350\,€ + 0{,}19 \cdot 350\,€ \;=\; (\mathbf{1 + 0{,}19}) \cdot 350\,€ \;=\; \mathbf{1{,}19} \cdot 350\,€ \qquad (= 416{,}50\,€).$$

Die 19 % lassen sich zwar einzeln ausrechnen und dann zu den 350 € addieren. Viel einfacher ist aber die sofortige Multiplikation mit 1,19! Und vor allem lässt sich das Ganze auch in umgekehrter Richtung nutzen:

(ii) $\dfrac{144\,\text{mm}}{121\,\text{mm}} = \mathbf{1{,}19}$ beziehungsweise $144\,\text{mm} = \mathbf{1{,}19} \cdot 121\,\text{mm}$ bedeutet eine Erhöhung um 19 %. Der Ausgangswert 121 mm ist um 19 % angestiegen! ♣

Merken Sie sich bitte, wie einfach man eine prozentuale Erhöhung bestimmt! Und das funktioniert bei einer Abnahme eines Wertes ganz analog:

Aufgabe 12 (*i*) *Der Preis einer Jacke von 80 € wurde um 15 % herabgesetzt. Was müssen Sie nun dafür bezahlen?*

(*ii*) *Der Gehalt eines Nahrungsmittels an Vitamin C sank von 320 mg pro Kilogramm auf 272 mg pro kg. Das ist eine Abnahme um wie viel Prozent?*

Lösung: (i) 15 % von den 80 € werden von den 80 € abgezogen, also bleiben

$$80\,€ - 0{,}15 \cdot 80\,€ \;=\; (\mathbf{1 - 0{,}15}) \cdot 80\,€ \;=\; \mathbf{0{,}85} \cdot 80\,€ \qquad (= 68\,€).$$

Die 80 € werden einfach durch Multiplikation mit 0,85 um 15 % ermäßigt! Kurz gesagt: Eine Multiplikation mit 0,85 bedeutet eine Abnahme um 15 %.

(ii) $\dfrac{272\,\text{mg}}{320\,\text{mm}} = \mathbf{0{,}85}$ beziehungsweise $272\,\text{mg} = \mathbf{0{,}85} \cdot 320\,\text{mg}$ bedeutet eine Abnahme um 15 %. Der Ausgangswert 320 mg sank um 15 % auf 272 mg. ♣

Promille ‰

1 ‰ ist nur eine Kurzschreibweise für den Wert $\frac{1}{1000}$, also „ein Tausendstel“ oder „eins pro Tausend“ (lat.: pro mille).

1 ‰ von 350 € bedeutet: $\frac{1}{1000} \cdot 350\ € = 0{,}35\ €$.

Entsprechend ergeben 19 ‰ das 19–fache,

19 ‰ von 350 €: $19 \cdot \frac{1}{1000} \cdot 350\,€ = \frac{19}{1000} \cdot 350\,€ = 0{,}\mathbf{019} \cdot 350\,€$ (=6,65 €).

Vergrößern *um* 19 ‰ bedeutet eine Multiplikation mit dem Faktor 1,019 usw.

Beachten Sie die einfache Beziehung zwischen Promille und Prozent!

1 ‰ entspricht 0,1 % bzw. 1 % entspricht 10 ‰: $10\,‰ = \frac{10}{1000} = \frac{1}{100} = 1\,\%$.

Beispiel: $\dfrac{18}{36\,000} = 0{,}00050 = 0{,}050\,\%$ (Komma *zwei* Stellen nach rechts)
$= 0{,}50\,‰$ (Komma *drei* Stellen nach rechts)

Beispiel 13 0,25 L Wein mit ≈10 % Volumenanteil Alkohol enthält zirka 25 mL reinen Alkohol. Die Dichte beträgt rund 0,8 g/mL, so dass Sie hiermit 20 g reinen Alkohol zu sich nehmen! Genau so viel sind es bei einem halben Liter Bier mit 5 Vol.%. Von 20 g dürfen Sie noch 2 g abziehen, da ungefähr 10 % des Alkohols direkt wieder ausgeschieden, also nicht resorbiert werden (Resorptionsdefizit). Verbleiben immernoch $\mathbf{m}(\text{A}) = 18\,\text{g}$ reiner Alkohol: Diese Alkoholmenge verteilt sich über die Blutbahn zum Glück in die *gesamte Gewebeflüssigkeit* des Körpers! Bei einer Frau sind das rund r = 60 % des Körpergewichts von zum Bsp. $\mathbf{G} = 60\,\text{kg}$, also $\mathbf{m} = 36\,\text{kg}$ Gewebeflüssigkeit. Folglich werden $\mathbf{m}(\text{A}) = 18\,\text{g}$ Alkohol in $\mathbf{m} = 36\,\text{kg}$ ‘gelöst’, Massenanteil:

$$\text{w}(\text{A}) = \frac{\mathbf{m}(\text{A})}{\mathbf{m}} = \frac{18\,\text{g}}{36\,\text{kg}} = 0{,}50\ ‰$$

Das sind bereits 0,5 Promille Alkohol im Blut (und im gesamten Gewebe)! Allgemein lautet die ‘Formel von Widmark’:

$$\text{w}(\text{A}) = \frac{\mathbf{m}(\text{A})}{\text{r} \cdot \mathbf{G}} \qquad (\text{r} \approx 0{,}60 \text{ bei Frauen, } \text{r} \approx 0{,}70 \text{ bei Männern.})$$ ♣

Dalton - Gesetz Bezeichnet $\chi(\mathrm{A})$ den Stoffmengenanteil eines Gases A, und ist $\mathbf{p}$ der Gesamtdruck, so beträgt der Partialdruck (Teildruck des Anteils)

$$\mathbf{p}(\mathrm{A}) = \chi(\mathrm{A}) \cdot \mathbf{p} \qquad \text{(Dalton - Gesetz)}$$

Sehr praktisch: Stoffmengenanteil $\chi(\mathrm{A})$ = Volumenanteil $\varphi(A)$, vgl. Aufg. 6. Da Luft zu 78 % aus Stickstoff besteht, trägt dieser zu 78 % des Luftdrucks in unserer Atmosphäre bei (insgesamt 1 atm = 101,3 kPa)! Gemäß Dalton gilt:

Der *Partialdruck* von Stickstoff beträgt $\mathbf{p}(N_2) = 0{,}78\,\mathrm{atm} = 0{,}78 \cdot 101{,}3\,\mathrm{kPa} = 79{,}10\,\mathrm{kPa}$, von Sauerstoff $\mathbf{p}(O_2) = 0{,}21\,\mathrm{atm} = 0{,}21 \cdot 101{,}3\,\mathrm{kPa} = 21{,}22\,\mathrm{kPa}$.

Henry - Gesetz Die Löslichkeit von Gasen wie Sauerstoff oder Kohlendioxid in Wasser oder Blut ist für Pflanzen wie auch für Mensch und Tier von großer Bedeutung. Das Henrysche Gesetz besagt hierzu:

Die Gasmenge, die sich in der Volumeneinheit einer Flüssigkeit lösen kann, ist proportional zum Partialdruck dieses Gases (bei konstanter Temperatur).

Konkret lösen sich bei einer *reinen* Sauerstoffatmosphäre unter Normaldruck 1 atm = 101,3 kPa bei 20° Celsius maximal 28,4 mL O_2 in 1 L Wasser: Der Partialdruck von Sauerstoff in der Luft beträgt aber nur 0,21 atm, folglich lösen sich maximal nur $0{,}21 \cdot 28{,}4$ mL = 6,0 mL Sauerstoff in 1 Liter Wasser. Bei 0° C sind es übrigens 21 % von 41,1 mL gleich 8,6 mL O_2 pro Liter Wasser.

Die Löslichkeit von Gasen sinkt mit wachsender Temperatur. Durch Kochen werden die gelösten Gase weitgehend entfernt.

Die Löslichkeit von Gasen ist unterschiedlich. Pro 1 L Wasser sind es bei 1 atm:

reines Gas	0° C	20° C
Stickstoff	20,3 mL	14,0 mL
Sauerstoff	41,1 mL	28,4 mL
Kohlendioxid	1797 mL	901 mL
Schwefelwasserstoff	4371 mL	2905 mL

Aufgabe 14 *Luft besteht zu etwa 78,08 % seines Volumens aus Stickstoff* N_2*, 20,95 % sind Sauerstoff* O_2*, und rund 0,038 % Kohlendioxid (Argon ca. 0,9 %).*

Jedes Gas löst sich entsprechend seinem Partialdruck bzw. Stoffmengen- oder Volumenanteil, unabhängig von bereits anderen gelösten Gasen.

Wie viel Milliliter Sauerstoff, Stickstoff und Kohlendioxid aus der Luft lösen sich maximal pro Liter Wasser von 20° gemäß voriger Tabelle?

Lösung: In einem Liter Wasser lösen sich bei 20° C und Gesamtdruck 1atm:

$$\begin{aligned} \text{Stickstoff:} \quad & 0{,}7808 \cdot 14{,}0 \text{ mL} = 10{,}9 \text{ mL} \\ \text{Sauerstoff:} \quad & 0{,}2095 \cdot 28{,}4 \text{ mL} = 5{,}95 \text{ mL} \\ \text{Kohlendioxid:} \quad & 0{,}00038 \cdot 901 \text{ mL} = 0{,}34 \text{ mL} \end{aligned}$$

Im Vergleich zum Stickstoff ist der Sauerstoffgehalt von Wasser relativ hoch aufgrund der fast doppelt so hohen Löslichkeit von Sauerstoff. Besonders begünstigt ist allerdings das für Wasserpflanzen wichtige Kohlendioxid! ♣

Beispiel 15 In einem Liter Blutflüssigkeit lösen sich, bei 37° und einer *reinen* Sauerstoffatmosphäre, maximal ungefähr 20 mL Sauerstoff. Unter normalen Bedingungen wären es dann etwa 21 % dieser Menge, also nur 4 mL! Aber:

Durch Hämoglobin werden pro Liter Blut ca. 200 mL Sauerstoff gebunden. Das ist das 50–fache(!) der ohne Hämoglobin (Hb) maximal möglichen Menge.

♣

Aufgabe 16 *Wie groß ist der Massenanteil w(N) im Harnstoff* $(NH_2)_2CO$*? (relative Atomgewichte: O=16, N=14, C=12, H=1).*

Lösung: 1 Mol Harnstoff $= 2 \cdot 14\,\text{g N} + 4 \cdot 1\,\text{g H} + 12\,\text{g C} + 16\,\text{g O} = 60$ g enthalten also 28 g N. Das ergibt: $\text{w(N)} = \dfrac{28\,g}{60\,g} = 0{,}47$ (rund 50 %)! ♣

Als kleine Übung zur Bruchrechnung abschließend noch

Aufgabe 17 *Für die Brennweite f einer Linse gilt:*

$$\frac{1}{f} = \frac{1}{b} + \frac{1}{g}$$

(b die Bildweite, g die Gegenstandsweite). Zeigen Sie $f = \dfrac{b \cdot g}{b+g}$.

Lösung: Als gemeinsamen Nenner der Brüche $\frac{1}{b}$ und $\frac{1}{g}$ wählen wir einfach $b \cdot g$. Durch passendes Erweitern mit dem Faktor g bzw. b ergibt sich also:

$$\frac{1}{f} = \frac{1}{b} + \frac{1}{g} = \frac{g}{b \cdot g} + \frac{b}{b \cdot g} = \frac{g+b}{b \cdot g}.$$

Bilden wir nun links und rechts den jeweiligen Kehrwert, erhalten wir sofort:

$$f = \frac{b \cdot g}{b+g}$$

♣

Konzentrationsangaben nach Deutschem Arzneibuch (DAB)

Gemäß DAB sind Konzentrationen nicht pro Liter, sondern pro 100 Milliliter anzugeben (1 ml = 1 mL = 1 cm^3). Daran ist eigentlich nichts auszusetzen. Leider wird aber als Abkürzung das Prozentzeichen vorgeschrieben! Beispiel:

Eine *Massenkonzentration* von **40** $\frac{g}{L}$ entspricht einer Konzentration von 4 g in 100 mL. Die Schreibweise gemäß DAB lautet allerdings **4** % (m/V). Gebräuchlich ist auch 4 % (w/v).

Aufgabe 18 *In 70 mL Natriumjodidlösung seien 79,8 g NaJ enthalten. Bestimmen Sie die Konzentration (m/V) der Lösung gemäß DAB.*

Lösung: 100 mL Lösung enthalten $\frac{79{,}8\,g}{70\,mL} \cdot 100$ mL = 114 g Natriumjodid. Die Konzentrationsangabe gemäß DAB beträgt also 114 % (m/V)! ♣

Prozentangaben bedeuten rechnerisch Anteile, mehr als 100 % sind unmöglich! Der Experte erkennt natürlich durch die Klammerangabe (m/V), dass die Zahlangabe 114 als '114 g' und das Zeichen % als 'pro 100 mL' zu lesen sind.

Am Umgang mit Massen*anteilen* ist beim Arzneibuch nichts auszusetzen.

'Schwefelsäure 20 % (m/m) oder 20 % (w/w)' bedeutet einen Massenanteil von 20 %, also zum Beispiel von 20 g H_2SO_4 + 80 g H_2O = 100 g Lösung!

Eine *Volumenkonzentration* von 40 $\frac{mL}{L}$ entspricht einer Konzentration von 4 mL in 100 mL Gesamtlösung. Die entsprechende Schreibweise lautet aber 4 % (V/V) oder auch 4 % (v/v).

Volumenanteile '(v/v)' und Volumenkonzentrationen '(v/v)' lassen sich also mit dieser Schreibweise auch von Experten nicht mehr unterscheiden:

Lautet bei vorigem Beispiel auf Seite 58 und Seite 60

51,8 mL Alkohol mit 51,8 mL Wasser = 100 mL Lösung

die richtige Angabe '51,8 % (v/v)' oder '50,0 % (v/v)'? Für den Volumenanteil hatten wir bekanntlich 50,0 % bestimmt!

(Korrekterweise sollte man Konzentrationen nur mit Einheiten angeben, wie es sich aus der rechnerischen Definion ergibt, und Anteile nur in Prozent!)

HM - WIE KÖNNTEN WIR DIE BURSCHEN WOHL REINLEGEN?
MIT BRUCHRECHNEN!

1 f) Verdünnen und Mischen

So nicht: Bezeichne $\mathbf{c}(\mathrm{S})$ die Stoffmengenkonzentration einer Substanz S. Angenommen, Sie benötigen eine Lösung der Konzentration $\mathbf{c}(\mathrm{S}) = \frac{1}{10}$ mol/L. Zur Verfügung steht eine Stammlösung der Konzentration $\mathbf{c}_1(\mathrm{S}) = 1$ mol/L. Mischen Sie nun bitte *nicht* 1 Teil Stammlösung mit 10 Teilen des reinen Lösungsmittels, zum Beispiel 0,1 L plus 1,0 L. Richtig wäre 0,1 L plus 0,9 L oder 1 Volumenteil Stammlösung plus 9 Volumenteile Lösungsmittel (Bsp. 2)!

Schütten wir mehrere Lösungen zusammen, *addieren sich die enthaltenen Mengen der Substanz*: Die gelöste Stoffmenge in der ersten Lösung beträgt $\mathbf{n}_1 = \mathbf{V}_1 \cdot \mathbf{c}_1(\mathrm{S})$, in der zweiten entsprechend $\mathbf{n}_2 = \mathbf{V}_2 \cdot \mathbf{c}_2(\mathrm{S})$. Gilt $\mathbf{c}_2(\mathrm{S}) = 0$ wie etwa beim Lösungsmittel, spricht man vom *Verdünnen* einer Lösung. Sei nun $\mathbf{V}$ das entstandene Volumen der Mischung, $\mathbf{c}(S)$ ihre Konzentration, so ist $\mathbf{V} \cdot \mathbf{c}(\mathrm{S})$ schließlich die hierin enthaltene Gesamtmenge von S (Skizze):

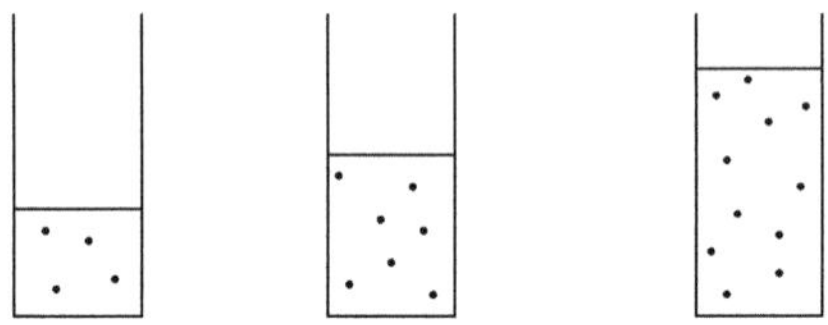

Stoffbilanz: $\mathbf{V}_1 \cdot \mathbf{c}_1(\mathrm{S}) + \mathbf{V}_2 \cdot \mathbf{c}_2(\mathrm{S}) = \mathbf{V} \cdot \mathbf{c}(\mathrm{S})$

Diese Überlegungen gelten analog für Massen- und Volumenkonzentrationen, oder auch bei mehr als zwei Lösungen. Halten wir als Ergebnis fest:

$$\begin{array}{|rcl|} \hline \mathbf{V}_1 \cdot \mathbf{c}_1(\mathbf{S}) + \mathbf{V}_2 \cdot \mathbf{c}_2(\mathbf{S}) & = & \mathbf{V} \cdot \mathbf{c}(\mathbf{S}) \\ \mathbf{V}_1 \cdot \boldsymbol{\beta}_1(\mathbf{S}) + \mathbf{V}_2 \cdot \boldsymbol{\beta}_2(\mathbf{S}) & = & \mathbf{V} \cdot \boldsymbol{\beta}(\mathrm{S}) \\ \mathbf{V}_1 \cdot \boldsymbol{\delta}_1(\mathbf{S}) + \mathbf{V}_2 \cdot \boldsymbol{\delta}_2(\mathbf{S}) & = & \mathbf{V} \cdot \boldsymbol{\delta}(\mathrm{S}) \\ \hline \end{array}$$

In der Praxis gilt zumeist mit ausreichender Genauigkeit

$$\mathbf{V} = \mathbf{V}_1 + \mathbf{V}_2$$

ansonsten muss auch $\mathbf{V}$ gemessen werden. Beim *Verdünnen* ergibt sich aber die erforderliche Menge $\mathbf{V}_2$ des Lösungsmittels von selbst, indem man einfach nur *das benötigte Volumen* $\mathbf{V}_1$ *bestimmt* und diese Menge dann mit dem reinen Lösungsmittel bis zum Zielvolumen $\mathbf{V}$ *auffüllt*!

Aufgabe 1 *Aus einer 0,5 M Glycin–Lösung sollen Sie durch Verdünnen* $\boldsymbol{V} = 100$ *mL einer 0,2 M Glycin–Lösung herstellen! Wie gehen Sie vor?*

Lösung: Mit 'G' für Glycin folgt wegen $\mathbf{c}_2(\text{G}) = 0$ mol/L die Bedingung

$$\mathbf{V}_1 \cdot \mathbf{c}_1(\text{G}) = \mathbf{V} \cdot \mathbf{c}(\text{G}) , \quad \text{konkret: } \mathbf{V}_1 \cdot 0{,}500 \tfrac{\text{mol}}{\text{L}} = 100 \text{ mL} \cdot 0{,}200 \tfrac{\text{mol}}{\text{L}}$$

Wir benötigen also:

$$\mathbf{V}_1 = \mathbf{V} \cdot \frac{\mathbf{c}(\text{G})}{\mathbf{c}_1(\text{G})} = 100 \text{ mL} \cdot \frac{0{,}200 \text{ mol/L}}{0{,}500 \text{ mol/L}} = 40{,}0 \text{ mL der } 0{,}5 \text{ M Glycin-Lösung!}$$

Dieses Volumen wird mit dem Lösungsmittel auf $\mathbf{V} = 100$ mL aufgefüllt. ♣

Beispiel 2 Bei unserem einführenden Beispiel war $\mathbf{c}(\text{S}) = 1/10$ mol/L und $\mathbf{c}_1(\text{S}) = 1$ mol/L. Das benötigte Volumen $\mathbf{V}_1$ der Stammlösung beträgt deshalb

$$\mathbf{V}_1 = \mathbf{V} \cdot \frac{\mathbf{c}(S)}{\mathbf{c}_1(S)} = \mathbf{V} \cdot \frac{1/10 \text{ mol/L}}{1 \text{ mol/L}} = \mathbf{V} \cdot \frac{1}{10}$$

also bereits 1/10 des gewünschten Volumens $\mathbf{V}$. Die restlichen 9/10 werden unter Umrühren aufgefüllt (in der Regel einfach nur das 9–fache von $\mathbf{V}_1$). ♣

Aufgabe 3 *Welche Konzentration ergibt eine Mischung von 300 mL NaCl–Lösung der Konzentration 20,0 g/L mit 100 mL der Konzentration 10,0 g/L ?*

Lösung: Es gilt $\mathbf{V}_1 \cdot \boldsymbol{\beta}_1(\text{NaCl}) + \mathbf{V}_2 \cdot \boldsymbol{\beta}_2(\text{NaCl}) = \mathbf{V} \cdot \boldsymbol{\beta}(\text{NaCl})$ mit den Werten $\mathbf{V}_1 = 300$ mL, $\boldsymbol{\beta}_1(\text{NaCl}) = 20{,}0$ g/L, $\mathbf{V}_2 = 100$ mL, $\boldsymbol{\beta}_2(\text{NaCl}) = 10{,}0$ g/L.

Mit $\mathbf{V} = 400$ mL folgt für die zu bestimmende Konzentration $\boldsymbol{\beta}(\text{NaCl})$:

$$300 \text{ mL} \cdot 20{,}0 \text{ g/L} + 100 \text{ mL} \cdot 10{,}0 \text{ g/L} = 400 \text{ mL} \cdot \boldsymbol{\beta}(\text{NaCl})$$

$$7{,}00 \text{ g} = 400 \text{ mL} \cdot \boldsymbol{\beta}(\text{NaCl})$$

$\dfrac{7{,}00 \text{ g}}{400 \text{ mL}} = \boldsymbol{\beta}(\text{NaCl})$. Wir erhalten als Ergebnis: $\boldsymbol{\beta}(\text{NaCl}) = 17{,}5$ g/L. ♣

Aufgabe 4 *Sie testen die Resistenz eines Bakterienstammes von Escherichia coli gegen Chloramphenicol. Wie viel Stammlösung der Konzentration von 0,100 g/mL benötigen Sie für 100 mL Bakterienkultur, wenn die Konzentration von Chloramphenicol in dieser Kultur 160 μg/mL betragen soll?*

Lösung: Stammlösung $\mathbf{V}_1$ mit $\boldsymbol{\beta}_1 = 100$ mg/mL, Bakterienkultur $\mathbf{V}_2$ mit $\boldsymbol{\beta}_2 = 0$. Zusammen $\mathbf{V} = \mathbf{V}_1 + \mathbf{V}_2$, so dass $\boldsymbol{\beta} = 0{,}160$ mg/mL. Die Beziehung lautet:

$\mathbf{V}_1 \cdot \boldsymbol{\beta}_1 + \mathbf{V}_2 \cdot 0 = (\mathbf{V}_1 + \mathbf{V}_2) \cdot \boldsymbol{\beta}$, umgeformt $\mathbf{V}_1 \cdot \boldsymbol{\beta}_1 - \mathbf{V}_1 \cdot \boldsymbol{\beta} = \mathbf{V}_2 \cdot \boldsymbol{\beta}$ bzw. $\mathbf{V}_1 \cdot (\boldsymbol{\beta}_1 - \boldsymbol{\beta}) = \mathbf{V}_2 \cdot \boldsymbol{\beta}$ Das vereinfacht sich aber rechnerisch wegen (vgl. S. 14) $\boldsymbol{\beta}_1 - \boldsymbol{\beta} = 100 \text{ mg/mL} - 0{,}160 \text{ mg/mL} = 100 \text{ mg/mL} = \boldsymbol{\beta}_1$ zu: $\mathbf{V}_1 \cdot \boldsymbol{\beta}_1 = \mathbf{V}_2 \cdot \boldsymbol{\beta}$.

Daraus folgt $\mathbf{V}_1 = \mathbf{V}_2 \cdot \dfrac{\boldsymbol{\beta}}{\boldsymbol{\beta}_1} = 100 \text{ mL} \cdot \dfrac{0{,}160}{100} = 0{,}160$ mL (Ergebnis). ♣

Beispiel 5 Für *Anteile* ist die Argumentation völlig analog! In folgendem Zahlenbeispiel mischen wir 600 g Vollmilch- und 400 g Bitterschokolade:

600 g Schokolade, Kakaoanteil 30 %, enthalten 600 g · 0,30 = 180 g Kakao.
400 g Schokolade, Kakaoanteil 80 %, enthalten 400 g · 0,80 = 320 g Kakao.

Insgesamt erhalten wir 1000 g Schokolade, der Kakaoanteil ist zu bestimmen! 1000 g Schokolade, Kakaoanteil w(K), enthalten 1000 g · w(K) Kakao, folglich:

$$\begin{aligned} 600\text{ g}\cdot 0{,}30 + 400\text{ g}\cdot 0{,}80 &= 1000\text{ g}\cdot \mathbf{w}(\mathrm{K}), \quad \text{und allgemein:} \\ \mathbf{m}_1\cdot \mathrm{w}_1(\mathrm{K}) + \mathbf{m}_2\cdot \mathrm{w}_2(\mathrm{K}) &= \mathbf{m}\cdot \mathrm{w}(\mathrm{K}), \quad \text{mit } \mathbf{m} = \mathbf{m}_1 + \mathbf{m}_2\,. \end{aligned}$$

Hier $180\,\text{g} + 320\,\text{g} = 1000\,\text{g}\cdot\mathbf{w}(\mathrm{K})$ ergibt: $500\,\text{g} = 1000\,\text{g}\cdot\mathbf{w}(\mathrm{K})$, $\mathbf{w}(\mathrm{K}) = 0{,}50$.
Ergebnis: Der Kakaoanteil obiger Mischung beträgt $\mathrm{w}(\mathrm{K}) = 50\,\%$. ♣

Diese Überlegungen gelten analog auch für Stoffmengen– und Volumenanteile, und natürlich ebenso für das Mischen von mehr als zwei Komponenten, kurz:

$$\begin{aligned} \mathbf{m}_1\cdot \mathrm{w}_1(\mathrm{S}) + \mathbf{m}_2\cdot \mathrm{w}_2(\mathrm{S}) + \ldots &= \mathbf{m}\cdot \mathrm{w}(\mathrm{S}) \\ \mathbf{n}_1\cdot \chi_1(\mathrm{S}) + \mathbf{n}_2\cdot \chi_2(\mathrm{S}) + \ldots &= \mathbf{n}\cdot \chi(\mathrm{S}) \\ \mathbf{V}_1\cdot \varphi_1(\mathrm{S}) + \mathbf{V}_2\cdot \varphi_2(\mathrm{S}) + \ldots &= \mathbf{V}\cdot \varphi(\mathrm{S}) \end{aligned}$$

Aufgabe 6 *Sie benötigen für einen Versuch 16,0 g einer 0,75–prozentigen Hämoglobinlösung. Zur Verfügung steht eine 10–prozentige Stammlösung, die Sie mit einer Pufferlösung verdünnen sollen.*

Wie viel Stammlösung und Pufferlösung müssen Sie mischen?

Lösung: Mit Prozent sind hier natürlich jeweils Massenanteile gemeint. Der Anteil der Stammlösung beträgt in diesem Falle $\mathrm{w}_1(\mathrm{H}) = 10\,\%$. Zur Verdünnung benutzen Sie eine Pufferlösung mit dem Anteil $\mathrm{w}_2(\mathrm{H}) = 0$. Das Ziel ist ein Anteil von $\mathrm{w}(\mathrm{H}) = 0{,}75\,\%$. Die Ausgangsgleichung lautet:

$$\mathbf{m}_1\cdot \mathrm{w}_1(\mathrm{H}) + \mathbf{m}_2\cdot \mathrm{w}_2(\mathrm{H}) = \mathbf{m}\cdot \mathrm{w}(\mathrm{H})$$

$$\mathbf{m}_1\cdot 10\,\% + \mathbf{m}_2\cdot 0\,\% = 16{,}0\,\text{g}\cdot 0{,}75\,\%$$

Das ergibt

$$\mathbf{m}_1\cdot 10\,\% = 16{,}0\,\text{g}\cdot 0{,}75\,\% \quad \text{Es folgt das}$$

Ergebnis: $\mathbf{m}_1 = 16{,}0\,\text{g}\cdot\frac{0{,}75}{10} = 1{,}2\text{ g}$ Stammlösung und

$\mathbf{m}_2 = \mathbf{m} - \mathbf{m}_1 = 16{,}0\,\text{g} - 1{,}2\,\text{g} = 14{,}8\,\text{g}$ Pufferlösung. ♣

Das Mischungskreuz

Dieses beliebte Rechenschema beruht auf einer Umformung der Ausgangsgleichung. Es geht hier um den häufigsten Fall der *Mischung zweier* Lösungen. Bezeichnen $w_1(S)$ und $w_2(S)$ die betreffenden Massenanteile, so gilt zunächst:

$$\mathbf{m}_1 \cdot w_1(S) + \mathbf{m}_2 \cdot w_2(S) = \mathbf{m} \cdot w(S)$$

Wegen $\mathbf{m}_1 + \mathbf{m}_2 = \mathbf{m}$ können wir nun folgendermaßen umformen:

$$\begin{aligned} \mathbf{m}_1 \cdot w_1(S) + \mathbf{m}_2 \cdot w_2(S) &= (\mathbf{m}_1 + \mathbf{m}_2) \cdot w(S) \\ \mathbf{m}_1 \cdot w_1(S) + \mathbf{m}_2 \cdot w_2(S) &= \mathbf{m}_1 \cdot w(S) + \mathbf{m}_2 \cdot w(S) \\ \mathbf{m}_1 \cdot w_1(S) - \mathbf{m}_1 \cdot w(S) &= \mathbf{m}_2 \cdot w(S) - \mathbf{m}_2 \cdot w_2(S) \\ \mathbf{m}_1 \cdot (w_1(S) - w(S)) &= \mathbf{m}_2 \cdot (w(S) - w_2(S)) \end{aligned}$$

Hieraus folgt als Ergebnis:

$$\frac{w_1(S) - w(S)}{w(S) - w_2(S)} = \frac{\mathbf{m_2}}{\mathbf{m_1}}$$

<u>Vereinbarung:</u> Der *größere* der beiden Anteile w_1, w_2 sei mit w_1 bezeichnet! Das vermeidet unnötige negative Vorzeichen in Zähler und Nenner. Wir zeigen die schematische Vorgehensweise an folgendem

Beispiel 7 In welchem Verhältnis müssen zwei Lösungen mit den Anteilen $w_1(S) = 50\,\%$ und $w_2(S) = 10\,\%$ gemischt werden, um einen Massenanteil von $w(S) = 16\,\%$ zu erreichen? Die entsprechende Gleichung für diesen Fall ergibt:

$$\frac{w_1(S) - w(S)}{w(S) - w_2(S)} = \frac{0{,}50 - \mathbf{0{,}16}}{\mathbf{0{,}16} - 0{,}10} = \frac{0{,}34}{0{,}06} = \frac{m_2}{m_1} \qquad \left(= \frac{\mathbf{m}_2}{\mathbf{m}_1}\right)$$

Die rechnerische Vorgehensweise des Schemas erklärt sich nun fast von selbst! Man notiert die Werte $w_1 = 0{,}50$ und $w_2 = 0{,}10$ und dazwischen $w = \mathbf{0{,}16}$. Hiermit lassen sich Zähler und Nenner sozusagen 'über Kreuz' ausrechnen! Und die Einheiten bei $\mathbf{m}_1$ und $\mathbf{m}_2$ wurden natürlich gekürzt bzw. weggelassen:

Mischungskreuz:

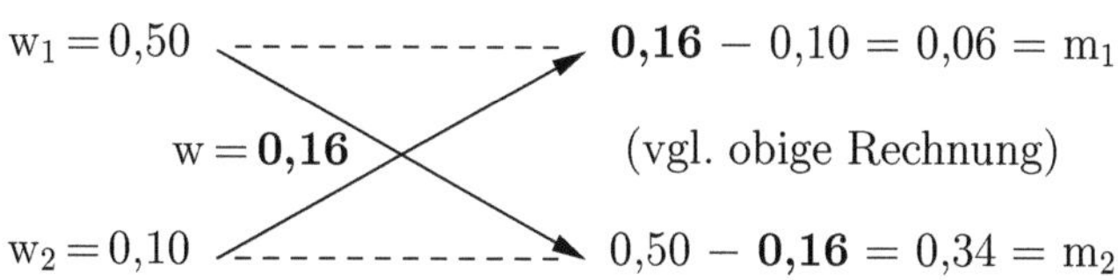

(Überlegen Sie genau, welche Werte Sie wo und wie eintragen und ausrechnen.)

Ergebnis: Das erforderliche Mischungsverhältnis beträgt $m_1 : m_2 = 0{,}06 : 0{,}34$.

Sie müssen zum Beispiel 0,06 kg der ersten Lösung mit 0,34 kg der zweiten Lösung mischen und erhalten 0,40 kg mit dem gewünschten Massenanteil von w = 0,16 = 16 %. Oder Sie mischen 6 g der ersten mit 34 g der zweiten Lösung und erhalten 40 g mit w = 16 %. Oder Sie mischen 6 g · 2 = 12 g der ersten Lösung mit 34 g · 2 = 68 g der zweiten und erhalten 80 g mit w = 16 %, ...

Beispiel:

$\mathbf{m}_1$:	6 g	Lösung $w_1 = 50\ \%$
$\mathbf{m}_2$:	34 g	Lösung $w_2 = 10\ \%$
$\mathbf{m}$:	40 g	Lösung $w = 16\ \%$

♣

Die Auswertung von $\frac{w_1(S) - w(S)}{w(S) - w_2(S)} = \frac{\mathbf{m_2}}{\mathbf{m_1}}$ gemäß dem Mischungskreuz lässt sich selbstverständlich auf Stoffmengenanteile, Konzentrationen usw. übertragen, denn auch hierfür lässt sich die Mischungsformel entsprechend umrechnen. Das Ergebnis dieser Umformungen ergibt dann jeweils ganz analog:

$$\frac{w_1(S) - w(S)}{w(S) - w_2(S)} = \frac{\mathbf{m_2}}{\mathbf{m_1}} \qquad \frac{\boldsymbol{\beta}_1(S) - \boldsymbol{\beta}(S)}{\boldsymbol{\beta}(S) - \boldsymbol{\beta}_2(S)} = \frac{\mathbf{V_2}}{\mathbf{V_1}}$$

$$\frac{\chi_1(S) - \chi(S)}{\chi(S) - \chi_2(S)} = \frac{\mathbf{n_2}}{\mathbf{n_1}} \qquad \frac{\mathbf{c}_1(S) - \mathbf{c}(S)}{\mathbf{c}(S) - \mathbf{c}_2(S)} = \frac{\mathbf{V_2}}{\mathbf{V_1}}$$

$$\frac{\varphi_1(S) - \varphi(S)}{\varphi(S) - \varphi_2(S)} = \frac{\mathbf{V_2}}{\mathbf{V_1}} \qquad \frac{\boldsymbol{\delta}_1(S) - \boldsymbol{\delta}(S)}{\boldsymbol{\delta}(S) - \boldsymbol{\delta}_2(S)} = \frac{\mathbf{V_2}}{\mathbf{V_1}}$$

(Rechterhand für Konzentrationen unter der Voraussetzung $\mathbf{V}_1 + \mathbf{V}_2 = \mathbf{V}$.) Die Einheiten in Zähler und Nenner lassen sich ebenfalls wieder wegkürzen. Ebenso könnten Sie bei Anteilen das Prozentzeichen % weglassen.

Zur Erinnerung: w Massenanteil, $\boldsymbol{\beta}$ Massenkonzentration
χ Stoffmengenanteil, $\mathbf{c}$ Stoffmengenkonzentration
φ Volumenanteil, $\boldsymbol{\delta}$ Volumenkonzentration

Aufgabe 8 *Zur Verfügung stehen wieder zwei Lösungen mit den beiden Massenanteilen $w_1(S) = 50\ \%$, $w_2(S) = 10\ \%$. Wie viel (!) davon sind nötig, wenn Sie 100 g mit einem Anteil von $w(S) = 16\ \%$ erhalten wollen?*

Lösung: Wir wissen bereits von obigem Beispiel, wie wir 40 g erhalten! Wir dürften die angegebenen Massen verdoppeln und erhielten 40 g · 2 = 80 g.

Falls wir mit dem Faktor 2,5 multiplizieren, erhalten wir 40 g · 2,5 = 100 g, bestehend aus $\mathbf{m}_1 = 6\,\text{g} \cdot 2{,}5 = 15\,\text{g}$ und $\mathbf{m}_2 = 34\,\text{g} \cdot 2{,}5 = 85\,\text{g}$ (Ergebnis)! Den gesuchten Faktor erhält man wegen $40 \cdot x = 100$, also $x = \frac{100}{40} = 2{,}5$. ♣

Praktische Anmerkungen Bei den Verhältnisangaben kürzen sich in Zähler und Nenner nicht nur Einheiten wie Gramm oder Mol. Bei Prozentangaben von Anteilen lässt sich auch das Prozentzeichen kürzen, so dass man auch einfach die Prozentzahlen benutzen darf! Vergleichen Sie also mit vorigem Beispiel 7: $w_1(S) = 50\,\%$, $w(S) = 16\,\%$, $w_2(S) = 10\,\%$:

$$\frac{w_1(S) - w(S)}{w(S) - w_2(S)} = \frac{50 - 16}{16 - 10} = \frac{34}{6} = \frac{m_2}{m_1}$$

Mischung:

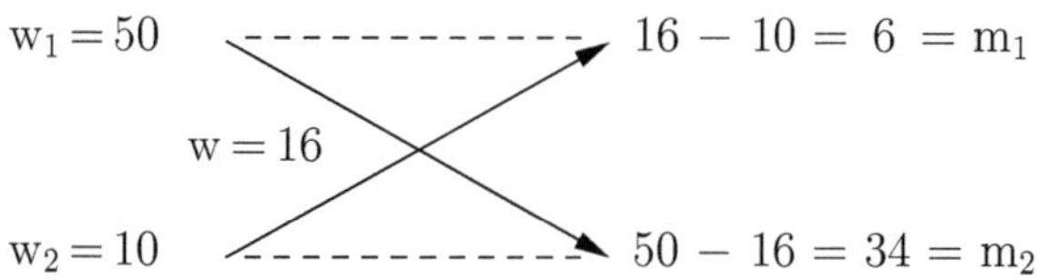

Wir erhalten sofort das auch bei Beispiel 7 schon zitierte Endergebnis von $\mathbf{m_1} = 6$ Masseneinheiten und $\mathbf{m_2} = 34$ Masseneinheiten wie z. B. Gramm g.

Mischungskreuz 'komplett': Die Lösung der Aufgabe 8 lässt sich leicht zum Mischungskreuz hinzufügen! Beachten Sie nur $m_1 + m_2 = m$:

Lösung 1:

Mischung:

Lösung 2:

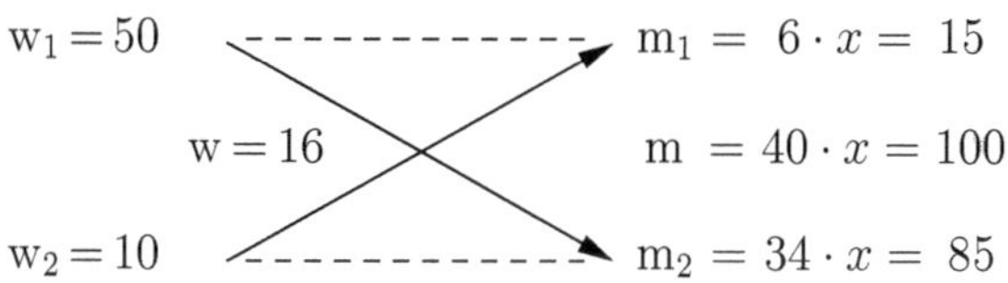

Der Wert $x = 2{,}5$ ergibt sich hier aus dem vorgegebenem Wert m, also $m = 100$. Es könnte aber zur Bestimmung von x analog auch m_1 oder m_2 vorgegeben sein.

Verdünnen: Das Mischungskreuz ist natürlich auch in diesem Fall anwendbar! Lösen wir noch einmal die Aufgabe 1 von Seite 70:

Lösung 1:

Mischung:

Lösung 2:

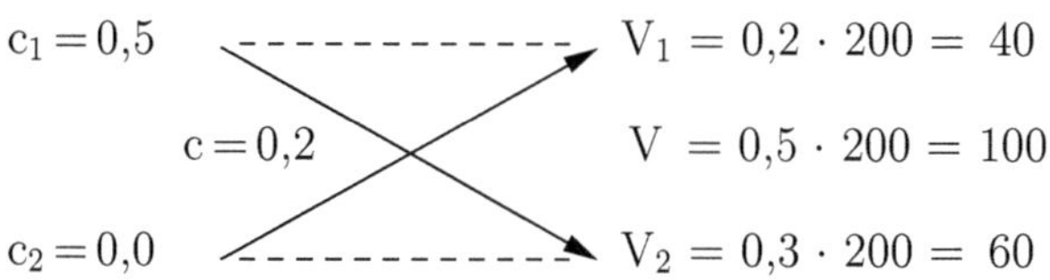

Molalität: Auch hier gilt wegen $\frac{b_1(S)-b(S)}{b(S)-b_2(S)} = \frac{m_2(LM)}{m_1(LM)}$ das Mischungskreuz, aber zusätzlich mit der aufwendigen Bestimmung von $m_1(LM)$ und $m_2(LM)$.

It's teatime Mischungen sind keineswegs auf Beispiele im Labor beschränkt! Wir finden Sie auch im Allag: Als Teetrinker ist Ihnen hoffentlich bekannt, dass man grünen Tee nicht einfach mit kochendem Wasser aufbrühen sollte! Die ideale Temperatur wird oft mit 70° C angegeben.

Beispiel 9 Sie mischen deshalb $\mathbf{V}_1$ kochendes Wasser von $\mathbf{T}_1 = 100°$ C mit $\mathbf{V}_2$ Leitungswasser der Temperatur $\mathbf{T}_2 = 10°$, um $\mathbf{T} = 70°$ C zu erreichen! Welches Mischungsverhältnis müssen Sie dabei einhalten? Als Hinweis:

$$\frac{\mathbf{T_1 - T}}{\mathbf{T - T_2}} = \frac{\mathbf{m_2}}{\mathbf{m_1}} \ (= \frac{\mathbf{V_2}}{\mathbf{V_1}})$$

Wir bestimmen und ordnen also die beiden Differenzen wieder 'über Kreuz', weil ja die Indizes vertauscht werden müssen. Die erste Differenz liefert die Menge an kaltem Wasser, die zweite die Menge an heißem Wasser:

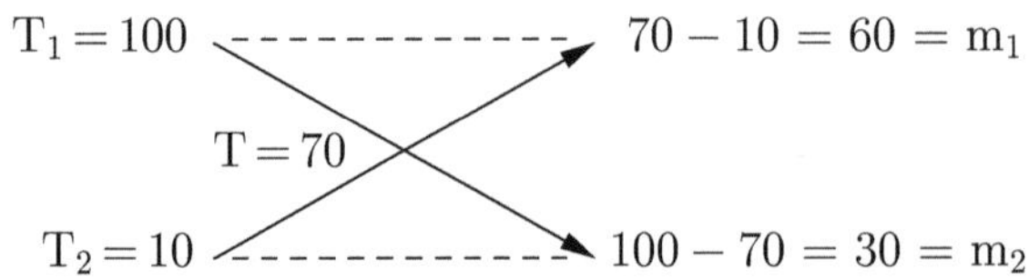

Geben Sie also einfach doppelt so viel heißes wie kaltes Wasser in die Kanne, also zum Beispiel zu zwei Bechern kochendes stets einen Becher kaltes Wasser! Nun noch ein bis zwei Minuten ziehen lassen ... ♣

Falls Sie für die obige Gleichung eine Erklärung suchen, hier einige Hinweise:

$m_2 \cdot (T - T_2)$ entspricht der Wärmemenge, die das kältere Wasser mit der Masse m_2 und der Anfangstemperatur T_2 aufnimmt. Sie ist natürlich gleich der Wärmenge $m_1 \cdot (T_1 - T)$, die das heisse Wasser mit der Masse m_1 abgibt.

Gleichsetzen und umformen ergibt nun leicht:

$$m_1 \cdot (T_1 - T) = m_2 \cdot (T - T_2)$$
$$\frac{T_1 - T}{T - T_2} = \frac{m_2}{m_1}$$

Schematisch wird das Mischungsverhältnis einfach 'über Kreuz' bestimmt, was offenbar zur Bezeichnung 'Mischungskreuz' geführt hat

Fitness - Studio

Interessant wird es wieder durch geschickte Umformungen, um dann auch andere Aufgabenstellungen lösen zu können:

Aufgabe 10 *Eine einfache Handcreme bestehe zu 50 % ihres Gewichts aus einer Substanz 1, zu 30 % aus der Substanz 2, und zu 20 % aus Substanz 3. Die einzelnen Fettanteile seien $w_1(F) = 88\,\%$, $w_2(F) = 70\,\%$, $w_3(F) = 0{,}00\,\%$. Wie hoch ist der Fettanteil $w(F)$ dieser Creme?*

Lösung: Die entsprechende 'Fettmengenbilanz' lautet hier:

$$\mathbf{m}_1 \cdot \mathrm{w}_1(\mathrm{F}) + \mathbf{m}_2 \cdot \mathrm{w}_2(\mathrm{F}) + \mathbf{m}_3 \cdot \mathrm{w}_3(\mathrm{F}) = \mathbf{m} \cdot \mathrm{w}(\mathrm{F})$$

Die einzelnen Massen sind aber nicht bekannt, nur die einzelnen Massenanteile! Dividieren wir daher einfach durch die Gesamtmasse $\mathbf{m}$:

$$\frac{\mathbf{m}_1}{\mathbf{m}} \cdot \mathrm{w}_1(\mathrm{F}) + \frac{\mathbf{m}_2}{\mathbf{m}} \cdot \mathrm{w}_2(\mathrm{F}) + \frac{\mathbf{m}_3}{\mathbf{m}} \cdot \mathrm{w}_3(\mathrm{F}) = \mathrm{w}(\mathrm{F})$$

Nun erhalten wir durch Einsetzen der gegebenen Werte:

$$0{,}50 \cdot 0{,}88 \;+\; 0{,}30 \cdot 0{,}70 \;+\; 0{,}20 \cdot 0{,}00 \;=\; 0{,}65$$

Ergebnis: Die Handcreme hat einen Fettanteil von 65 %. ♣

Solche anteiligen Mischungsverhältnisse lassen sich auch anschaulich darstellen! Am einfachsten gelingt das beim wohl häufigsten Fall *zweier* Komponenten:

Beispiel 11 Wir dividieren beim Kakaobeispiel 5 durch die Gesamtmasse $\mathbf{m}$:

$$\frac{\mathbf{m}_1}{\mathbf{m}} \cdot \mathrm{w}_1(\mathrm{K}) + \frac{\mathbf{m}_2}{\mathbf{m}} \cdot \mathrm{w}_2(\mathrm{K}) \;=\; \mathrm{w}(\mathrm{K}).$$

Die Summe aller Anteile beträgt natürlich $\frac{\mathbf{m}_1}{\mathbf{m}} + \frac{\mathbf{m}_2}{\mathbf{m}} = 100\,\% = \frac{100}{100} = 1$.

Schreibt man für den Anteil $\frac{\mathbf{m}_1}{\mathbf{m}}$ einfach x, so folgt: $\frac{\mathbf{m}_2}{\mathbf{m}} = 1 - \frac{\mathbf{m}_1}{\mathbf{m}} = 1 - x$. Unsere Ausgangsgleichung lässt sich also schreiben in der Form:

$$\begin{aligned} x \cdot \mathrm{w}_1(\mathrm{K}) \;+\; (1-x) \cdot \mathrm{w}_2(\mathrm{K}) &= \mathrm{w}(\mathrm{K}) \\ x \cdot 0{,}30 \;+\; (1-x) \cdot 0{,}80 &= \mathrm{w}(\mathrm{K}) \\ x \cdot 0{,}30 \;+\; 0{,}80 \;-\; x \cdot 0{,}80 &= \mathrm{w}(\mathrm{K}) \\ 0{,}80 \;-\; 0{,}50 \cdot x &= \mathrm{w}(\mathrm{K}) \end{aligned}$$

Wir erhalten den Kakaoanteil $y = \mathrm{w}(\mathrm{K})$ der Mischung als Funktion von x, $y = 0{,}80 - 0{,}50 \cdot x$, mit $x = \frac{\mathbf{m}_1}{\mathbf{m}}$ der Massenanteil der Schokoladensorte 1!

Für welchen Wert x erhalten wir z. B. einen Kakaoanteil von $y = 50\,\%$? Die zeichnerische Lösung ist gestrichelt eingezeichnet und liefert als Anteil der Sorte 1 den Wert $x = 60\,\%$. Für Sorte 2 verbleibt als Anteil $1-x = 40\,\%$.

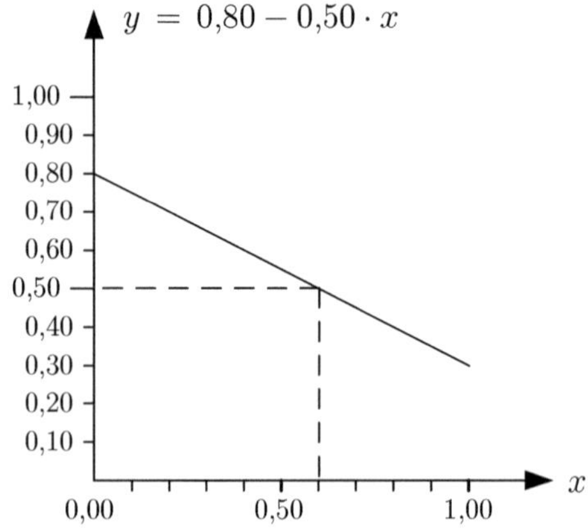

Rechnerisch löst man allgemein die Beziehung $0{,}80 - 0{,}50 \cdot x = y$ nach x auf, also $0{,}80 - y = 0{,}50 \cdot x$, folglich: $x = \frac{1}{0{,}50} \cdot (0{,}80 - y)$. Einsetzen von z.B. $y = 0{,}50$ liefert dann $x = 0{,}60$. ♣

Eine ganz andere Art von Mischung aus der Photometrie als Rechenübung:

Aufgabe 12 *Beträgt der Anteil von HbO_2 am Gesamthämoglobin gleich x und somit der von Hb gleich $(1-x)$, ergibt sich die Extinktion E eines Gemisches anteilig aus den Teilextinktionen gemäß:* $E_{\text{Gemisch}} = x \cdot E_{\text{HbO}_2} + (1-x) \cdot E_{\text{Hb}}$

Lösen Sie diese Beziehung nach x auf. (Dieser Wert bedeutet in diesem Zusammenhang auch die relative Sauerstoffsättigung des Hämoglobins.)

Zeigen Sie: $$x = \frac{E_{\text{Gemisch}} - E_{\text{Hb}}}{E_{\text{HbO}_2} - E_{\text{Hb}}} = \frac{E_{\text{Hb}} - E_{\text{Gemisch}}}{E_{\text{Hb}} - E_{\text{HbO}_2}}$$

Lösung: $$E_{\text{Gemisch}} = x \cdot E_{\text{HbO}_2} + (1-x) \cdot E_{\text{Hb}} = x \cdot E_{\text{HbO}_2} + E_{\text{Hb}} - x \cdot E_{\text{Hb}} =$$
$$= x \cdot E_{\text{HbO}_2} - x \cdot E_{\text{Hb}} + E_{\text{Hb}} = x \cdot (E_{\text{HbO}_2} - E_{\text{Hb}}) + E_{\text{Hb}}$$

$E_{\text{Gemisch}} - E_{\text{Hb}} = x \cdot (E_{\text{HbO}_2} - E_{\text{Hb}})$. Auflösen nach x ergibt:

$$x = \frac{E_{\text{Gemisch}} - E_{\text{Hb}}}{E_{\text{HbO}_2} - E_{\text{Hb}}} = \frac{(-1) \cdot (E_{\text{Gemisch}} - E_{\text{Hb}})}{(-1) \cdot (E_{\text{HbO}_2} - E_{\text{Hb}})} = \frac{E_{\text{Hb}} - E_{\text{Gemisch}}}{E_{\text{Hb}} - E_{\text{HbO}_2}}$$ ♣

Beispiel 13 Angenommen, Sie haben eine sehr große Anzahl N_1 von Kugeln, jede mit der gleichen Masse $\mathbf{m}_1$, entsprechend N_2 Kugeln mit der Masse $\mathbf{m}_2$. Die Gesamtmasse aller Kugeln beträgt $N_1 \cdot \mathbf{m}_1 + N_2 \cdot \mathbf{m}_2$. Wir bezeichnen die Gesamtzahl $N_1 + N_2$ mit N und definieren eine mittlere Masse $\mathbf{m}$ pro Kugel: Anzahl N aller Kugeln mal 'mittlerer' Masse $\mathbf{m}$ ergibt die Gesamtmasse, also

$$N_1 \cdot \mathbf{m}_1 + N_2 \cdot \mathbf{m}_2 = N \cdot \mathbf{m}$$

Wir dividieren durch N, und bezeichnen die Anteile N_1/N und N_2/N der ersten bzw. zweiten Kugelsorte mit x und $1 - x$. Das ergibt für das durchschnittliche Gewicht $\mathbf{m}$ einer Kugel

$$x \cdot \mathbf{m}_1 + (1 - x) \cdot \mathbf{m}_2 = \mathbf{m}$$

Beträgt der Anteil der ersten Sorte zum Beispiel 60 %, von den anderen also 40 %, so ergibt sich die mittlere Masse einer einzelnen Kugel einfach als $0{,}60 \cdot \mathbf{m}_1 + 0{,}40 \cdot \mathbf{m}_2 = \mathbf{m}$. Und ganz entsprechend käme bei einer dritten Kugelsorte noch ein dritter Summand hinzu. ♣

Aufgabe 14 *Bei den Kugeln des vorigen Beispiels darf es sich natürlich auch um winzige Atome oder Moleküle handeln! Das chemische Element Chlor auf unserem Planeten ist eine Mischung aus den beiden Isotopen* ${}^{35}_{17}Cl$ *mit der Masse 34,97* $\mathbf{u}$*, und* ${}^{37}_{17}Cl$ *mit der Masse 36,97* $\mathbf{u}$*. Die angegebene Atommasse von Chlor in der Literatur ist der Mittelwert 35,45* $\mathbf{u}$! *(Ohne die Einheit* $\mathbf{u} = 1{,}6605 \cdot 10^{-24}$ *g spricht man von der 'relativen Atommasse').*

Bestimmen Sie die prozentuale Zusammensetzung von natürlichem Chlor, also mit der 'mittleren relativen Atommasse' 35,45.

Lösung: Für den unbekannten Anteil x von ${}^{35}_{17}\mathrm{Cl}$ mit der Masse 34,97 gilt:

$$x \cdot 34{,}97 \; + \; (1 - x) \cdot 36{,}97 \; = \; 35{,}45 \qquad (\mathbf{u} \text{ gekürzt})$$

In Wirklichkeit gibt es kein einzelnes Chlor–Atom mit der Masse 35,45 **u**. Trotzdem kann man in der Praxis fast immer so verfahren, als bestünde Chlor nur aus Atomen dieser Masse, denn Substanzproben bestehen aus einer so großen Anzahl von Atomen, dass der obige Mittelwert immer erfüllt wird! Ausmultiplizieren liefert (eine zeichnerische Lösung wäre ebenfalls möglich):

$$\begin{aligned} 34{,}97 \cdot x + 36{,}97 - 36{,}97 \cdot x &= 35{,}45 \\ 34{,}97 \cdot x - 36{,}97 \cdot x &= 35{,}45 - 36{,}97 \\ -2{,}00 \cdot x &= -1{,}52 \end{aligned}$$

Das ergibt für x den Wert 0,76. Das natürlich vorkommende Chlor besteht also zu rund 76 % aus dem Isotop ${}^{35}_{17}\mathrm{Cl}$ und zu 24 % aus dem Isotop ${}^{37}_{17}\mathrm{Cl}$. ♣

1 g) Verhältnisangaben

Oft stehen mehrere Größen in einem *festen* Zahlenverhältnis zueinander. Das gilt nicht nur in der Natur, sondern auch im Alltag. Ein 'leckeres' Beispiel ist folgendes Rezept, Angaben zum Beispiel in Gramm. Sie müssen dem Ganzen nur noch etwas Backpulver zugeben:

Mehl	Zucker	Butter	Summe
800	200	600	1600 (g)

Man *sagt*: Mehl, Butter, Zucker und Summe stehen im (Gewichts–) Verhältnis

„800 zu 200 zu 600 zu 1600“

Abkürzend *schreibt* man dafür

$$800 : 200 : 600 : 1600$$

Selbstverständlich dürften Sie auch alle genannten Mengenangaben halbieren, das *Verhältnis*(!) der Zutaten untereinander bliebe dadurch natürlich gleich:

$$800 : 200 : 600 : 1600 \;=\; 400 : 100 : 300 : 800$$

Man sagt dann „800 zu 200 zu 600 zu 1600 **wie** 400 zu 100 zu 300 zu 800“. Insbesondere darf man Zahlenverhältnisse mit einer beliebigen Konstanten ($\neq 0$) multiplizieren, und umgekehrt durch irgendeine Konstante dividieren!

Aufgabe 1 *Wie lautet das Backrezept für (i) 500 g Mehl, (ii) Summe 100 g? Bestimmen Sie die prozentualen (Massen-) Anteile der einzelnen Zutaten.*

Lösung: (i) Wir erreichen beim Mehl die Zahl 500, indem wir alle Angaben durch die obige Mehlmenge 800 dividieren und dann mit 500 multiplizieren! Oder wir multiplizieren gleich in einem Schritt alle Angaben mit dem Faktor $\frac{500}{800} = 0{,}625$. Das Ergebnis lautet in jedem Fall:

Mehl	Zucker	Butter	Summe
500	125	375	1000 (g)

(ii) Nutzen wir das erhaltene Ergebnis, genügt eine einfache Division durch 10. Oder wir dividieren die oben zu Beginn genannten Mengenangaben durch 16:

Mehl	Zucker	Butter	Summe
50	12,5	37,5	100 (g)

100 g Teig bestehen also aus 50 g Mehl, 12,5 g Zucker, 37,5 g Butter. In Prozent: Der Teig enthält 50 % Mehl, 12,5 % Zucker und 37,5 % Fett. ♣

18 g Wasser H_2O bestehen aus 2 g Wasserstoff H und 16 Gramm Sauerstoff O. Die beiden folgenden Verbindungen enthalten zusätzlich noch Kohlenstoff C:

Aufgabe 2 *Bestimmen Sie die prozentualen Gewichtsanteile an Kohlenstoff, Wasserstoff und Sauerstoff der beiden Substanzen*

(i) CH_2O *(Formaldehyd=Methanal)* *(ii)* $C_6H_{12}O_6$ *(Traubenzucker=Glucose).*

Rechnen Sie mit den relativen Atommassen $C = 12;\ H = 1{,}0;\ O = 16.$

Lösung: (i)

C	H	O	Summe
12	2	16	30 (g)

multipliziert mit $\frac{100}{30}$:

C	H	O	Summe
40	6,7	53,3	100 (g)

Die Massenanteile betragen w(C) = 40 %, w(H) = 6,7 %, w(O) = 53,3 %.

(ii)

C	H	O	Summe
72	12	96	180 (g)

ergibt multipliziert mit $\frac{100}{180}$:

C	H	O	Summe
40	6,7	53,3	100 (g)

Beide Substanzen stimmen in ihrer prozentualen Zusammensetzung überein! Alle Bestandteile von Formaldeyd in 6-facher Menge ergeben Traubenzucker, die Verhältnisse der einzelnen Bestandteile C . H , O zueinander sind gleich:

$$12 : 2 : 16 \ (: 30) \quad = \quad 72 : 12 : 96 \ (: 180)$$ ♣

Aufgabe 3 *Bestimmen Sie von folgenden Zahlenverhältnissen das jeweils kleinste ganzzahlige Verhältnis:*

(i) $\frac{1}{2} : \frac{1}{3} : 2$ *(ii) 1 : 1,5 : 2* *(iii) 1 : 1,6 : 2* *(iv) 100 : 160 : 200*

Lösung: (i) Multiplikation mit 6 ergibt 3 : 2 : 12 .

(ii) Nach Multiplkation mit 2 erhält man 2 : 3 : 4 .

(iii) Nach Multiplikation mit 5 erhält man 5 : 8 : 10 .

(iv) Division durch 20 (bzw. mal $\frac{1}{20}$) ergibt 5 : 8 : 10 .

Kleiner geht es nicht, denn die errechneten Verhältniszahlen besitzen keinen gemeinsamen Teiler größer 1. Man mache sich klar, dass man bei Bruchzahlen stets ganzzahlige Verhältnisse erreichen kann! Und auch Dezimalzahlen sind Bruchzahlen, Beispiele: $0{,}4 = \frac{4}{10} = \frac{2}{5}$ und $3{,}14 = \frac{314}{100} = \frac{157}{50}$. ♣

Aufgabe 4 *Zeigen Sie: Die Volumina von Kegel, Kugel und Zylinder mit Radius r und Höhe h=2r stehen in einem ganzzahligen Verhältnis zueinander!*

Zur Erinnerung: $V_{Ke} = \frac{1}{3} \cdot \pi \cdot r^2 \cdot h\,,\ V_{Ku} = 4\pi \cdot \frac{r^3}{3}\,,\ V_{Zy} = \pi \cdot r^2 \cdot h\,.$

Lösung: $V_{Ke} = \frac{2}{3} \cdot \pi \cdot r^3$, $V_{Ku} = 4\pi \cdot \frac{r^3}{3}$, $V_{Zy} = 2\pi \cdot r^3$, die Division durch den gemeinsamen Faktor $\pi \cdot r^3$ vereinfacht zunächst die Ausdrücke und liefert:

$$V_{Ke} : V_{Ku} : V_{Zy} = \frac{2}{3} \cdot \pi \cdot r^3 : 4\pi \cdot \frac{r^3}{3} : 2\pi \cdot r^3 = \frac{2}{3} : \frac{4}{3} : 2$$

Multiplikation mit 3 und Division durch 2 ergibt nach zwei weiteren Schritten $\frac{2}{3} : \frac{4}{3} : 2 = 2 : 4 : 6 = 1 : 2 : 3$ (oder Multiplikation mit $\frac{3}{2}$ in einem Schritt).

Ergebnis: $V_{Ke} : V_{Ku} : V_{Zy} = 1 : 2 : 3$ ♣

Dieses verblüffende Ergebnis wurde wohl zuerst von Archimedes entdeckt. Er soll davon begeistert gewesen sein. Es wurde zusammen mit der seitlichen Ansicht von Kegel, Kugel und Zylinder auf seinem Grabstein verewigt:

$$V_{Ke} : V_{Ku} : V_{Zy} = 1 : 2 : 3$$

Von weit größerer Tragweite ist sicherlich die Entdeckung, dass auch beim Bau der Materie ganzzahlige Verhältnisse gegeben sind! Jeder weiß natürlich:

1 Molekül H_2O besteht aus 1 Atom Sauerstoff O und 2 Atomen Wasserstoff H. Und als Konsequenz: 1 mol Wasser H_2O besteht aus 1 mol O und 2 mol H.

Ganz so leicht macht es uns die Analyse allerdings nicht! Zerlegen Sie zum Beispiel 100g Wasser = 5,56 mol in seine Bestandteile, erhalten Sie natürlich 5,56 mol H_2 entsprechend 11,12 mol H, sowie 2,78 mol O_2 entsprechend 5,56 mol O. Diese 'krummen' Zahlen müssen aber in einem ganzzahligen Verhältnis stehen! Nach Division durch 5,56 erkennt man schließlich:

$$H : O = 11{,}12 : 5{,}56 = 2 : 1 \text{ (mol)}$$

(Rundungs- und Messfehler sind in der Praxis evtl. noch zu berücksichtigen!)

Und Vorsicht, aus der Analyse folgt nur: Die Anzahl der Wasserstoffatome ist genau doppelt so hoch wie die Anzahl der Sauerstoffatome. Die Verbindung könnte vielleicht H_2O lauten, aber selbstverständlich auch ein ganzzahliges Vielfaches davon sein wie zum Beispiel H_4O_2!

Aufgabe 5 *Sie erhalten als vollständige Analyse von 56,3 g einer Substanz:*

C	*H*	*O*
22,6 g	*3,8 g*	*29,9 g*

Ziehen Sie Folgerungen über den Molekülaufbau!

Lösung: Wir müssen die Massenbestandteile erst einmal in Mol umrechnen, also die entsprechenden Stoffmengen bestimmen:
Bezeichnet $\mathbf{n}$ die Anzahl der Mole einer Substanz und $\mathbf{M}$ ihre Molmasse (in Gramm pro Mol), ergibt $\mathbf{n} \cdot \mathbf{M}$ die Gesamtmasse $\mathbf{m}$ (in Gramm), also:

$$\mathbf{n} \cdot \mathbf{M} = \mathbf{m} \quad \text{bzw.} \quad \mathbf{n} = \frac{\mathbf{m}}{\mathbf{M}}$$

Mit $\mathbf{M}(\mathrm{C}) = 12{,}0\,\frac{\mathrm{g}}{\mathrm{mol}}$ folgt $\mathbf{n}(\mathrm{C}) = \frac{22{,}6\,\mathrm{g}}{12{,}0\,\frac{\mathrm{g}}{\mathrm{mol}}} = 1{,}88$ mol. Ganz analog erhalten wir $\mathbf{n}(\mathrm{H}) = \frac{3{,}8\,\mathrm{g}}{1{,}0\,\frac{\mathrm{g}}{\mathrm{mol}}} = 3{,}8$ mol und $\mathbf{n}(\mathrm{O}) = \frac{29{,}9\,\mathrm{g}}{16{,}0\,\frac{\mathrm{g}}{\mathrm{mol}}} = 1{,}87$ mol. In Tabellenform:

C	H	O
1,88 mol	3,8 mol	1,87 mol

Wir dividieren durch den kleinsten Wert 1,87 und erhalten auf eine Stelle hinter dem Komma gerundet als Stoffmengenverhältnis:

C	H	O
1,0	2,0	1,0

Das einfachste ganzzahlige Zahlenverhältnis lautet hiernach C : H : O = 1 : 2 : 1 (mol).

Ergebnis: Die entsprechende 'empirische Formel' ist CH_2O. ♣

Es könnte sich bei voriger Substanz also um Formaldehyd = CH_2O handeln. Aber die tatsächliche Molekularformel könnte auch ein Vielfaches davon sein, zum Beispiel Glucose = $C_6H_{12}O_6$! Das kennen wir bereits von Aufgabe 2.

Aufgabe 6 *Bestimmen Sie die empirische Formel einer Substanz aus 56,4 % Massenanteil Sauerstoff O und und 43,6 % Phosphor P* ($\mathbf{M}(P) = 31{,}0$ *g/mol*).

Lösung: 100 g dieser Substanz bestehen laut Analyse aus 56,4 g O und 43,6 g P.

O	P
56,4 g	43,6 g

Nun gehen wir genau so vor wie bei Aufgabe 5, bestimmen also zunächst die Stoffmengenanteile: Wegen 56,4/16,0 = 3,53 und 43,6/31,0 = 1,41 ergibt das

O	P
3,53 mol	1,41 mol

Hieraus folgt nach Division durch 1,41 (die letzte Stelle gerundet):

O	P
2,5 mol	1,0 mol

und als kleinstes ganzzahliges Verhältnis

O	P
5 mol	2 mol

Ergebnis: Die empirische Formel der untersuchten Substanz lautet O_5P_2. ♣

Eine süße Sache Anstatt Substanzen in Einzelteile zu zerlegen betrachten wir nun die Bildung von Verbindungen wie z.B. bei chemischen Reaktionen. Die Bildung von Traubenzucker aus Kohlendioxid und Wasser durch die Photosynthese lässt sich summarisch stark vereinfacht beschreiben als

$$6\,CO_2 + 6\,H_2O \;\rightleftharpoons\; C_6H_{12}O_6 + 6\,O_2\,.$$

Hierfür wird Sonnenenergie benötigt. In umgekehrter Richtung wird durch unseren Stoffwechsel die Glucose mit dem Sauerstoff der Luft wieder zu Kohlendioxid und Wasser umgewandelt, um daraus Energie verfügbar zu machen.

Entscheidend für die folgenden Rechnungen ist wieder, dass alle Angaben in einem festen Verhältnis zueinander stehen.

Kohlendioxid	Wasser	Energie	Glucose	Sauerstoff
6 mol	6 mol	2880 kJ	1 mol	6 mol
264 g	108 g	2880 kJ	180 g	192 g

Verdoppeln wir etwa die Menge eines Stoffes, so müssen auch die anderen Angaben verdoppelt werden. Lösen Sie nun zum Beispiel die folgende

Aufgabe 7 *Wie viel Traubenzucker bildet eine Pflanze durch Photosynthese aus 100 g Kohlendioxid (Tab. oben), und wie viel Sauerstoff entsteht hierbei?*

Lösung: Wir dividieren alle Massenangaben durch 264 und multiplizieren anschließend mit 100. Oder wir multiplizieren sofort in einem Schritt mit $\frac{100}{264}$:

Kohlendioxid	Wasser	Energie	Glucose	Sauerstoff	
264 g	108 g	2880 kJ	180 g	192 g	$\cdot\,\frac{100}{264}$
100 g	40,9 g	1091 kJ	68,2 g	72,7 g	

Aus 100 g Kohlendioxid enstehen also 68,2 g Glucose und 72,7 g Sauerstoff. Die benötigten Mengen an Wasser und Energie waren nicht gefragt. ♣

Aufgabe 8 *Zum Nachweis von Proteinen sollen Sie drei Reagenzien A, B und C im Volumenverhältnis 9 : 1 : 2 mischen. Wie stellen Sie eine solche Mischung her, wenn die Einzelvolumina zusammen 90 mL ergeben sollen?*

Lösung: 9 mL A , 1 mL B , 2 mL C ergeben zusammen 12 mL Mischung:

A	B	C	Summe	
9	1	2	12	$\cdot\,\frac{90}{12}$
67,5	7,5	15	90	Ergebnis (in mL)

♣

Fitness - Studio

Soll und Haben Kehren wir doch zu unserem Rezept am Anfang zurück! Die Umrechnung auf größere oder kleinere Mengen sollte für Sie kein Problem mehr darstellen. Aber vielleicht ist Ihnen auch schon Folgendes passiert: Keine Zeit mehr zum Einkaufen und es sind fast nur noch Restbestände da! Immerhin 1 Kilo Mehl, aber nur 234 g Butter, und der Zucker bringt es auf der Küchenwaage gerade mal auf mickrige 96 g. Notieren wir 'Soll und Haben':

Beispiel 9

	Mehl	Zucker	Butter	Summe
Rezept:	800	200	600	1600 (g)
vorhanden:	1000	96	234	—

Die Summe macht im zweiten Fall (noch) keinen Sinn, denn wir dürfen die vorhandenen Mengen nicht einfach zusammenmischen. Die Frage lautet nun:

Für wie viel Teig reichen die vorhandenen Mengen aus?

Ohne Rezeptänderung: Ist die Butter der begrenzende Faktor oder der Zucker? Um das Rezept auf die vorhandene Menge an Butter umzurechnen, müssten wir die vorgeschriebenen Zutaten mit dem Faktor $\frac{234}{600} = 0{,}39$ multiplizieren! Zur Umrechnung auf die Zuckermenge erhalten wir den Faktor $\frac{96}{200} = 0{,}48$. Die Mehlmenge bringt es sogar auf den Faktor $\frac{1000}{800} = 1{,}25$, was aber leider gar nichts nützt! Den *begrenzenden, kleinsten Faktor* liefert die Buttermenge:

Mehl	Zucker	Butter	Summe
800	200	600	1600 (g)
1000	96	234	—
$\frac{1000}{800} = 1{,}25$	$\frac{96}{200} = 0{,}48$	$\frac{234}{600} = \mathbf{0{,}39}$	—

Wir dürfen die Zutaten des Grundrezepts nur mit $\frac{234}{600} = \mathbf{0{,}39}$ multiplizieren:

Mehl	Zucker	Butter	Summe	
800	200	600	1600 (g)	$\cdot\frac{234}{600}$
312	78	234	624 (g)	

♣

Womit wir nun auch die Ausgangsfrage beantwortet haben. Die vorhandenen 234 g Butter ermöglichen maximal 624 g Teig! Nun zu einem anderen 'Rezept':

Aufgabe 10 *Sie verbrennen Kohlenstoff in einer reinen Sauerstoffatmosphäre*

$$C + O_2 \;=\; CO_2$$

Vorhanden seien: 210 mg Kohlenstoff (C=12) und 760 mg Sauerstoff (O=16). Reicht für eine vollständige Verbrennung die vorhandene Sauerstoffmenge aus?

Lösung: Laut Reaktionsgleichung bilden 1 mol = 12 g Kohlenstoff C und 1 mol = 32 g Sauerstoff O_2 zusammen 1 mol = 44 g Kohlendioxid. Tragen wir auch die Zahlenverhältnisse der *vorhandenen* Mengen an C und O_2 ein! Wir wechseln zur vorgegebenen Einheit Milligramm, um die Rechnung zu vereinfachen:

C	O_2	CO_2	Kommentar
12 mg	32 mg	44 mg	Reaktionsgleichung
210 mg	760 mg	—	*vorhandene Mengen*!
$\frac{210}{12} = 17{,}5$	$\frac{760}{32} = 23{,}75$	—	Nebenrechnung

Den begrenzenden kleinsten Faktor liefert der Quotient $\frac{210}{12}$ beim Kohlenstoff:

C	O_2	CO_2	Kommentar
12 mg	32 mg	44 mg	$\cdot \frac{210}{12}$
210 mg	560 mg	770 mg	*Reaktionsmengen*!

Ergebnis: Es bleiben sogar 760 mg − 560 mg = 200 mg Sauerstoff O_2 übrig, Um alle an der Reaktion beteiligten Stoffe zu verbrauchen, fehlt Kohlenstoff. Nicht Sauerstoff sondern Kohlenstoff ist hier der *begrenzende Reaktand*! ♣

Beispiel 11 Von Aufgabe 3 wissen Sie, wie einfach man komplizierte Zahlenverhältnisse ganzzahlig machen kann! Deswegen wunderten Sie sich ja vielleicht über die Begeisterung von Archimedes, nur weil die Verhältnisse der Volumina von Kegel, Kugel und Zylinder zueinander ganzzahlig sind (Aufg. 4). Zugegeben, $1 : 2 : 3$ ist schon außergewöhnlich einfach, aber sonst?

Dann machen Sie doch zum Beispiel $1 : \pi$ ganzzahlig, oder wählen wir $1 : \sqrt{2}$. Nicht weiterlesen, probieren Sie erst einmal selber! Womit also multiplizieren?

Natürlich mit irgendeiner Zahl > 0: Damit die erste Zahl 1 ganzzahlig bleibt, müssten Sie mit einer ganzen Zahl multiplizieren, nennen wir Sie einfach n. Aus $\sqrt{2}$ wird dann hiernach $n \cdot \sqrt{2}$. Auch das soll eine ganze Zahl ergeben, sagen wir m. Somit wäre das Ergebnis in diesem Falle

$$n \cdot \sqrt{2} = m \quad \Rightarrow \quad \sqrt{2} = \frac{m}{n}$$

Folglich wäre $\sqrt{2}$ eine rationale Zahl, wir erhalten also einen Widerspruch ↯ (Die Zahl π ist zwar ebenfalls irrational, ließ sich bei Aufgabe 4 aber vollständig wegkürzen!) ♣

Zum Abschluss noch eine nette Denksportaufgabe:

Aufgabe 12 *Der alte Bauer Johansen hatte ja immer den Schalk im Nacken! Nach seinem Tod hinterließ er seinen drei Töchtern eine Herde mit 11 Kühen, und niemand wunderte sich über sein Testament. Aber alle waren am Rätseln:*

Die Herde sollte zwischen seinen Töchtern aufgeteilt werden, und zwar an

Antje, Bertje, Christin im Verhältnis $\frac{1}{2} : \frac{1}{4} : \frac{1}{6}$

Ratlos wie sie die 11 Tiere aufteilen sollten, ohne Tiere schlachten zu müssen, trieben sie die ganze Herde zum klugen Pastor und baten ihn um seinen Rat. Nach gründlichem Überlegen holte dieser lächelnd seine klapprige Kuh und stellte sie zu den anderen Tieren. „So teilt doch diese <u>*12*</u> *Tiere auf", sagte er, „und alle werden ihren Seelenfrieden wiederfinden!"*

Antje nahm sich die Hälfte der Tiere, also 6 Kühe, Bertje 3 und Christin 2. Zusammen waren das nur <u>*11*</u> *Tiere, die magere Kuh vom Pastor blieb übrig! Er brachte sie wieder in den Stall und alle waren glücklich und zufrieden! Doch warum hat das alles funktioniert, und war das auch korrekt?*

<u>Lösung:</u> Nach so vielen Aufgaben dieses Typs sollte Ihnen die Aufteilung keine Schwierigkeiten bereiten, trotz des doch etwas komplizierten Schlüssels! In Kurzform übersichtlich als Tabelle erhalten wir:

A	B	C	Summe	
$\frac{1}{2}$	$\frac{1}{4}$	$\frac{1}{6}$	$\frac{11}{12}$	$\cdot\frac{12}{11}$
$\frac{6}{11}$	$\frac{3}{11}$	$\frac{2}{11}$	1	$\cdot 11$
6	3	2	11	(Anzahl der Tiere!)

Offensichtlich gilt $\frac{1}{2} : \frac{1}{4} : \frac{1}{6} = \frac{6}{11} : \frac{3}{11} : \frac{2}{11}$, aber letzteres war dem alten Johansen bei der 11 – köpfigen Herde wohl zu einfach! Bleibt die Frage:

Warum hat es mit den 12 Tieren und den alten Zahlen so einfach funktioniert? In *einem* Rechenschritt zusammengefasst ist die korrekte Anzahl der Tiere

für: Antje $\frac{1}{2} \cdot (\frac{12}{11} \cdot 11) = \mathbf{\frac{1}{2}} \cdot 12 = 6$

Bertje $\frac{1}{4} \cdot (\frac{12}{11} \cdot 11) = \mathbf{\frac{1}{4}} \cdot 12 = 3$

Christin $\frac{1}{6} \cdot (\frac{12}{11} \cdot 11) = \mathbf{\frac{1}{6}} \cdot 12 = 2$ ♣

Mit 12 als Faktor sind wieder die **alten** Verhältniszahlen $\frac{1}{2} : \frac{1}{4} : \frac{1}{6}$ korrekt! Eine noch raffiniertere Aufgabe finden Sie im Lehrbuch.

Kapitel 2

Formen und Abbildungen

2 a) Proportionen am rechtwinkligen Dreieck

Das allgemeine Dreieck Die einfachste Figur in der Ebene ist das Dreieck. Die Winkelsumme beträgt immer 180°. Das erkennen Sie hier beim Winkel β. Die Parallele zur Grundseite ergibt die Wechselwinkel α und γ:

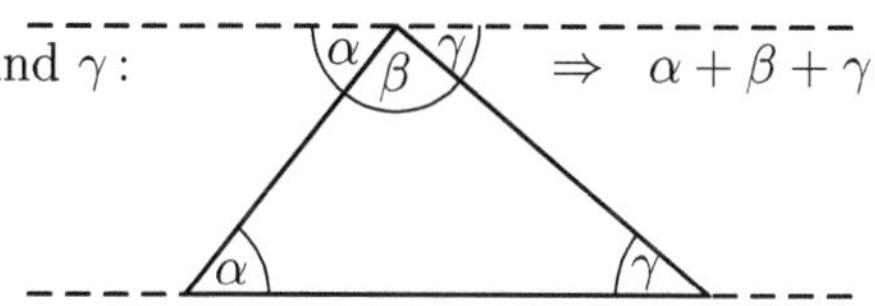

$$\Rightarrow \quad \alpha + \beta + \gamma = 180^\circ$$

Kennt man *zwei* Winkel, so folgt wegen der Winkelsumme bereits der *dritte*! Stimmen die Winkel eines Dreiecks mit den Winkeln eines anderen überein, so sind diese Dreiecke ähnlich zueinander:

$$\boxed{\text{Ähnliche Dreiecke} \Leftrightarrow \text{gleichgroße Winkel}}$$

Ähnliche Dreiecke unterscheiden sich lediglich um einen Maßstabsfaktor k. Das größere Dreieck ist nur eine maßstabsgerechte Vergrößerung des anderen! So besagt der Strahlensatz zum Beispiel:

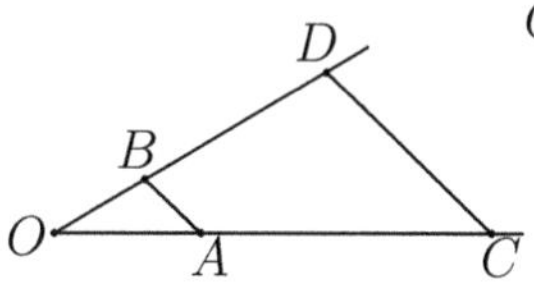

$$\overline{OC} : \overline{OA} = \overline{OD} : \overline{OB} = \overline{CD} : \overline{AB} \quad (= k)$$

Hieraus folgt zum Beispiel auch:

$$\overline{OB} : \overline{AB} = \overline{OD} : \overline{CD}$$

Bei ähnlichen Dreiecken sind also auch die *Seitenverhältnisse* der einander entsprechenden Seiten gleich groß. Dies führt beim rechtwinkligen Dreieck zu interessanten Folgerungen.

Rechtwinklige Dreiecke *Hypotenuse* und *Katheten* gibt es nur beim rechtwinkligen Dreieck! Die Schenkel des rechten Winkels nennt man Katheten, die dem rechten Winkel gegenüberliegende Seite Hypotenuse. Die standardmäßige Notation der Winkel und Seiten zeigt die folgende Skizze.

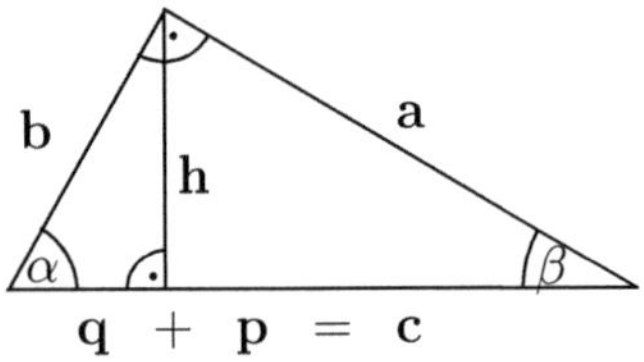

$\alpha + \beta = 90°$

Die Höhe h unterteilt die Hypotenuse c in einen Abschnitt p unterhalb von a, sowie q unterhalb von b. Hierdurch wird das Ausgangsdreieck in zwei kleinere Dreiecke mit den Seiten h, b, q und den Seiten h, p, a zerlegt:

Aufgabe 1 *Beweisen Sie, dass die entstandenen rechtwinkligen Teildreiecke und das Ausgangsdreieck zueinander ähnlich sind!*

Lösung: Das linke Teildreieck stimmt mit dem Ausgangsdreieck im Winkel α und dem rechten Winkel überein, also auch im dritten Winkel.
Das rechte Teildreieck stimmt mit dem Ausgangsdreieck im Winkel β und dem rechten Winkel überein, also auch im dritten. Folglich sind alle drei Dreiecke zueinander ähnlich. Sie unterscheiden sich nur in der Größe. ♣

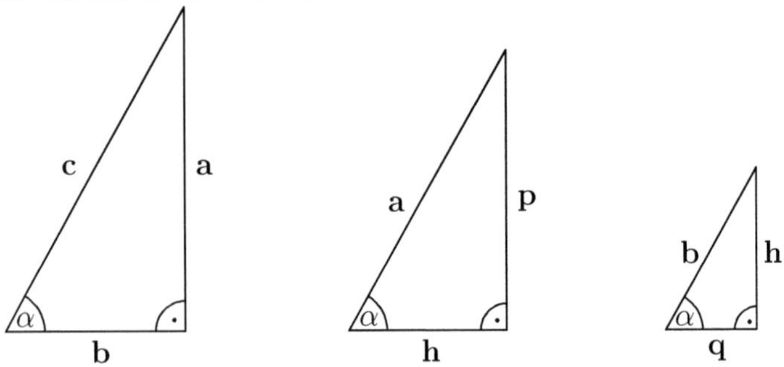

Folgerung: Die Seitenverhältnisse sind alle gleich, zum Beispiel gilt: $\frac{\mathbf{a}}{\mathbf{c}} = \frac{\mathbf{p}}{\mathbf{a}}$
Nach Multiplikation beider Seiten dieser Gleichung mit $\mathbf{c}$ und mit $\mathbf{a}$ folgt

$$\mathbf{a}^2 = \mathbf{p} \cdot \mathbf{c}\,, \qquad \text{(Kathetensatz a).}$$

Ebenso ergibt sich aus $\frac{\mathbf{b}}{\mathbf{c}} = \frac{\mathbf{q}}{\mathbf{b}}$ nach Multiplikation mit $\mathbf{c} \cdot \mathbf{b}$

$$\mathbf{b}^2 = \mathbf{q} \cdot \mathbf{c}\,, \qquad \text{(Kathetensatz b).}$$

Anschaulich entspricht zum Beispiel $\mathbf{q}\cdot\mathbf{c}$ der Fläche eines Rechtecks mit den Seiten $\mathbf{q}$ und $\mathbf{c}$. Entsprechend lässt sich $\mathbf{p}\cdot\mathbf{c}$ als Fläche interpretieren:

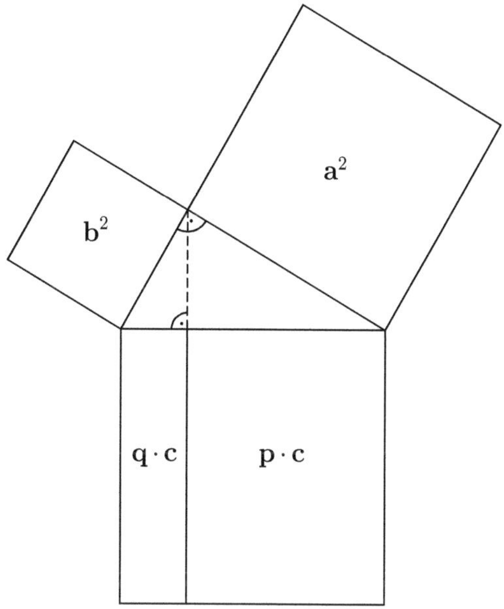

Zeichnerisch und auch rechnerisch ist sofort klar:

$$\mathbf{a}^2 + \mathbf{b}^2 = \mathbf{p}\cdot\mathbf{c} + \mathbf{q}\cdot\mathbf{c} = \underbrace{(\mathbf{p}+\mathbf{q})}_{=\mathbf{c}}\cdot\mathbf{c} = \mathbf{c}\cdot\mathbf{c} = \mathbf{c}^2 .$$

Hiermit folgt die berühmte Beziehung:

Im rechtwinkligen Dreieck ist die Summe der Kathetenquadrate gleich dem Hypotenusenquadrat,

$$\mathbf{a}^2 + \mathbf{b}^2 = \mathbf{c}^2 \qquad \text{(Satz des Pythagoras).}$$

Das dritte und zweite Dreieck liefern beispielsweise noch $\frac{\mathbf{h}}{\mathbf{q}} = \frac{\mathbf{p}}{\mathbf{h}}$, folglich

$$\mathbf{h}^2 = \mathbf{p}\cdot\mathbf{q} \qquad \text{(Höhensatz).}$$

Man bezeichnet die vorigen vier Sätze auch als *Satzgruppe des Pythagoras.* Es sind die wichtigsten Ergebnisse dieser Art, doch könnten Sie sicher analog noch weitere herleiten.

b
a
c
a Quadrat + b Quadrat
= c Quadrat
BEIM ZEUS, PHANTASTISCH!
a MEISE + b MEISE = c MEISE!!

Die trigonometrischen Funktionen Noch einmal zurück zu den drei ähnlichen Dreiecken auf Seite 90. Die entsprechenden Seitenverhältnisse sind unabhängig von der Dreiecksgröße, sie hängen nur ab von der Größe des hier α genannten Winkels! Die ihm gegenüberliegende Kathete nennt man seine *Gegenkathete*, die anliegende seine *Ankathete*. Überzeugen Sie sich selbst: Insgesamt sind bei einem rechtwinkligen Dreieck nur 6 verschiedene Seitenverhältnisse möglich! Sie tragen natürlich auch 6 verschiedene Namen:

$$\sin\alpha = \frac{\text{Gegenkathete}}{\text{Hypotenuse}} \qquad \text{Beispiel Skizze S. 90:} \quad \sin\alpha = \frac{a}{c} = \frac{p}{a} = \frac{h}{b}$$

$$\cos\alpha = \frac{\text{Ankathete}}{\text{Hypotenuse}} \qquad \text{Beispiel Skizze S. 90:} \quad \cos\alpha = \frac{b}{c} = \frac{h}{a} = \frac{q}{b}$$

$$\tan\alpha = \frac{\text{Gegenkathete}}{\text{Ankathete}} \qquad \text{Beispiel Skizze S. 90:} \quad \tan\alpha = \frac{a}{b} = \frac{p}{h} = \frac{h}{q}$$

$$\cot\alpha = \frac{\text{Ankathete}}{\text{Gegenkathete}} \qquad \text{Beispiel Skizze S. 90:} \quad \cot\alpha = \frac{b}{a} = \frac{h}{p} = \frac{q}{h}$$

$$\sec\alpha = \frac{\text{Hypotenuse}}{\text{Ankathete}} \qquad \text{Beispiel Skizze S. 90:} \quad \sec\alpha = \frac{c}{b} = \frac{a}{h} = \frac{b}{q}$$

$$\csc\alpha = \frac{\text{Hypotenuse}}{\text{Gegenkathete}} \qquad \text{Beispiel Skizze S. 90:} \quad \csc\alpha = \frac{c}{a} = \frac{a}{p} = \frac{b}{h}$$

Von Bedeutung sind vor allem die ersten drei: Sinus, Cosinus und Tangens! Hingegen sind Cotangens, Secans und Cosecans einfach nur die Kehrwerte der ersten drei und deshalb auch selten auf einem Taschenrechner zu finden.

Beispiel 2 Die Geschwindigkeit einer Billardkugel betrage $\mathbf{v} = 2{,}50\,\mathrm{m/s}$.

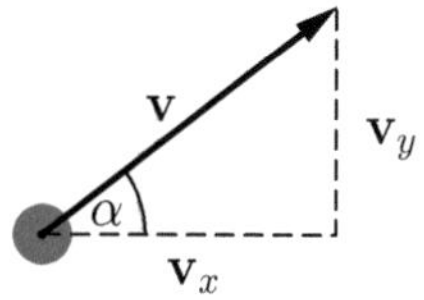

Bestimmen Sie die Komponenten $\mathbf{v}_x$ und $\mathbf{v}_y$ bei einem Winkel von $\alpha = 36{,}87°$ (rechnerisch mit drei signifikanten Stellen).

Kontrollieren Sie vorher die Einstellung Ihres Taschenrechners auf Grad °: (Anzeige: D oder Deg) Die Eingabe von sin 30 muss die Ausgabe 0,5 ergeben!

$$\frac{\mathbf{v}_y}{\mathbf{v}} = \sin\alpha\,, \quad \mathbf{v}_y = \mathbf{v}\cdot\sin\alpha = 2{,}50\,\tfrac{\mathrm{m}}{\mathrm{s}}\cdot\sin 36{,}87° = 1{,}50\,\tfrac{\mathrm{m}}{\mathrm{s}}$$

$$\frac{\mathbf{v}_x}{\mathbf{v}} = \cos\alpha\,, \quad \mathbf{v}_x = \mathbf{v}\cdot\cos\alpha = 2{,}50\,\tfrac{\mathrm{m}}{\mathrm{s}}\cdot\cos 36{,}87° = 2{,}00\,\tfrac{\mathrm{m}}{\mathrm{s}} \qquad ♣$$

Zentrumswinkel im Tetraeder Lösen Sie doch erst einmal die einfache

Aufgabe 3 *Die Längen der Katheten in folgender Skizze betragen 1 und $\sqrt{2}$ Längeneinheiten. Zeigen Sie* $\tan\delta = \sqrt{2}$ *und überprüfen Sie den angegebenen Wert von δ mit dem Taschenrechner:*

Lösung: Nach Definition gilt $\tan\delta = \dfrac{\text{Gegenkathete}}{\text{Ankathete}} = \dfrac{\sqrt{2}}{1} = \sqrt{2}$.

$\sqrt{2} = 1{,}414\ldots$ (Längeneinheiten)

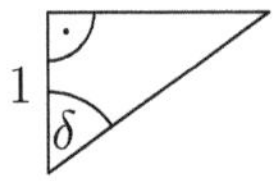

$$\tan\delta = \sqrt{2} \quad \Leftrightarrow \quad \underbrace{\delta = \tan^{-1}\sqrt{2}} = 54,7356^\circ$$

(Siehe hierzu: Lösen von Gleichungen Abschnitt 2 e) ♣

Die einfachste Figur in der *Ebene* ist das Dreieck und nicht das Quadrat. Ein Quadrat lässt sich, wie jedes Viereck, in zwei Dreiecke zerlegen. Und das einfachste Dreieck ist das gleichseitige Dreieck.
Entsprechend ist die allereinfachste *räumliche* Figur nicht der Würfel mit acht Eckpunkten. Eine räumliche Figur erfordert nur *vier* Eckpunkte, und die ergeben in gleichen Abständen voneinander ein regelmäßiges *Tetraeder.* Das ist eine Pyramide aus vier gleichseitigen Dreiecken.

Beim Methanmolekül CH_4 bilden die vier Wasserstoffatome die Eckpunkte eines solchen Tetraeders, mit dem hier nicht skizzierten Kohlenstoffatom im Zentrum: (Dessen Abstände von den vier Ecken sind gleich groß.)

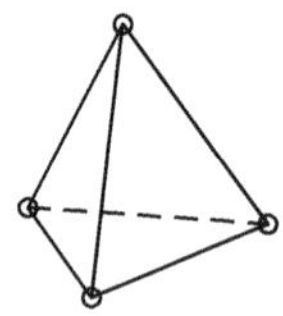

Eine Hilfe zu Berechnungen am Tetraeder ist die *Darstellung am Würfel*! Beachten Sie, dass die Abstände zwischen den vier Kugeln alle gleich sind. Diese bilden in der Skizze unten links also die Ecken eines Tetraeders!
Und der Mittelpunkt des Würfels ist auch der Mittelpunkt des Tetraeders, denn seine Abstände zu den Tetraederecken sind alle gleich.
Setzen wir die halbe Kantenlänge des Würfels gleich 1. Beachten Sie: Die Diagonale eines Quadrats mit Seitenlänge 1 hat die Länge $\sqrt{2}$ (Pythagoras)! Die rechte Skizze zeigt also das zentrale C-Atom mit zwei H-Atomen:

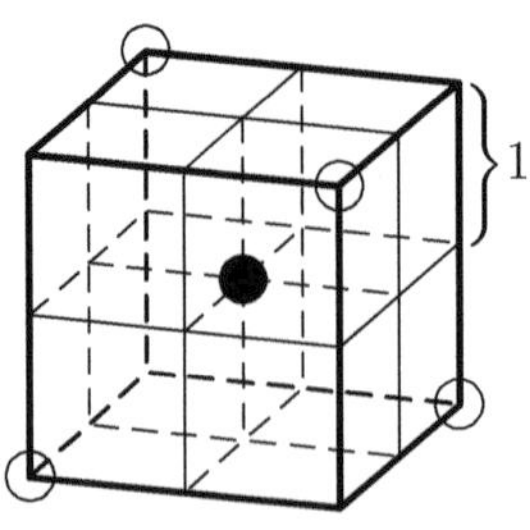

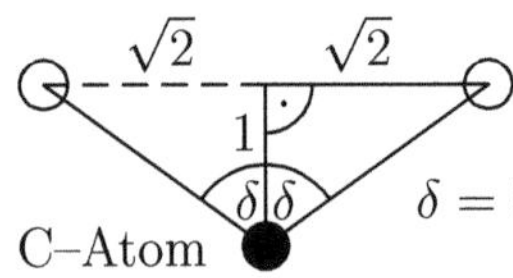

$\delta = 54{,}735\ldots^\circ$ (Aufg. 3)

Ergebnis: Der (Valenz-) Winkel zwischen dem C– und je zwei H–Atomen beträgt $2\delta = 109{,}47^\circ$.

Es ist äußerst nützlich, Kräfte zerlegen zu können, zum Beispiel die Gewichtskraft K eines Gegenstandes auf der nun folgend skizzierten schiefen Ebene. Die Komponente K_2 hält den Gegenstand weiterhin auf ihre Unterlage. Für die Bewegung bergab ist nur die Größe der Komponente K_1 maßgeblich:

Aufgabe 4 *In der folgenden Skizze beträgt $\alpha = 30°$, folglich $\beta = 60°$:*

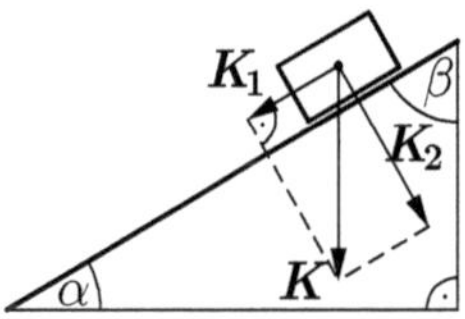

Die Länge der Pfeile ist ein Maß für die Größe der hier skizzierten Kräfte!

Beträgt die Gewichtskraft $|\boldsymbol{K}| = 2{,}00\,N$ (Newton), warum gilt dann $|\boldsymbol{K}_1| = 1{,}00\,N$, $|\boldsymbol{K}_2| = 1{,}73\,N$?

Hinweis: Der Winkel zwischen K und K_1 beträgt β, zwischen K und K_2 also α.

Lösung: Für die genannten Winkel zwischen den Kräften folgt:

$$\frac{\mathbf{K_1}}{\mathbf{K}} = \cos\beta \qquad \mathbf{K_1} = \mathbf{K}\cdot\cos\beta = 2,00\,N\cdot\cos 60° = 1,00\,N$$

$$\frac{\mathbf{K_2}}{\mathbf{K}} = \cos\alpha \qquad \mathbf{K_2} = \mathbf{K}\cdot\cos\alpha = 2,00\,N\cdot\cos 30° = 1,73\,N$$ ♣

Die folgende einfache Beziehung sollten Sie sich zukünftig merken. Es handelt sich um eine Art 'Pythagoras der trigonometrischen Funktionen':

$$\boxed{(\sin\alpha)^2 + (\cos\alpha)^2 = 1}$$

Aufgabe 5 (*i*) *Beweisen Sie:* $(\sin\alpha)^2 + (\cos\alpha)^2 = 1$

(*ii*) *Zeigen Sie außerdem:* $\tan\alpha = \dfrac{\sin\alpha}{\cos\alpha}$

Hinweis: Benutzen Sie die Definitionen der vorigen Seite, also die Quotienten aus Kathete, Gegenkathete und Hypotenuse.

Lösung: (i) Gemäß Definition von Sinus und Cosinus folgt:

$$(\sin\alpha)^2 + (\cos\alpha)^2 = \frac{Gegenkathete^2}{Hypotenuse^2} + \frac{Ankathete^2}{Hypotenuse^2}$$

$$= \frac{Gegenkathete^2 + Ankathete^2}{Hypotenuse^2} = \frac{Hypotenuse^2}{Hypotenuse^2} = 1$$

Es handelt sich also um eine einfache Folgerung aus dem Satz des Pythagoras!

(ii) Die ursprünglichen Definitionen der Seitenverhältnisse liefern wieder:

$$\frac{\sin\alpha}{\cos\alpha} = \frac{\frac{Gegenkathete}{Hypotenuse}}{\frac{Ankathete}{Hypotenuse}} = \frac{Gegenkathete}{Hypotenuse}\cdot\frac{Hypotenuse}{Ankathete}$$

$$= \frac{Gegenkathete}{Ankathete} = \tan\alpha$$ ♣

Aufgabe 6 *Bestimmen Sie nur mit Kenntnis von* $\boldsymbol{a} = 4{,}0\,cm$ *und* $\boldsymbol{b} = 3{,}0\,cm$ *und der Satzgruppe des Pythagoras alle übrigen Größen:*

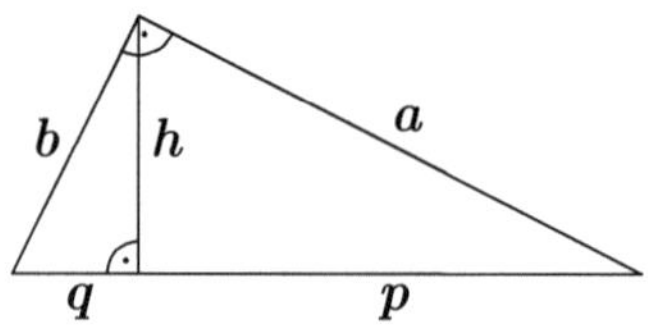

Lösung: $\mathbf{c}^2 = \mathbf{a}^2 + \mathbf{b}^2$, $\quad \mathbf{c} = \sqrt{\mathbf{a}^2+\mathbf{b}^2} = \sqrt{25\text{ cm}^2} = 5{,}0\,\text{cm}$;
$\mathbf{p}\cdot\mathbf{c} = \mathbf{a}^2$, $\quad \mathbf{p} = \frac{\mathbf{a}^2}{\mathbf{c}} = \frac{16\,\text{cm}^2}{5{,}0\,\text{cm}} = 3{,}2\,\text{cm}$;
$\mathbf{q}\cdot\mathbf{c} = \mathbf{b}^2$, $\quad \mathbf{q} = \frac{\mathbf{b}^2}{\mathbf{c}} = \frac{9{,}0\,\text{cm}^2}{5{,}0\,\text{cm}} = 1{,}8\,\text{cm}$ $\quad$ (oder $\mathbf{q} = \mathbf{c} - \mathbf{p}$);
$\mathbf{h}^2 = \mathbf{p}\cdot\mathbf{q}$, $\quad \mathbf{h} = \sqrt{\mathbf{p}\cdot\mathbf{q}} = \sqrt{5{,}76\,\text{cm}^2} = 2{,}4\,\text{cm}$ $\quad$ (oder $\mathbf{h}^2 = \mathbf{b}^2 - \mathbf{q}^2$).
Ergebnis: $\mathbf{c} = 5{,}0\,\text{cm}$, $\mathbf{p} = 3{,}2\,\text{cm}$, $\mathbf{q} = 1{,}8\,\text{cm}$, $\mathbf{h} = 2{,}4\,\text{cm}$. ♣

Additionstheorem Für die Summe bzw. Differenz von Winkeln folgt

$$\begin{aligned} sin\,(\alpha \pm \beta) &= sin\,\alpha\cdot cos\,\beta \pm cos\,\alpha\cdot sin\,\beta \\ cos\,(\alpha \pm \beta) &= cos\,\alpha\cdot cos\,\beta \mp sin\,\alpha\cdot sin\,\beta \end{aligned}$$

Für das obere Vorzeichen links gilt das obere Vorzeichen auf der rechten Seite. Analog ist diese abkürzende Schreibweise für das untere Vorzeichen zu lesen. (Das Theorem gilt auch für die spätere Verallgemeinerung von Sinus und Cosinus auf beliebige Winkel $\alpha, \beta \in \mathbb{R}$.) Als kleine Anwendung die folgende Beziehung für die Verdopplung eines Winkels. Speziell für $\alpha = \beta$ ergibt sich:

Beispiel 7 $\sin 2\alpha = \sin(\alpha+\alpha) = \sin\alpha\cdot\cos\alpha + \cos\alpha\cdot\sin\alpha = 2\,\sin\alpha\cdot\cos\alpha$.
$\cos 2\alpha = \cos(\alpha+\alpha) = \cos\alpha\cdot\cos\alpha - \sin\alpha\cdot\sin\alpha = (\cos\alpha)^2 - (\sin\alpha)^2$.
Ergebnis: $\sin 2\alpha = 2\,\sin\alpha\cdot\cos\alpha$, $\quad \cos 2\alpha = (\cos\alpha)^2 - (\sin\alpha)^2$. ♣

Fitness - Studio

Aufgabe 8 *Wie kommt man mit einem langen Gegenstand um die Ecke eines rechtwinkligen Flurs? Schwierig wird das erst, wenn die Breiten a und b der beiden Gänge verschieden sind! Bestimmen Sie die maximal mögliche Länge L in Abhängigkeit des Winkels α! Genauer gesagt, zeigen Sie:*

$$L = \frac{a}{\sin\alpha} + \frac{b}{\cos\alpha} \qquad (0 < \alpha < 90°)$$

(*Unterteilen Sie die gesamte Länge L in die Teillängen l_1 und l_2: $L = l_1 + l_2$*)

$L = l_1 + l_2$

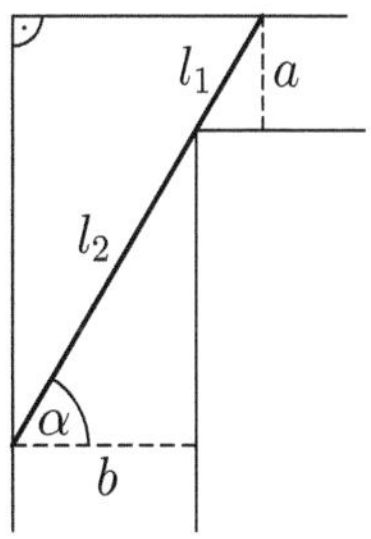

Lösung: Gemäß der Definition von Sinus und Cosinus erhalten wir:

$$\sin\alpha = \frac{a}{l_1} \qquad \cos\alpha = \frac{b}{l_2}$$

Hieraus folgt sofort

$$l_1 = \frac{a}{\sin\alpha} \qquad l_2 = \frac{b}{\cos\alpha}$$

und hieraus wegen $L = l_1 + l_2$ die Behauptung:

$$L = \frac{a}{\sin\alpha} + \frac{b}{\cos\alpha}$$ ♣

Wir haben die *maximal mögliche Länge L* in Abhängigkeit von α bestimmt. Offensichtlich ist L für Werte des 'Anstellwinkels' α nahe 90° oder 0° groß, aber irgendwo dazwischen wird es kritisch!

Natürlich wüssten wir gerne das 'Minimum des Maximums'. Wir werden das Problem in Abschnitt 4 b) mit Aufgabe 12 allgemein lösen.

Aufgabe 9 *In einer großen Wüste sind drei Forschungslager A, B, C eingerichtet. Ein Forscher überlegt, ob er auf seinem Weg von A nach B einen Umweg über C einplanen könnte. Im Fall (i) beträgt die Entfernung $\overline{AB} = 10$ km, im Fall (ii) hingegen $\overline{AB} = 1000$ km. Das kann hier natürlich nicht maßstabsgerecht wiedergegeben werden. In beiden Fällen gilt aber $\boldsymbol{a} = 10$ km.*

Um wie viel wird der Weg über C länger? Bitte schätzen Sie zuerst!

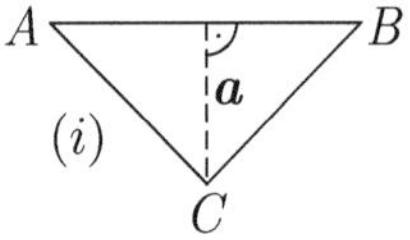

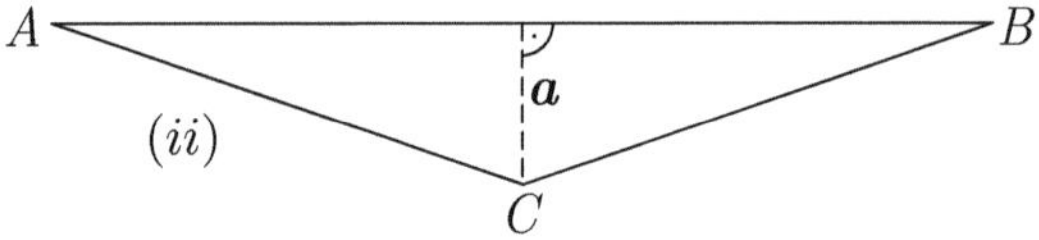

Lösung: Gemäß Pythagoras gilt in beiden Fällen $(\overline{AC})^2 = \mathbf{a}^2 + (\frac{1}{2} \cdot \overline{AB})^2$

(i) $\overline{AC} = \sqrt{\mathbf{a}^2 + (\frac{1}{2} \cdot \overline{AB})^2} = \sqrt{(10\,\text{km})^2 + (5\,\text{km})^2} = 11{,}18\,\text{km}$

Der Weg von A über C nach B beträgt somit 22,36 km, also zusätzlich 12,36 km!

(ii) $\overline{AC} = \sqrt{\mathbf{a}^2 + (\frac{1}{2} \cdot \overline{AB})^2} = \sqrt{(10\,\text{km})^2 + (500\,\text{km})^2} = 500{,}1\,\text{km}$

Der Weg von A über C nach B beträgt 1000,2 km, zusätzlich nur 0,2 km! ♣

Aufgabe 10 *Sie stehen am Strand, wie weit können Sie schauen (Luftlinie), bei einer Augenhöhe von* $\mathbf{h} = 1{,}67\,m$*? Der Erdradius beträgt* $\mathbf{R} = 6\,370\,km$*. Skizze! (Die Grenzlinie Wasser/Himmel nennt man in der Seefahrt die Kimm.)*

Lösung: Wir bezeichnen die Sichtweite bis zum Horizont mit **r**.

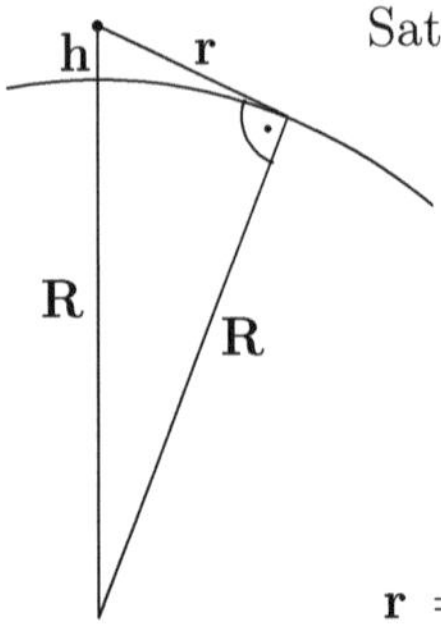

Satz des Pythagoras:

$$\mathbf{r}^2 + \mathbf{R}^2 = (\mathbf{R} + \mathbf{h})^2$$
$$\mathbf{r}^2 + \mathbf{R}^2 = \mathbf{R}^2 + 2\,\mathbf{Rh} + \mathbf{h}^2$$
$$\mathbf{r}^2 = \mathbf{R}^2 + 2\,\mathbf{Rh} + \mathbf{h}^2 - \mathbf{R}^2$$
$$\mathbf{r}^2 = 2\,\mathbf{Rh} + \mathbf{h}^2$$
$$\mathbf{r} = \sqrt{2\,\mathbf{Rh} + \mathbf{h}^2}$$

$$\mathbf{r} = \sqrt{2 \cdot 6\,370\,000\,\text{m} \cdot 1{,}67\,\text{m} + (1{,}67\,\text{m})^2} = 4\,613\,\text{m}$$ ♣

Der Durchmesser **d** Ihres *Sichtkreises* beträgt demgemäß $\mathbf{d} = 2\mathbf{r} \approx 9{,}2$ km. Bei der Berechnung ist der Term $(1{,}67\,\text{m})^2 = \mathbf{h}^2$ vernachlässigbar klein, d.h.

$$\mathbf{r} = \sqrt{2\,\mathbf{Rh}}\ .$$

(Durch die Lichtbrechung am Horizont ist die Sichtweite ungefähr 8 % größer.)

Einen richtigen Klassiker unter den Dreieckssätzen wollen wir nicht vergessen:

Beispiel 11 Wir zeichnen einen Halbkreis um M. Es gilt der 'Satz des Thales':

Für jeden Punkt C auf dem Halbkreis über $\overline{AB}$ *gilt* $\gamma = 90°$.

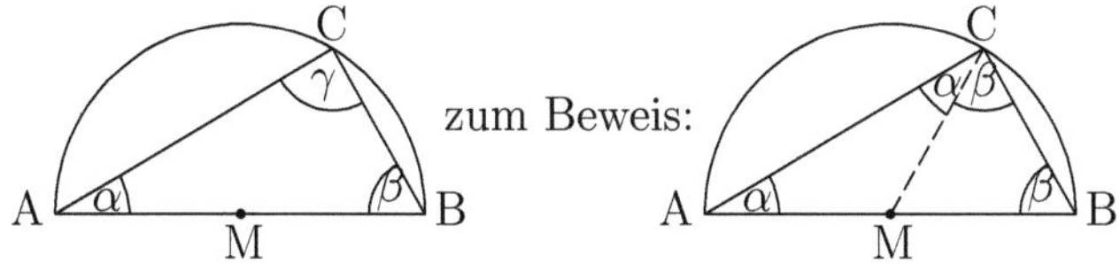

Der Beweis ist ein echter 'Hingucker'! Das Dreieck AMC ist gleichschenklig, es hat also zweimal den Winkel α, Skizze rechts! Analog finden wir im Dreieck CMB zweimal den Winkel β. Die Summe der Dreieckswinkel für ABC ergibt:

$$\alpha + \beta + \alpha + \beta \;=\; 180°, \quad \text{folglich} \quad \gamma \;=\; \alpha + \beta \;=\; 90°. \qquad ♣$$

Sie befinden sich momentan vermutlich auch auf der nördlichen Erdhalbkugel? Um den Breitenkreis zu bestimmen, genügt ein genauer Blick zum Polarstern:

Aufgabe 12 *Warum sind die beiden Winkel* β *und* γ *immer gleich groß? (Hinweis: Ergänzen Sie* β *und* γ *jeweils zu 90°!)*

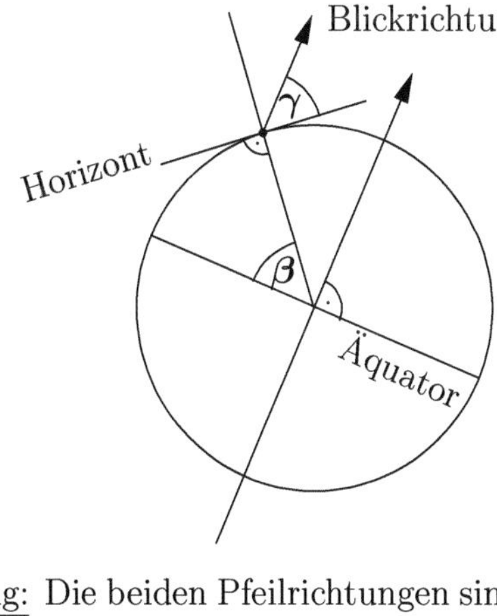

Eingezeichnet ist Mainz mit $\beta = 50°$ nördlicher Breite!

Lösung: Die beiden Pfeilrichtungen sind parallel, schneiden darum den freien Schenkel von β unter dem gleichen Winkel α (kleiner 90°). Aber α ergänzt sowohl β als auch γ zu 90°! Folglich müssen β und γ gleich groß sein. ♣

Nun blicken wir auch einmal zur Sonne, doch diese steht je nach Tages- und Jahreszeit verschieden hoch am Himmel, entscheidend für das Klima und die Vegetation! Bestimmen Sie den *Tageshöchststand* für Sommer und Winter:

Aufgabe 13 *(i) Unter welchem Winkel ε sehen Sie die Mittagssonne in Mainz zur Wintersonnenwende, also um den 21. Dezember herum?*
(ii) Wie groß ist der Winkel δ beim höchsten Stand der Sonne zur Sommersonnenwende, also ungefähr am 21. Juni?

Hinweis: Die Drehachse der Erde steht nicht senkrecht zu ihrer Bahnebene, sondern ist um $\alpha = 23{,}44^\circ$ geneigt. Mainz liegt auf $\beta = 50^\circ$ nördlicher Breite.

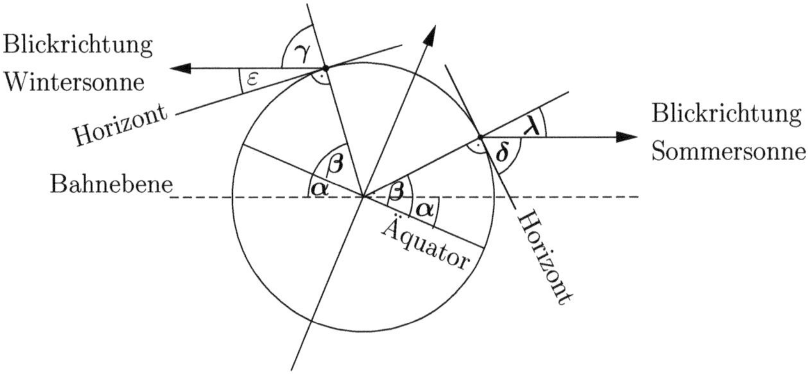

Lösung: (i) Bahnebene und Blickrichtung Wintersonne sind parallel, also gilt $\gamma = \beta + \alpha$. Zusammen mit $\varepsilon + \gamma = 90^\circ$ bzw. $\varepsilon = 90^\circ - \gamma$ erhalten wir:

$$\varepsilon = 90^\circ - \gamma = 90^\circ - (\beta + \alpha) = 90^\circ - (50^\circ + 23{,}44^\circ) = 16{,}56^\circ$$

(ii) Richtung Sommersonne gilt $\lambda = \beta - \alpha$ und $\delta + \lambda = 90^\circ$, somit

$$\delta = 90^\circ - \lambda = 90^\circ - (\beta - \alpha) = 90^\circ - (50^\circ - 23{,}44^\circ) = 63{,}44^\circ$$ ♣

Aufgabe 14 *Der Erdradius beträgt $\mathbf{R} = 6\,370$ km. Wie groß ist der Radius $\mathbf{r}$ des Breitenkreises durch Mainz in $\beta = 50^\circ$ nördlicher Breite?*

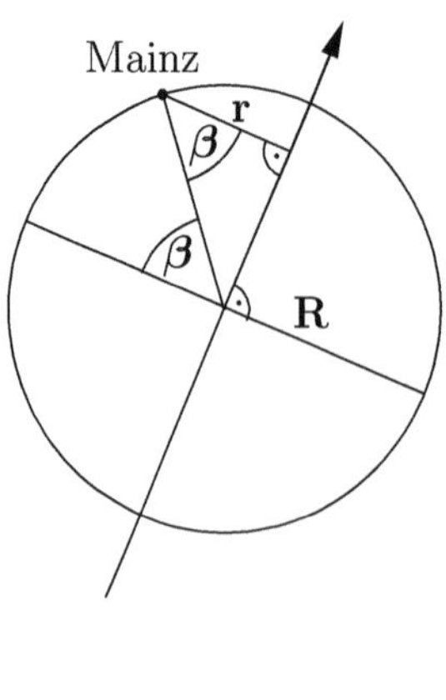

Lösung: Die Verbindungslinie vom Erdmittelpunkt bis Mainz hat die Länge $\mathbf{R} = 6\,370\,\mathrm{km}$. Sie bildet die Hypotenuse im rechtwinkligen Dreieck mit Winkel β und $\mathbf{r}$ als Ankathete.

Daraus folgt:

$$\frac{\mathbf{r}}{\mathbf{R}} = \cos\beta\,, \qquad \mathbf{r} = \mathbf{R} \cdot \cos\beta\,,$$

Ergebnis: $\mathbf{r} = 6\,370\,\mathrm{km} \cdot \cos 50^\circ = 4\,095\,\mathrm{km}$ ♣

2 b) Verallgemeinerung für beliebige Dreiecke

Verallgemeinerung der Winkelfunktionen

Alle Winkel in einem rechtwinkligen Dreieck liegen zwischen 0 und 90 Grad. Daher sind alle sechs trigonometrischen Funktionen wie zum Beispiel Sinus, Cosinus und Tangens bisher nur für diesen Winkelbereich definiert! Die Einschränkung entfällt nun durch entsprechend rechtwinklige *Dreiecke im Kreis* mit Radius $r = 1$. Man bezeichnet daher Sinus, Cosinus, Tangens, … allgemein auch als *Kreisfunktionen*, genauer als *Funktionen am Einheitskreis*:

Zeichnen Sie also nun einen Kreis mit Radius $r = 1$ (Einheit). Die Wahl der *Einheit* ist Ihnen überlassen, Sie müssen nur im Folgenden fest dabei bleiben! Es könnte sich also um $r = 1$ m handeln, oder um $r = 1$ inch $= 25{,}4$ mm oder um $r = 2$ cm, wie es zeichnerisch gerade am besten passt. Im letzten Fall entsprächen also $2\,\text{cm} = 1$; $1{,}0\,\text{cm} = 0{,}5$; $1{,}8\,\text{cm} = 0{,}9$; $1{,}7\,\text{cm} = 0{,}85$ usw.

Den Mittelpunkt des Kreises wählen Sie als Ursprung O eines rechtwinkligen Koordinatensystems, zum Beispiel mit den Bezeichnungen x, y *für Abszisse und Ordinate.* Zeichnen Sie nun im Punkt O mit der positiven x–Achse als ersten Schenkel z. B. den Winkel $\alpha = 60°$ in positiver Richtung (entgegen dem Uhrzeiger). Der zweite Schenkel schneide den Kreis im Punkt P. Der Fußpunkt des Lotes auf die x–Achse sei mit F bezeichnet, vgl. Skizze (i)!

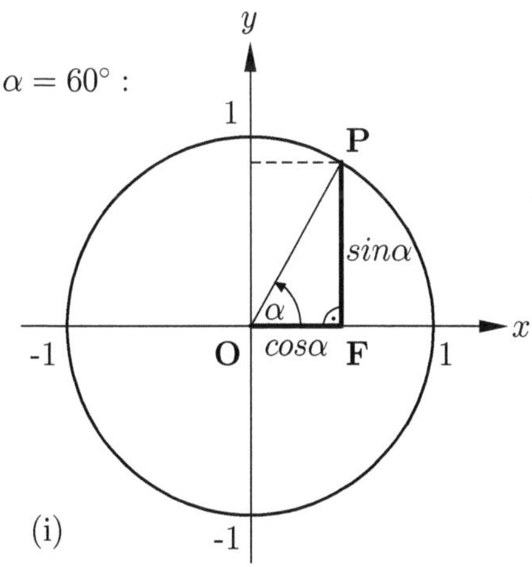

(i)

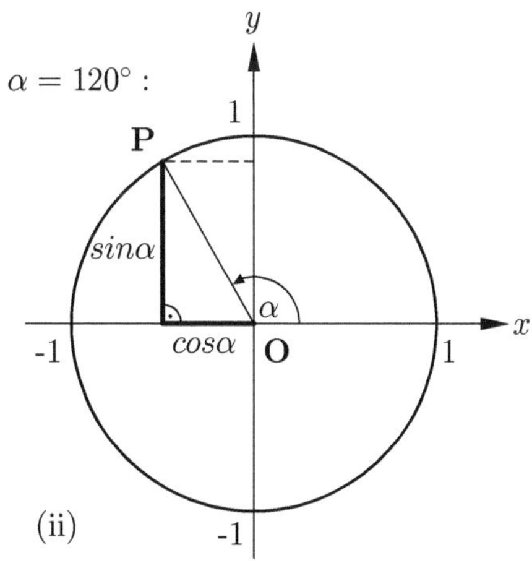

(ii)

Wegen $\overline{OP} = 1$ gilt einfach: $\sin\alpha = \dfrac{\overline{FP}}{\overline{OP}} = \overline{FP} \qquad \cos\alpha = \dfrac{\overline{OF}}{\overline{OP}} = \overline{OF}$

Wir erhalten so eine anschauliche Definition der Sinus– und Cosinuswerte, unabhängig von der Definition mit Hypotenuse, Gegenkathete und Ankathete!

Ausgehend vom Schnittpunkt P des freien Schenkels von α mit dem Einheitskreis *definieren wir für jeden beliebigen Winkel* α, vgl. Skizze (i) und (ii) :

$\cos\alpha$ ist der Abszissenwert von P, $\sin\alpha$ gleich dem Wert der Ordinate von P

Die Werte von $\cos\alpha$ und $\sin\alpha$ ändern sich *nicht* für den bisherigen Bereich $\alpha \in [0; 90°]$! Wir haben nun aber den Definitionsbereich dieser Funktionen auf *beliebige Werte* des Winkels erweitert ('Eselsbrücke': Der Sinus steht, ...)! Und für den Tangens nutzen wir die bekannte Beziehung

$$\boxed{\tan\alpha = \frac{\sin\alpha}{\cos\alpha}} \qquad (\cos\alpha \neq 0).$$

Die drei übrigen Funktionen sind entsprechend nur als Kehrwerte definiert, zum Beispiel der Cotangens: $\cot\alpha = \frac{1}{\tan\alpha} = \frac{\cos\alpha}{\sin\alpha}$.

Woran Sie sich vielleicht noch gewöhnen müssen: Es treten nun auch *negative* Funktionswerte auf, denn die Koordinaten von P sind je nach Winkelbereich auch negativ. Vergleichen Sie (i) mit $\alpha = 60°$ und (ii) mit $\alpha = 120°$! Messen Sie einfach nach:

(i) $\cos 60° = 0{,}5$; $\sin 60° = 0{,}87$; (ii) $\cos 120° = \mathbf{-0,5}$; $\sin 120° = 0{,}87$.

Manche Werte sind so einfach, dass sie schon wieder Schwierigkeiten bereiten! Zum Beispiel ergeben sich folgende Koordinatenwerte für P :

$\cos 0° = 1$, $\sin 0° = 0$; $\cos 90° = 0$, $\sin 90° = 1$; $\cos(-90)° = 0$, $\sin(-90)° = -1$.

Schwieriger zu erkennen ist: $\sin\alpha = \cos(\alpha - 90°)$ und $\cos\alpha = \sin(\alpha + 90°)$.

Aufgabe 1 *Bestimmen Sie eine Funktionswerttabelle für* $\sin\alpha$ *und* $\cos\alpha$ *mit* $\alpha = 0°, 30°, 60°, 90°, 120°, 150°, 180°, 210°, 240°, 270°, 300°, 330°$ *ohne Rechner* (*Skizzieren Sie die Werte oder benutzen Sie die vorige Skizze*!)

Lösung: Abgesehen vom Vorzeichen treten keine neuen Zahlenwerte auf:

α	0°	30°	60°	90°	120°	150°	180°	210°	240°	270°	300°	330°
$\cos\alpha$	1	0,87	0,5	0	−0,5	−0,87	−1	−0,87	−0,5	0	0,5	0,87
$\sin\alpha$	0	0,5	0,87	1	0,87	0,5	0	−0,5	−0,87	−1	−0,87	−0,5

Ergänzen wir zum Schluss noch: $\cos(360°) = 1$, $\sin(360°) = 0$. ♣

Nach 360° beginnt die Reihe dieser Funktionswerte wieder von vorn, das heißt:

$$\sin(360° + \alpha) = \sin\alpha, \quad \cos(360° + \alpha) = \cos\alpha .$$

Aufgabe 2 *Nutzen Sie das Additionstheorem auf S. 96 (α und β beliebig):*

(i) Zeigen Sie hiermit allgemein, dass sich die Werte von Sinus und Cosinus periodisch wiederholen, und zwar mit einer 'Periode' von $360°$:

$$\sin\alpha = \sin(\alpha + 360°)\,, \quad \cos\alpha = \cos(\alpha + 360°).$$

(ii) Außerdem eilt der Cosinus dem Sinus nur um 90° voraus, kurz gesagt:

$$\sin\alpha = \cos(\alpha - 90°)\,, \quad \cos\alpha = \sin(\alpha + 90°)\,.$$

Lösung: (i) Wählen wir im Additionstheorem $\beta = 360°$, so erhalten wir:

$$\sin(\alpha + 360°) = \sin\alpha \cdot \underbrace{\cos 360°}_{=1} + \cos\alpha \cdot \underbrace{\sin 360°}_{=0} = \sin\alpha$$

$$\cos(\alpha + 360°) = \cos\alpha \cdot \underbrace{\cos 360°}_{=1} - \sin\alpha \cdot \underbrace{\sin 360°}_{=0} = \cos\alpha$$

(ii) Ganz analog folgt aus dem Additionstheorem:

$$\cos(\alpha - 90°) = \cos\alpha \cdot \underbrace{\cos 90°}_{=0} + \sin\alpha \cdot \underbrace{\sin 90°}_{=1} = \sin\alpha$$

$$\sin(\alpha + 90°) = \sin\alpha \cdot \underbrace{\cos 90°}_{=0} + \cos\alpha \cdot \underbrace{\sin 90°}_{=1} = \cos\alpha$$

♣

Die Definition von Sinus und Cosinus ergibt den folgenden Kurvenverlauf:

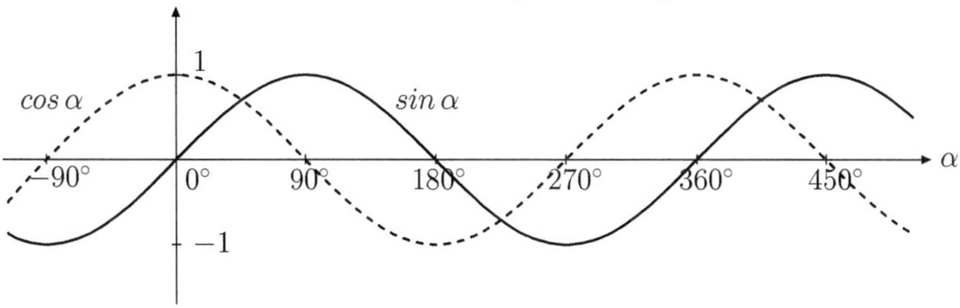

Und weiterhin gilt auch die wichtige Beziehung

$$\boxed{(\sin\alpha)^2 + (\cos\alpha)^2 = 1}$$

Hierzu beachten Sie einfach nur die Skizze am Einheitskreis auf Seite 101. Gemäß des Satzes von Pythagoras gilt für jeden beliebigen Winkel α:

$$\overline{FP}^2 + \overline{OF}^2 = \overline{OP}^2$$

Wegen $\overline{FP} = \sin\alpha\,,\ \overline{OF} = \cos\alpha\,,\ \overline{OP} = 1$ folgt nun die genannte Beziehung!

Verallgemeinerung des Satzes von Pythagoras

Zeichnen Sie *irgendein* Dreieck, aber diesmal möglichst *kein* rechtwinkliges:

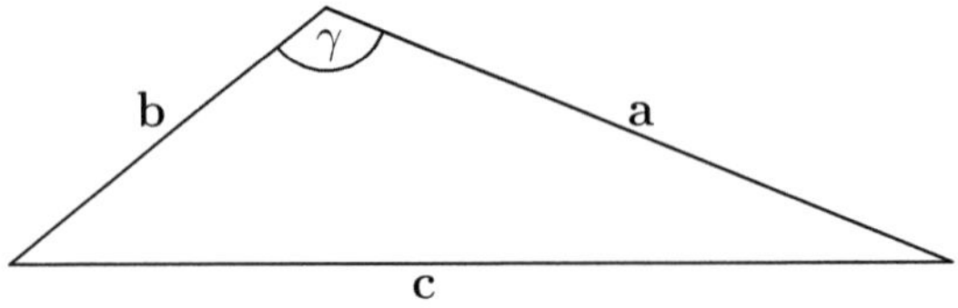

Der sogenannte Cosinussatz besagt nun allgemein (Beweis siehe Lehrbuch):

Cosinussatz: $\mathbf{a^2 + b^2 - 2\,a \cdot b \cdot \cos\gamma \;=\; c^2}$,
(γ der Winkel zwischen **a** und **b**).

Aufgabe 3 (*i*) *Was ergibt der Cosinussatz speziell im Fall* $\gamma = 90°$ *?*

(*ii*) *Wie lautet der Cosinussatz für das folgende Dreieck mit den Seiten* ***k****,* ***r****,* ***s*** *und dem Winkel* ψ *(„psi“) zwischen den Seiten* ***r*** *und* ***s****:*

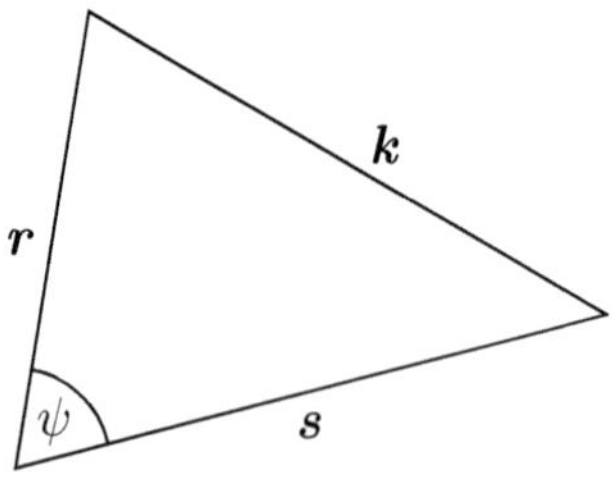

Lösung: (i) Speziell im Fall $\gamma = 90°$ folgt, wegen $\cos\gamma = 0$: $\mathbf{a^2 + b^2 = c^2}$! Der Cosinussatz ist also eine Verallgemeinerung des Satzes von Pythagoras. Im Gegensatz zu Letzterem ist seine Gültigkeit nicht mehr auf rechtwinklige Dreiecke beschränkt!

(ii) Die Seiten **r** und **s** bilden den Winkel ψ, ihm gegenüber liegt die Seite **k**:

$$\mathbf{r^2 + s^2 - 2\,r \cdot s \cdot \cos\psi \;=\; k^2},$$ ♣

Aufgabe 4 *Bestimmen Sie den Winkel* γ *für das ganz oben skizzierte Dreieck mit den Seitenlängen* $\mathbf{a} = 5$, $\mathbf{b} = 3$, $\mathbf{c} = 7$ *Längeneinheiten (LE).*

Hinweise: Cosinussatz nach $\cos\gamma$ *auflösen. Rechner Einstellung auf ‘Degree’. Wie wir noch in den Abschnitten 2e) und 2f) zeigen werden, gilt:*

$$\cos\gamma = z \quad\Leftrightarrow\quad \gamma = \cos^{-1} z \qquad (\textit{für } 0 \le \gamma \le 180°)$$

Lösung: Wir lösen den Cosinussatz nach $\cos\gamma$ auf:

$\mathbf{a}^2 + \mathbf{b}^2 - \mathbf{c}^2 = 2\,\mathbf{a}\cdot\mathbf{b}\cdot\cos\gamma$, somit: $\dfrac{\mathbf{a}^2 + \mathbf{b}^2 - \mathbf{c}^2}{2\,\mathbf{a}\cdot\mathbf{b}} = \cos\gamma$

Einsetzen von $\mathbf{a} = 5\,\text{LE}$, $\mathbf{b} = 3\,\text{LE}$, $\mathbf{c} = 7\,\text{LE}$ liefert: $\cos\gamma = \frac{5^2+3^2-7^2}{2\cdot5\cdot3} = \frac{-15}{30}$

also $\cos\gamma = -0{,}5$. Die Einheiten LE^2 in Zähler und Nenner kürzen sich weg!

$$\cos\gamma = -0{,}5 \quad\Leftrightarrow\quad \gamma = \cos^{-1}(-0{,}5) = 120^\circ \text{ (Ergebnis)}$$ ♣

Natürlich könnten Sie auf diese Weise auch noch einen weiteren Winkel bestimmen, woraus sofort der dritte folgt, wegen der Gesamtsumme von 180°.

Sind *zwei Seiten und ein Winkel* gegeben, sind zwei Fälle zu unterscheiden: Wird der Winkel von den Seiten eingeschlossen oder nicht. In letzterem Fall sind sogar zwei Lösungen möglich (oder auch gar keine), wie eine Skizze zeigt:

Aufgabe 5 *Gegeben* $\mathbf{a} = 5{,}00$ *LE,* $\mathbf{c} = 8{,}00$ *LE,* $\alpha = 30^\circ$.
Zeigen Sie zeichnerisch und rechnerisch, dass für die Länge der Seite $\mathbf{b}$ *zwei Lösungen möglich sind.*

Lösung: Zeichnen Sie zuerst $\overline{\text{AB}} = \mathbf{c}$ und den anliegenden Winkel α. Es fehlt nur noch der Kreis um B mit dem Radius $\mathbf{a}$. Dieser schneidet hier den freien Schenkel von α im Punkt C_1 *und* im Punkt C_2. Sowohl für Dreieck ABC_1 als auch für ABC_2 gilt offensichtlich: $\mathbf{c} = 8{,}00$ LE, $\alpha = 30^\circ$, und $\mathbf{a} = 5{,}00$ LE!

Zugehörige Skizze:

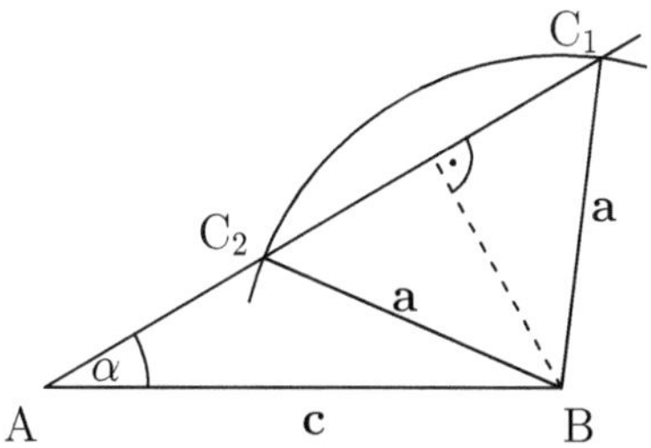

Rechnerisch erhalten wir aus dem Cosinussatz $\mathbf{a}^2 = \mathbf{b}^2 + \mathbf{c}^2 - 2\mathbf{b}\cdot\mathbf{c}\cdot\cos\alpha$ nach einfacher Umformung $0 = \mathbf{b}^2 - 2\mathbf{b}\cdot\mathbf{c}\cdot\cos\alpha + (\mathbf{c}^2 - \mathbf{a}^2)$. Somit ergibt sich folgende quadratische Gleichung für den noch unbekannten Wert $x = \mathbf{b}$:

$0 = x^2 - 2x\cdot\mathbf{c}\cdot\cos\alpha + (\mathbf{c}^2 - \mathbf{a}^2)$. Lösen Sie diese wie gewohnt, erhält man:
$x_{1,2} = \mathbf{c}\cdot\cos\alpha \pm \sqrt{(\mathbf{c}\cdot\cos\alpha)^2 - (\mathbf{c}^2 - \mathbf{a}^2)}$.

Setzen Sie die gegebenen Werte ein, was Sie natürlich auch schon am Anfang hätten tun dürfen, erhalten Sie $x^2 - 13{,}86\cdot x + 39 = 0$ und die beiden Lösungen

$\mathbf{b}_1 = \overline{AC_1} = 9{,}93$ LE und $\mathbf{b}_2 = \overline{AC_2} = 3{,}93$ LE. ♣

Wir lösen hier momentan die typischen 'Dreiecksaufgaben' wie zum Beispiel:

(i) Gegeben drei Seiten.
(ii) Gegeben zwei Seiten und ein Winkel.

Bestimmen Sie die fehlenden Seiten und Winkel!

Merke: *Die Aufgaben lassen sich alle mit dem Cosinussatz lösen (s. Lehrbuch), sofern mindestens zwei Seiten gegeben sind. Es gibt also nur eine Ausnahme:*

(iii) Gegeben eine Seite und zwei Winkel!
Beispiel: $\mathbf{c} = 7\,\text{LE}$; $\alpha = 38{,}21°$; $\gamma = 120°$. (LE benutzte Längeneinheit).

Mit zwei Winkeln kennen Sie auch den dritten: $\beta = 180° - \alpha - \gamma = 21{,}79°$.

Zeichnerische Lösung:

Der freie Schenkel von α schneidet den freien Schenkel von β im Punkt C.

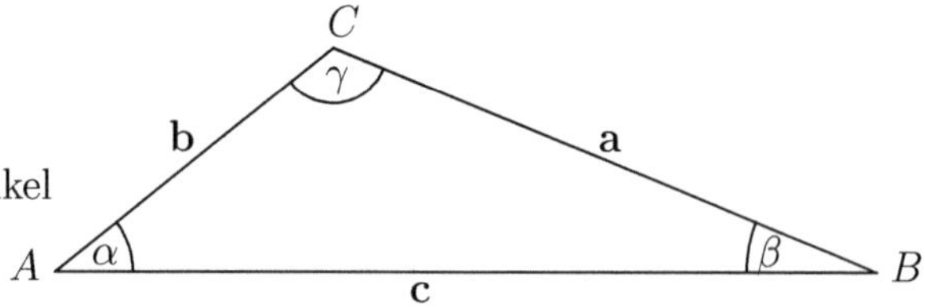

Rechnerisch nutzt die Kenntnis von β nichts, da Sie beim Cosinussatz nur *einen* Winkel einsetzen können, und mindestens zwei Seiten einsetzen müssen! Hier hilft nun, vielleicht haben Sie so etwas schon vermutet, der sogenannte

Sinussatz *In jedem Dreieck gelten die Beziehungen:*

$$\frac{\mathbf{a}}{\sin\alpha} = \frac{\mathbf{b}}{\sin\beta} = \frac{\mathbf{c}}{\sin\gamma},$$

(Seite durch Sinus des gegenüberliegenden Winkels).

Beispiel 6 Wir bestimmen die dem Winkel α gegenüberliegende Seite $\mathbf{a}$:
Aus $\frac{\mathbf{a}}{\sin\alpha} = \frac{\mathbf{c}}{\sin\gamma}$ folgt nach Multiplikation mit $\sin\alpha$: $\mathbf{a} = \sin\alpha \cdot \frac{\mathbf{c}}{\sin\gamma}$
Das ergibt nach Einsetzen: $\mathbf{a} = \sin 38{,}21° \cdot \frac{7\,\text{LE}}{\sin 120°} = 5{,}0\,\text{LE}$ ♣

Aufgabe 7 *Bestimmen Sie die dem Winkel β gegenüberliegende Seite* ***b****.*

<u>Lösung:</u> $\mathbf{b} = \sin\beta \cdot \frac{\mathbf{c}}{\sin\gamma} = \sin 21{,}79° \cdot \frac{7\,\text{LE}}{\sin 120°} = 3{,}0\,\text{LE}$ (Ergebnis) ♣

Dem Anfänger sei geraten, den anscheinend viel einfacheren Sinussatz nur für letzteren Aufgabentyp (iii) zu verwenden. Der Sinus ist im Bereich von 0° bis 180° <u>nicht</u> umkehrbar, was die Lösung von Gleichungen zur Winkelbestimmung erschwert. Siehe hierzu Abschnitt 2 e), speziell Seite 142 oben.

Fitness - Studio

Den Tangens haben wir etwas vernachlässigt. Sie finden ihn gelegentlich sogar auf Verkehrshinweisen angegeben: 'Vorsicht: Steigung 15 %' bedeutet nämlich einen Tangenswert von 0,15:

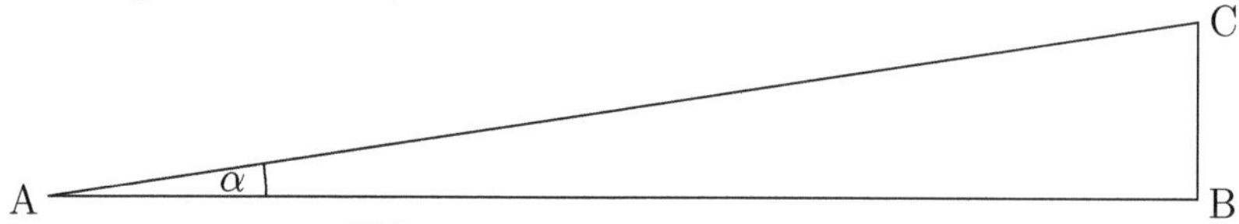

$$\tan\alpha = \frac{\overline{BC}}{\overline{AB}} = 0{,}15 \quad \text{bzw.} \quad \overline{BC} = 0{,}15 \cdot \overline{AB}$$

Eine Strecke von $\overline{AB}$ gleich 100 m ergibt eine Höhendifferenz $\overline{BC}$ von 15 m. Der zugehörige Winkel α erscheint gering, in der Realität sieht das anders aus!

Wir kennen bereits die Beziehung

$$\boxed{\tan\alpha = \frac{\sin\alpha}{\cos\alpha}} \qquad (\cos\alpha \neq 0)$$

womit der Tangens auch für beliebige Winkel definiert ist! Genau wie von Sinus und Cosinus sollte man auch den Kurvenverlauf vom Tangens kennen! Dieser wiederholt sich ebenfalls periodisch, aber bereits nach einer Intervalllänge von 180°. Es gilt nämlich

$$\tan(\alpha + 180°) = \tan\alpha$$

Dies ist wieder eine einfache Konsequenz aus dem Additionstheorem für Sinus und Cosinus (Seite 96):

Aufgabe 8 *(i) Beweisen Sie* $\tan(\alpha + 180°) = \tan\alpha$.

(ii) Skizzieren Sie den Kurvenverlauf von $\tan\alpha = \frac{\sin\alpha}{\cos\alpha}$ *anhand des bekannten Verlaufs von Sinus und Cosinus.*

Hinweis: Beschränken Sie sich zunächst auf den Bereich $-90° < \alpha < 90°$. *Nutzen Sie anschließend das Ergebnis von Teil (i).*

<u>Lösung:</u> (i) Aus der Definition des Tangens für beliebige Winkel folgt sofort

$$\tan(\alpha + 180°) = \frac{\sin(\alpha + 180°)}{\cos(\alpha + 180°)} = \frac{\sin\alpha \cdot \cos 180° + \cos\alpha \cdot \sin 180°}{\cos\alpha \cdot \cos 180° - \sin\alpha \cdot \sin 180°} =$$

$$= \frac{\sin\alpha \cdot (-1) + \cos\alpha \cdot 0}{\cos\alpha \cdot (-1) - \sin\alpha \cdot 0} = \frac{-\sin\alpha}{-\cos\alpha} = \frac{\sin\alpha}{\cos\alpha} = \tan\alpha \qquad \checkmark$$

(ii) Betrachten wir zunächst nur den Bereich $0 \leq \alpha < 90°$:

Wegen $\sin 0 = 0$ und $\cos 0 = 1$ ist $\tan 0 = 0$. Für wachsende Werte von α wird der Zähler $\sin \alpha$ größer, der Nenner $\cos \alpha$ kleiner, der Quotient $\tan \alpha = \frac{\sin \alpha}{\cos \alpha}$ wird dadurch also immer größer. Da der Zähler $\sin \alpha$ für $\alpha \to 90°$ gegen Eins, der Nenner $\cos \alpha$ aber gegen Null strebt, wächst $\tan \alpha$ über alle Grenzen.

Wechseln wir nun zum Bereich $-90° < \alpha \leq 0$, so wechselt der Sinus das Vorzeichen, nicht aber der Cosinus. Auf diese Weise wechselt aber der Quotient Sinus durch Cosinus das Vorzeichen, genauer gesagt:

$$\tan(-\alpha) = \frac{\sin(-\alpha)}{\cos(-\alpha)} = \frac{-\sin \alpha}{\cos \alpha} = -\tan \alpha$$

Damit folgt die Skizze für den Bereich $-90° < \alpha < 90°$. Den übrigen Verlauf erhält man durch Verschieben um eine oder mehrere Periodenlängen von 180° in die eine oder andere Richtung:

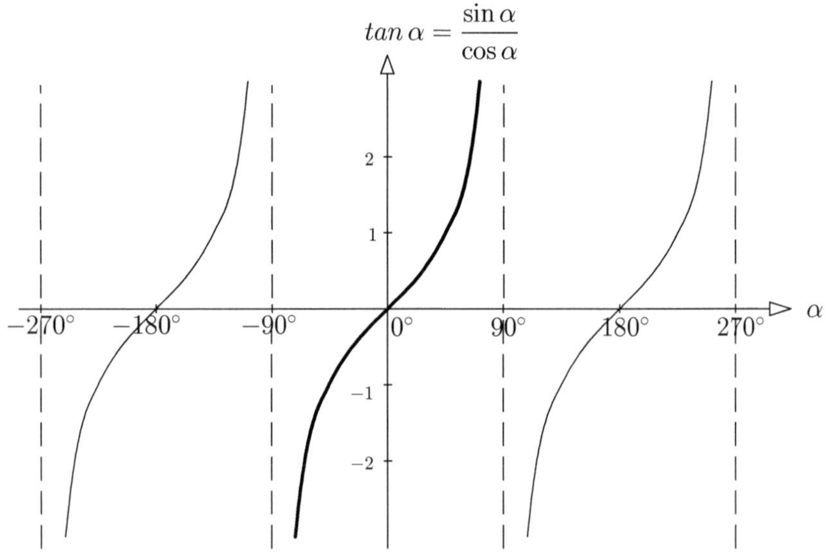

♣

Aufgabe 9 *Zeigen Sie:* $\dfrac{1}{1 + (\tan x)^2} = (\cos x)^2, \quad (x \neq \pm 90°, \pm 270°, \ldots).$

Lösung: Mit $\tan x = \dfrac{\sin x}{\cos x}$ folgt:

$$\frac{1}{1 + (\tan x)^2} = \frac{1}{1 + (\frac{\sin x}{\cos x})^2} = \frac{1}{\frac{(\cos x)^2 + (\sin x)^2}{(\cos x)^2}} = \frac{1}{\frac{1}{(\cos x)^2}} = (\cos x)^2$$ ♣

Veranschaulichung aller Kreisfunktionen

Ist Ihnen beim Skizzieren von Sinus, Cosinus und Tangens schon aufgefallen: Abgesehen vom Vorzeichen erhält man sämtliche Funktionswerte der Kreisfunktionen bereits für den Winkelbereich zwischen *null und neunzig Grad*! Zur Veranschaulichung der Werte genügt also der *Viertelkreis.*

Interessanterweise lassen sich in einer erweiterten Skizze nicht nur Sinus– und Cosinuswerte darstellen, sondern auch alle davon abgeleiteten Funktionswerte wie Tangens, Cotangens, Secans und Cosecans. Die folgende Skizze illustriert dies für die beiden Winkel $\alpha = 30°$ (linke Skizze) und $\alpha = 60°$ (rechte Skizze). Sie können daran auch erkennen, welche Funktionswerte mit wachsendem Winkel größer und welche kleiner werden. Bekanntlich gilt nach Definition:

$$\boldsymbol{\cos\alpha = \overline{OF} \qquad \sin\alpha = \overline{FP}}$$

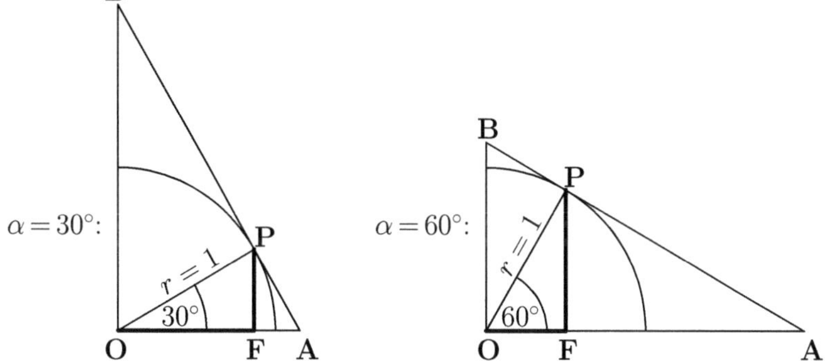

Man kann nun auch leicht zeigen:

$$\boldsymbol{\tan\alpha = \overline{AP} \qquad \cot\alpha = \overline{BP} \qquad \sec\alpha = \overline{OA} \qquad \csc\alpha = \overline{OB}}$$

Der Beweis dieser Beziehungen ist einfach, wenn man beachtet:
Sämtliche Dreiecke in der Skizze links (bzw. rechts) sind zueinander ähnlich. Das wissen wir bereits von Aufg. 1 auf Seite 90.

Daher sind zum Beispiel für OFP und OAP folgende Seitenverhältnisse gleich:

$$\overline{AP} = \frac{\overline{AP}}{1} = \frac{\overline{FP}}{\overline{OF}} = \frac{\sin\alpha}{\cos\alpha} = \tan\alpha$$

Bestimmen Sie doch einmal die Werte in den Skizzen für $\alpha = 30°$ und $\alpha = 60°$! Die Einheit ist hier durch die Länge von r vorgegeben! Vergleichen Sie dann Ihre Messwerte mit dem Taschenrechner.

(Zur Erinnerung: $\tan\alpha = \frac{\sin\alpha}{\cos\alpha}$, $\cot\alpha = \frac{\cos\alpha}{\sin\alpha}$, $\sec\alpha = \frac{1}{\cos\alpha}$, $\csc\alpha = \frac{1}{\sin\alpha}$).

Ergänzung: Geometrische Darstellung der komplexen Zahlen

Falls Sie mit komplexen Zahlen rechnen müssen (siehe Seite 6), hilft Ihnen vielleicht eine Veranschaulichung. Hierfür werden von einer komplexen Zahl

$$z = x + y \cdot i$$

in einem rechtwinkligen Koordinatensytem der Realteil x als Abszisse und der Imaginärteil y als Ordinate aufgetragen. Die geometrische Länge des entsprechenden Pfeils bezeichnet man als den *Betrag von z*, Kurzschreibweise: $|z|$. Die Skizze links zeigt als Beispiel $z = 2+3i$. Entsprechend gilt zum Beispiel für $z = 3 - 4i$:

$$|z| = |3 - 4i| = \sqrt{3^2 + (-4)^2} = \sqrt{9 + 16} = 5$$

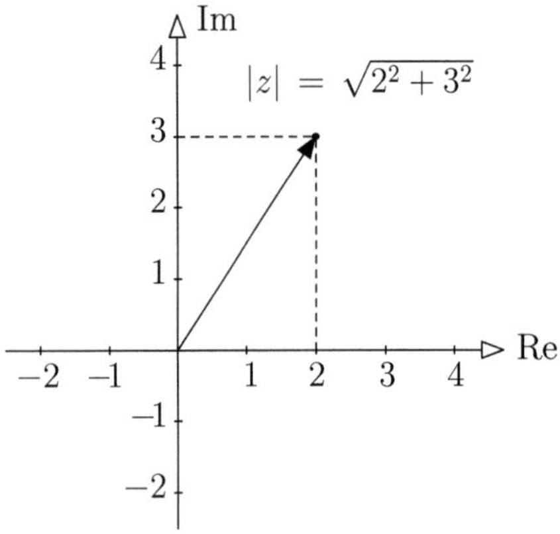

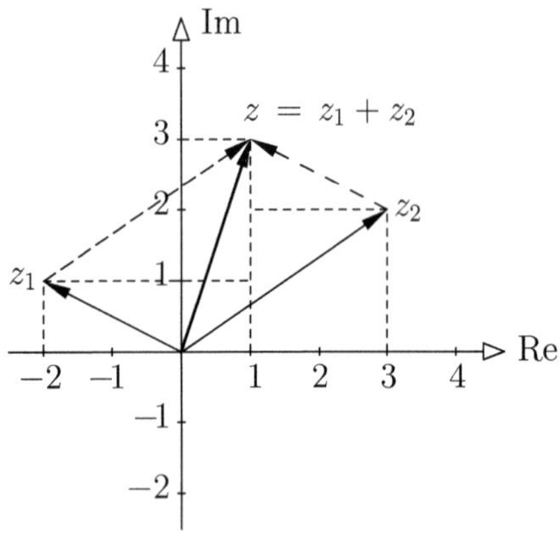

Die *Addition* geschieht anschaulich einfach nur durch Hintereinanderlegen der entsprechenden Pfeile, wobei gilt: $z_1 + z_2 = z_2 + z_1$. Die Skizze rechts zeigt als einfaches Beispiel die Addition von $z_1 = -2 + i$ und $z_2 = 3 + 2i$. Bei der *Subtraktion* $z_1 - z_2$ ist zunächst $-z_2$ zu bilden und dann zu addieren. In vorigen Zahlenbeispiel wäre das also $-z_2 = -3 - 2i$.

Bei der Addition addieren sich einfach nur die Koordinaten. Völlig anders ist es bei der *Multiplikation:* Hier addieren sich die zugehörigen Winkel und die Beträge werden multipliziert! Zur *Veranschaulichung der Multiplikation* benötigen wir also die Darstellung mit Betrag und Winkel, die sogenannte *Polarkoordinatendarstellung*:

Die komplexe Zahl $z = x + y \cdot i$ liegt auf einem Kreis mit Radius $r = |z|$ (s. folgende Skizze)! Gemäß Definition der Kreisfunktionen auf Seite 101 unten folgt für den Real– und Imaginärteil dann $x = |z| \cdot \cos\alpha$ und $y = |z| \cdot \sin\alpha$:

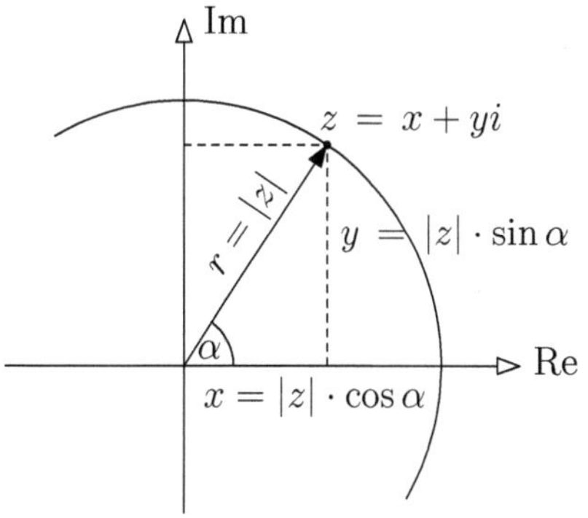

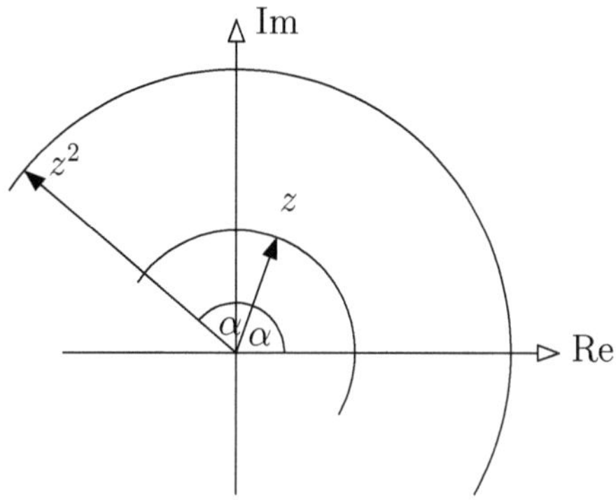

Und weiter folgt: $z = x+yi = |z|\cdot\cos\alpha + |z|\cdot\sin\alpha\cdot i = |z|\cdot(\cos\alpha + i\cdot\sin\alpha)$.

Polarkoordinatendarstellung: $\boxed{z = |z| \cdot (\cos\alpha + i \cdot \sin\alpha)}$

Sei nun β der entsprechende Winkel einer zweiten komplexen Zahl w:

Aufgabe 10 *Multiplizieren Sie z und w in Polarkoordinatendarstellung:*

$$z = |z| \cdot (\cos\alpha + i \cdot \sin\alpha) \quad \textit{und} \quad w = |w| \cdot (\cos\beta + i \cdot \sin\beta)$$

Bestimmen Sie hiermit die Polarkoordinatendarstellung von $z \cdot w$, also $z \cdot w = |z \cdot w| \cdot (\cos\gamma + i \cdot \sin\gamma)$. Hinweis: Additionstheorem von Seite 96.

<ins>Lösung:</ins>

$$\begin{aligned} z \cdot w &= |z| \cdot (\cos\alpha + i \cdot \sin\alpha) \cdot |w| \cdot (\cos\beta + i \cdot \sin\beta) \\ &= |z| \cdot |w| \cdot (\cos\alpha \cdot \cos\beta + i^2 \cdot \sin\alpha \cdot \sin\beta \\ &\qquad + \cos\alpha \cdot i \cdot \sin\beta + i \cdot \sin\alpha \cdot \cos\beta) \\ &= |z| \cdot |w| \cdot \Big((\cos\alpha \cdot \cos\beta - \sin\alpha \cdot \sin\beta) \\ &\qquad + i \cdot (\sin\alpha \cdot \cos\beta + \cos\alpha \cdot \sin\beta)\Big) \\ &= \underbrace{|z| \cdot |w|}_{|z\cdot w|} \cdot \left((\cos(\underbrace{\alpha + \beta}_{\gamma}) + i \cdot \sin(\underbrace{\alpha + \beta}_{\gamma}) \right) \end{aligned}$$

♣

Für die Polarkoordinatendarstellung von $z \cdot w$ folgt also: $|z \cdot w| = |z| \cdot |w|$ und $\gamma = \alpha + \beta$, kurz: Die Beträge werden multipliziert, die Winkel addiert!

Analog die Division: $|\frac{z}{w}| = \frac{|z|}{|w|}$ und $\gamma = \alpha - \beta$.

Die Skizze oben rechts zeigt Ihnen anschaulich das Ergebnis beim Quadrieren, also die Multiplikation einer komplexen Zahl mit sich selbst! Der neue Winkel beträgt einfach $\alpha + \alpha = 2\alpha$, und für den Betrag gilt $|z^2| = |z| \cdot |z| = |z|^2$.

2 c) Etwas spitz – Dreieck und Pyramide

Figuren in der Ebene

Rechteck und Parallelogramm mit gleicher Grundseite **g** und Höhe **h** sind flächengleich! Die Fläche ist gleich dem Produkt aus Grundseite und Höhe:

Fläche $\mathbf{F} = \mathbf{g} \cdot \mathbf{h}$ (Grundseite mal Höhe):

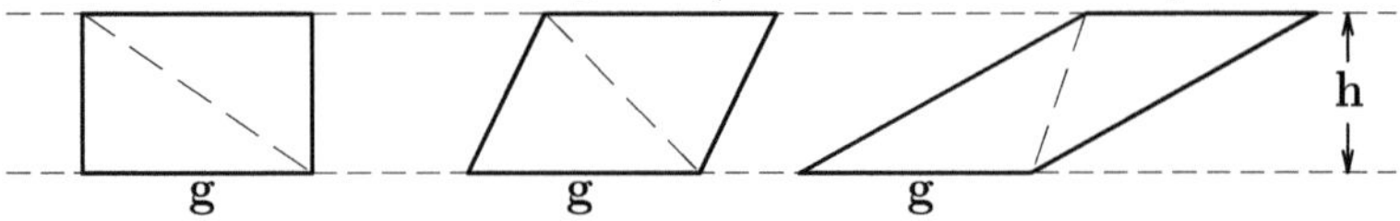

Zum Beweis denken wir uns das Rechteck links aus vielen dünnen Schichten zusammengesetzt, wie ein Stapel Papier (nachfolgende Skizze links). Dieses Rechteck werde nun seitlich ein wenig verschoben, zu einem Parallelogramm! Das gilt zunächst nur angenähert, aber der Unterschied wird beliebig klein, wenn die Schichtdicke nur gering genug gewählt wird. Die kleinen Einzelflächen ändern sich durch Verschieben nicht, also auch nicht die Gesamtfläche:

Prinzip von Cavalieri:

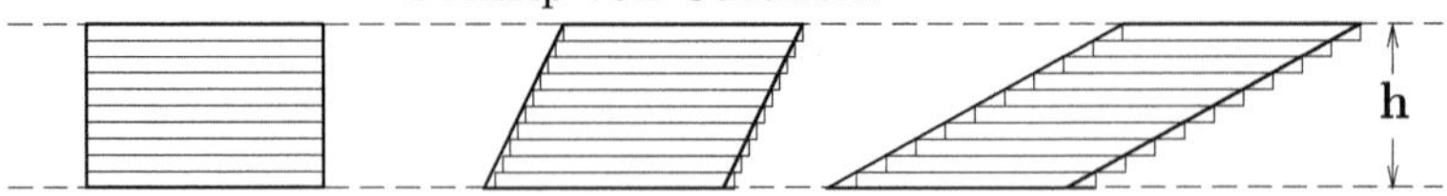

Nun zur *Dreiecksfläche*: Durch die in obiger Skizze gestrichelt eingezeichnete Diagonale wird das Rechteck/Parallelogramm in *zwei* Dreiecke zerlegt, die in allen drei Seiten übereinstimmen und folglich deckungsgleich sind. Auf diese Weise kann jedes Dreieck als 'halbes Parallelogramm' interpretiert werden:

Fläche $\mathbf{F} = \frac{1}{2}\mathbf{g} \cdot \mathbf{h}$ (Grundseite mal Höhe durch 2):

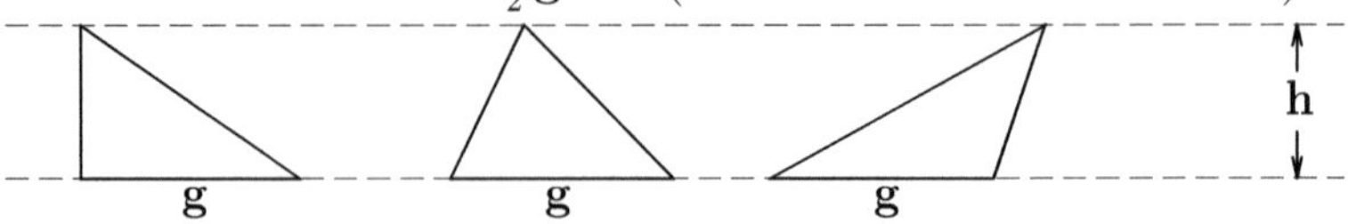

Aufgabe 1 *Bestimmen Sie die Fläche eines gleichseitigen Dreiecks mit der Seitenlänge* **a***:*

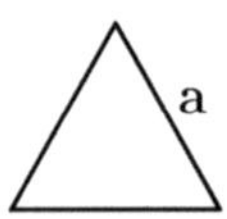

Lösung: Die Grundseite beträgt $\mathbf{g} = \mathbf{a}$, für die Höhe $\mathbf{h}$ gilt gemäß Pythagoras:

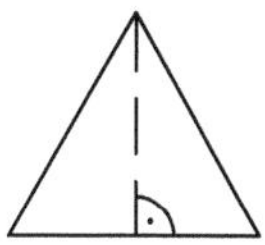

$$\begin{aligned} \mathbf{h}^2 + (\tfrac{1}{2} \cdot \mathbf{a})^2 &= \mathbf{a}^2 \\ \mathbf{h}^2 &= \mathbf{a}^2 - \tfrac{1}{4} \cdot \mathbf{a}^2 = \tfrac{3}{4} \cdot \mathbf{a}^2 \\ \mathbf{h} &= \sqrt{\tfrac{3}{4}} \cdot \mathbf{a} = \tfrac{\sqrt{3}}{2} \cdot \mathbf{a} \end{aligned}$$

Hiermit folgt $\mathbf{F} = \frac{1}{2} \cdot \mathbf{g} \cdot \mathbf{h} = \frac{1}{2} \cdot \mathbf{a} \cdot \frac{\sqrt{3}}{2} \cdot \mathbf{a}$, Ergebnis: $\mathbf{F} = \frac{\sqrt{3}}{4} \cdot \mathbf{a}^2$ ♣

Aufgabe 2 *Die Seitenhalbierende $\boldsymbol{s}$ unterteilt das Dreieck ABC in zwei Teildreiecke. Diese sind im allgemeinen, wie die Skizze zeigt, nicht kongruent. Beweisen Sie, dass die beiden Teildreiecke trotzdem immer flächengleich sind!*

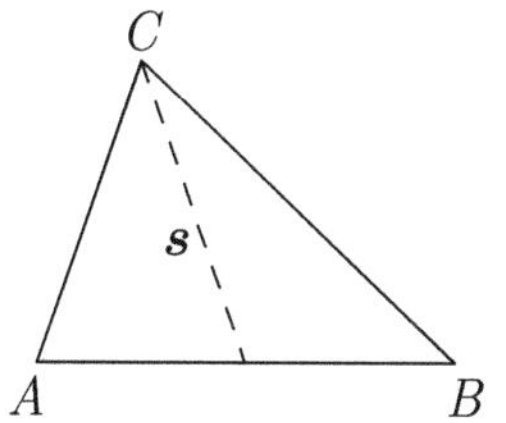

$\boldsymbol{s}$ halbiert $\overline{\mathrm{AB}}$

Lösung: Sei S der Schnittpunkt der Seitenhalbierenden $\boldsymbol{s}$ mit der Seite $\overline{AB}$. Die beiden Grundseiten $\overline{AS}$ und $\overline{SB}$ der beiden Teildreiecke sind gleich groß:

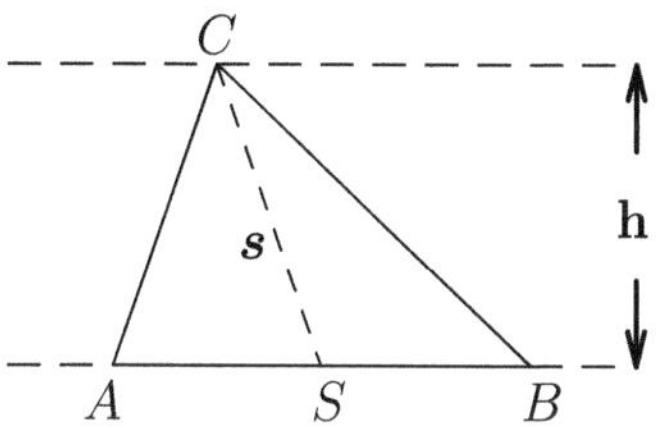

Auch die Höhen der Teildreiecke sind gleich, somit auch ihre Flächen! ♣

Beachten Sie, dass für die Wahl der Grundseite eines Dreiecks jede der drei Seiten in Frage kommt. Und zu jeder Seite gehört auch eine andere Höhe. Natürlich haben wir uns zum vorigen Beweis unter den drei Möglichkeiten die hierfür einfachste ausgesucht!

Aufgabe 3 *Sie kennen zwei Seiten $\boldsymbol{a}, \boldsymbol{b}$ eines Dreiecks, sowie den von $\boldsymbol{a}$ und $\boldsymbol{b}$ eingeschlossenen Winkel γ. Zeigen Sie, dass für die Dreiecksfläche gilt:*

$$\boldsymbol{F} = \tfrac{1}{2}\, \boldsymbol{a} \cdot \boldsymbol{b} \cdot \sin \gamma$$

Lösung: Für die Höhe auf die Seite $\boldsymbol{a}$ erhalten wir, siehe Skizze links :

$$\sin\gamma = \frac{\mathbf{h}_a}{\boldsymbol{b}} \qquad \mathbf{h}_a = \boldsymbol{b}\cdot\sin\gamma$$

Mit $\boldsymbol{a}$ als Grundseite gilt $\mathbf{F} = \frac{1}{2}\,\boldsymbol{a}\cdot\mathbf{h}_a$. Einsetzen ergibt: $\mathbf{F} = \frac{1}{2}\,\boldsymbol{a}\cdot\underbrace{\boldsymbol{b}\cdot\sin\gamma}_{\mathbf{h}_a}$.

Dasselbe Ergebnis erhalten wir mit $\boldsymbol{b}$ als Grundseite und der Höhe $\mathbf{h}_b$, rechts:

$$\sin\gamma = \frac{\mathbf{h}_b}{\boldsymbol{a}}, \quad \mathbf{h}_b = \boldsymbol{a}\cdot\sin\gamma\,, \quad \mathbf{F} = \tfrac{1}{2}\,\boldsymbol{b}\cdot\mathbf{h}_b = \tfrac{1}{2}\,\boldsymbol{b}\cdot\underbrace{\boldsymbol{a}\cdot\sin\gamma}_{\mathbf{h}_b} = \tfrac{1}{2}\,\boldsymbol{a}\cdot\boldsymbol{b}\cdot\sin\gamma \quad \clubsuit$$

Polygone Kompliziertere Vielecke (Polygone) lassen sich in Rechtecke oder Dreiecke zerlegen. Die Summe der einzelnen Flächen ergibt dann die Fläche des betreffenden Polygons.

Wählen wir als Beispiel ein Trapez (ein oben 'abgeschnittenes Dreieck'):

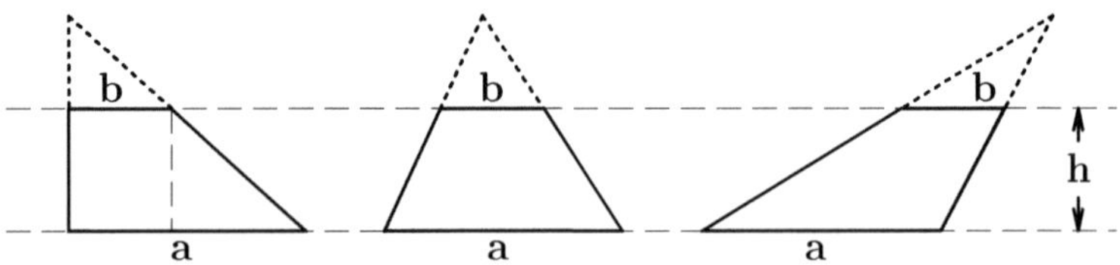

Obige Trapeze haben in gleicher Höhe gleichen Querschnitt (Strahlensatz). Gemäß dem 'Scheiblettenprinzip' von Cavalieri sind sie also alle flächengleich.

Zur Bestimmung der bekannten Flächenformel $\mathbf{F}_{\mathrm{Tr}} = \frac{1}{2}\,(\mathbf{a}+\mathbf{b})\cdot\mathbf{h}$ wählt man sich natürlich das einfachste davon aus:

Aufgabe 4 *Beweisen Sie, dass die Trapezfläche* $\mathbf{F}_{\mathrm{Tr}} = \frac{1}{2}\,(\mathbf{a}+\mathbf{b})\cdot\mathbf{h}$ *beträgt.*

Lösung: Das Trapez links besteht aus einem Rechteck mit der Grundseite $\mathbf{b}$, und einem Dreieck mit Grundseite $\mathbf{a}-\mathbf{b}$. Das ergibt insgesamt:

$$\begin{aligned}\mathbf{F}_{\mathrm{Tr}} &= \tfrac{1}{2}\,(\mathbf{a}-\mathbf{b})\cdot\mathbf{h} + \mathbf{b}\cdot\mathbf{h} = (\tfrac{1}{2}\,\mathbf{a}-\tfrac{1}{2}\,\mathbf{b})\cdot\mathbf{h} + \mathbf{b}\cdot\mathbf{h} = (\tfrac{1}{2}\,\mathbf{a}-\tfrac{1}{2}\,\mathbf{b}+\mathbf{b})\cdot\mathbf{h}\\ &= (\tfrac{1}{2}\,\mathbf{a}+\tfrac{1}{2}\,\mathbf{b})\cdot\mathbf{h} = \tfrac{1}{2}\,(\mathbf{a}+\mathbf{b})\cdot\mathbf{h} \qquad \clubsuit\end{aligned}$$

Figuren im Raum

Auch hier betrachten wir wieder zwei Arten von Figuren. Bei ersteren sind Grund– und Deckfläche gleich groß und parallel. Analog zu $\mathbf{F} = \mathbf{g} \cdot \mathbf{h}$ hat so ein Körper mit *Grundfläche* **G** und Höhe **h** das Volumen $\mathbf{V} = \mathbf{G} \cdot \mathbf{h}$.

Maßgebend ist also nur die Größe dieser Grundfläche **G**, nicht deren Form: Wenn Sie Wasser in ein solches Gefäß gießen, so ist es natürlich gleichgültig, ob es sich zum Beispiel auf einem Quadrat oder einer gleichgroßen Dreiecks– oder Kreisfläche verteilt.

Bei einem schrägen Zylinder wie rechts denken wir uns wiederum den Inhalt in kleine Schichten parallel zur Grundfläche aufgeteilt, die einfach nur parallel zur Grundfläche verschoben worden sind. Auch hierbei bleiben Grundfläche, Höhe und Volumen unverändert:

Volumen $\mathbf{V} = \mathbf{G} \cdot \mathbf{h}$ (Grundfläche mal Höhe):

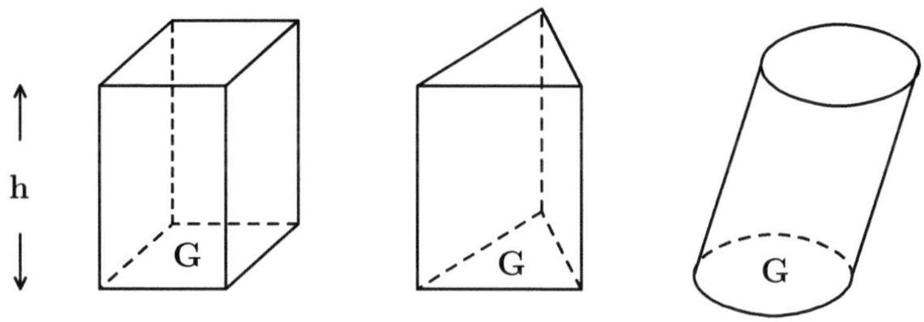

Bei der anderen Figurengruppe mit gleichgroßer Grundfläche und Höhe laufen die Verbindungslinien, wie bei einer klassischen Pyramide, vom Rand der Grundfläche strahlenartig zur Spitze:

Volumen $\mathbf{V} = \frac{1}{3}\mathbf{G} \cdot \mathbf{h}$ (Grundfläche mal Höhe durch 3):

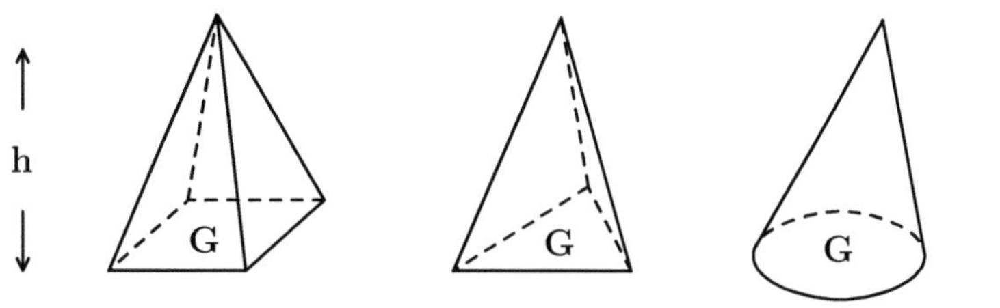

Für alle Figuren dieser Art folgt mit dem Strahlensatz: Schnitte parallel zur Grundfläche ergeben in gleicher Höhe stets gleiche Querschnittsflächen. Analog zu Figuren in der Ebene gilt auch hier das schon oben benutzte

Prinzip von Cavalieri *Körper, die parallel zur Grundfläche in gleichen Höhen gleich große Querschnitte aufweisen, besitzen das gleiche Volumen.*

Somit haben also auch alle 'spitzen Figuren' das gleiche Volumen, nämlich $\mathbf{V} = \frac{1}{3}\mathbf{G} \cdot \mathbf{h}$. Dass der Vorfaktor hier nicht $\frac{1}{2}$ sondern $\frac{1}{3}$ beträgt, ist schon etwas schwieriger zu beweisen, s. Lehrbuch. Es lässt sich aber leicht merken:

Beim Faktor $\frac{1}{\mathbf{2}}$ handelt es sich um Figuren in der Ebene mit der Dimension **2**, bei $\frac{1}{\mathbf{3}}$ um Figuren im Raum mit Dimension **3**. Fassen wir zusammen:

Ebene:	Raum:
$\mathbf{F} = \mathbf{g} \cdot \mathbf{h}$ (Grundseite mal Höhe)	$\mathbf{V} = \mathbf{G} \cdot \mathbf{h}$ (Grundfläche mal Höhe)
$\mathbf{F} = \frac{\mathbf{g} \cdot \mathbf{h}}{2}$ (durch 2, spitze Figur!)	$\mathbf{V} = \frac{\mathbf{G} \cdot \mathbf{h}}{3}$ (durch 3, spitze Figur!)

Beispiel 5 Mit diesen wenigen Grundregeln für Flächen und Volumina haben Sie bereits die halbe Formelsammlung im Kopf! Wie groß ist zum Beispiel das Volumen eines Prismas mit gleichseitigem Dreieck als Querschnittsfläche, (vorige Seite, mittlere Figur)? Von Aufgabe 1 kennen wir bereits die Grundfläche eines gleichseitigen Dreiecks $\mathbf{G} = \frac{\sqrt{3}}{4} \cdot \mathbf{a}^2$. Multipliziert mit der Höhe $\mathbf{h}$ folgt also sofort:

$$\mathbf{V} = \frac{\sqrt{3}}{4} \cdot \mathbf{a}^2 \cdot \mathbf{h}$$ ♣

Besonders einfach ist die Volumenbestimmung eines Würfels, Kantenlänge $\mathbf{a}$: Die Grundfläche ist ein Quadrat, $\mathbf{G} = \mathbf{a}^2$, multipliziert mit der Höhe $\mathbf{h} = \mathbf{a}$ ergibt natürlich sofort $\mathbf{V} = \mathbf{a}^3$.

Schon etwas anspruchsvoller ist die folgende

Aufgabe 6 *18 Gramm Wasser entsprechend 1 Mol besteht aus $N_A = 6 \cdot 10^{23}$ Molekülen mit einem Gesamtvolumen von 18 cm^3.*

Stellen wir uns dieses Volumen in $6 \cdot 10^{23}$ winzige, gleichgroße Würfel aufgeteilt, also mit je einem Wassermolekül darin! Zeigen Sie, dass die Kantenlänge und somit die Größe eines Wassermoleküls rund 0,3 Nanometer beträgt.

Lösung: Das Volumen eines dieser kleinen Würfel beträgt:

$$\mathbf{a}^3 = \frac{18\ \mathrm{cm}^3}{6 \cdot 10^{23}} = \frac{3 \cdot (10^{-2} \cdot \mathrm{m})^3}{10^{23}} = \frac{3 \cdot (10^{-2} \cdot 10^9 \cdot \mathrm{nm})^3}{10^{23}} = \frac{3 \cdot 10^{21} \cdot \mathrm{nm}^3}{10^{23}}$$

$$\mathbf{a}^3 = 0{,}03 \cdot \mathrm{nm}^3\,, \quad \text{folglich:}\quad \mathbf{a} = \sqrt[3]{0{,}03} \cdot \mathrm{nm} = 0{,}3 \cdot \mathrm{nm}$$ ♣

Aufgabe 7 *Das Volumen eines Quaders ('Ziegelstein') mit den Seiten* $\boldsymbol{a}, \boldsymbol{b}, \boldsymbol{c}$ *beträgt gemäß Formelsammlung* $\boldsymbol{V} = \boldsymbol{a} \cdot \boldsymbol{b} \cdot \boldsymbol{c}$. *Warum lässt sich das auch schreiben in der Form* $\boldsymbol{V} = \boldsymbol{G} \cdot \boldsymbol{h}$*?*

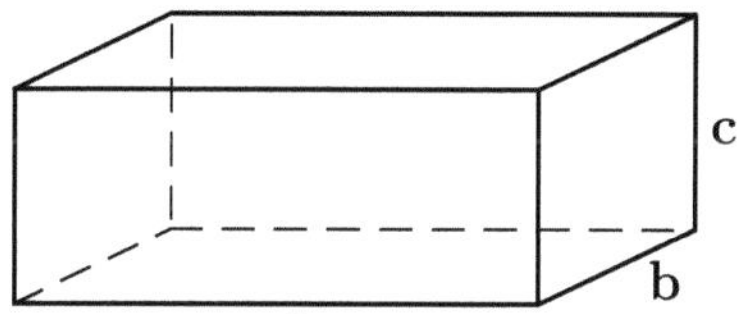

Lösung: Legen wir den Quader zum Beispiel mit den Seiten **a** und **b** nach unten. Dann liegt er auf einem Rechteck mit der Grundfläche $\mathbf{G} = \mathbf{a} \cdot \mathbf{b}$. Die dritte Seite **c** bildet die Höhe **h**. Hiermit folgt:

$$\mathbf{V} = \mathbf{a} \cdot \mathbf{b} \cdot \mathbf{c} = (\mathbf{a} \cdot \mathbf{b}) \cdot \mathbf{c} = \mathbf{G} \cdot \mathbf{h}$$ ♣

Aufgabe 8 *Es regnete gestern 7 Liter pro Quadrameter. Wie hoch würde das Wasser auf einer ebenen Fläche stehen, wenn es nicht abfließen könnte? (Ergebnis in Millimeter angeben.)*

Lösung: $\mathbf{V} = \mathbf{G} \cdot \mathbf{h}$, $\mathbf{V} = 7\,\text{Liter} = 7\,000\ \mathrm{cm}^3$, $\mathbf{G} = 1\ \mathrm{m}^2 = (1\,000\ \mathrm{mm})^2$:

$$\mathbf{h} = \frac{\mathbf{V}}{\mathbf{G}} = \frac{7\,000\ \mathrm{cm}^3}{1\ \mathrm{m}^2} = \frac{7 \cdot 10^3 \cdot (10\ \mathrm{mm})^3}{(1000\,\mathrm{mm})^2} = \frac{7 \cdot 10^6\,\mathrm{mm}^3}{10^6\,\mathrm{mm}^2} = 7\,\mathrm{mm}$$

Merke: *1 mm Niederschlag entspricht 1 Liter pro Quadratmeter!* ♣

Hier entsteht das psychologische Problem, bei flachen Objekten wie Papier, Lackschicht oder Folie von einer Höhe zu sprechen. Man bezeichnet diese im Alltag gewöhnlich als Dicke:

Beispiel 9 Ein DIN **A4** Blatt hat eine Fläche von $\mathbf{G} = \dfrac{1}{2^4}\,\mathrm{m}^2 = \dfrac{1}{16}\,\mathrm{m}^2$. Die übliche Dicke beträgt 0,1 mm (ein Stapel von 500 Blatt ist 5 cm hoch)! Das Volumen eines einzelnen Blattes beträgt, wegen $\mathbf{h} = 0{,}1\,\mathrm{mm} = 0{,}01$ cm:

$$\mathbf{V} = \mathbf{G} \cdot \mathbf{h} = \tfrac{1}{16} \cdot \mathrm{m}^2 \cdot 0{,}01\,\mathrm{cm} = \tfrac{1}{16} \cdot (100\,\mathrm{cm})^2 \cdot 0{,}01\ \mathrm{cm} = \tfrac{1}{16} \cdot 100\,\mathrm{cm}^3 = 6{,}25\ \mathrm{cm}^3.$$

♣

Geht's noch dünner? Im folgenden Beispiel scheint auch die Bezeichnung 'Dicke' anstelle von Höhe irgendwie fehl am Platze:

Aufgabe 10 *Bei einem 'Ölfleckversuch' tropften Sie* $\boldsymbol{V} = 0{,}090\,mm^3$ *dünnflüssiges Öl auf eine Wasseroberfläche. Es bildete sich ein Ölfleck mit einer Fläche von rund* $\boldsymbol{G} = 600\,cm^2$. *Bestimmen Sie die Dicke* $\boldsymbol{h}$ *dieses Ölfilms!*

Lösung: Aus $\mathbf{V} = \mathbf{G} \cdot \mathbf{h}$ errechnet sich

$$\mathbf{h} = \frac{\mathbf{V}}{\mathbf{G}} = \frac{0{,}09\,\mathrm{mm}^3}{600\,\mathrm{cm}^2} = \frac{0{,}09\,\mathrm{mm}^3}{600 \cdot (10\,\mathrm{mm})^2} = \frac{9 \cdot 10^{-2}\,\mathrm{mm}^3}{6 \cdot 10^4\,\mathrm{mm}^2} = 1{,}5 \cdot 10^{-6}\,\mathrm{mm}$$
$$= 1{,}5 \cdot 10^{-6} \cdot 10^{-3}\,\mathrm{m} = 1{,}5 \cdot 10^{-9}\,\mathrm{m} = 1{,}5\,\mathrm{nm}$$ ♣

Mit solchen einfachen Versuchen ließ sich bereits sehr früh zeigen, dass Moleküldurchmesser im Nanometerbereich liegen müssen!

Bei anderen Dingen im Alltag spricht man von 'Länge', obwohl es sich hier geometrisch betrachtet um die Höhe eines Zylinders handelt. Allerdings ist seine Grundfläche ungewöhnlich klein:

Aufgabe 11 *Bestimmen Sie Ihr 'Haarvolumen' bei einer durchschnittlichen Haarlänge von 15 cm = 150 mm und einer Dicke von 60 μm = 0,06 mm. Die Anzahl der Haare betrage rund 120 000.*

(*Berechnen Sie zunächst das Volumen eines einzelnen Haares. Die Fläche eines Kreises mit Radius* $\boldsymbol{r}$ *betägt* $\pi \cdot \boldsymbol{r}^2$.)

Lösung: Bei einem Radius von $\mathbf{r} = 0{,}03$ mm beträgt die Querschnittsfläche

$$\mathbf{G} = \pi \cdot 0{,}0009\,\mathrm{mm}^2$$

Hiermit errechnet sich ein Volumen eines einzelnen Haares zu

$$\mathbf{V} = \mathbf{G} \cdot \mathbf{h} = \pi \cdot 0{,}0009\,\mathrm{mm}^2 \cdot\ 150\,\mathrm{mm} \approx\ 0{,}4\,\mathrm{mm}^3$$

Insgesamt erhalten wir ein 'Haarvolumen' von

$$\mathbf{V}_{ges} = 120\,000 \cdot 0{,}4\,\mathrm{mm}^3 = 48\,000\,\mathrm{mm}^3 \approx 50\,\mathrm{cm}^3$$

(Ein genormtes Schnapsglas hat 20 cm³ Inhalt, ein 'doppeltes' 40 cm³!) ♣

Fitness - Studio

Zum Schluss noch eine Aufgabe für Spezialisten: Die Volumenbestimmung eines regulären (gleichseitigen) Tetraeders! Die *Höhe* $\mathbf{h} = \frac{\sqrt{3}}{2} \cdot \boldsymbol{a}$ des gleichseitigen Dreiecks haben wir bei Aufgabe 1 auf Seite 112 bereits bestimmt. Die einzelnen Innenwinkel betragen 60°. Die gleich großen Höhen stimmen mit den Seiten- und Winkelhalbierenden des Dreiecks überein. Und ihr Schnittpunkt S ist gleichzeitig auch der Mittelpunkt, vgl. folgende Skizze.

Dieser Punkt S unterteilt die Höhen in ein kurzes und ein langes Teilstück. Wir wollen die Länge des größeren Stückes bestimmen, zum Beispiel $\overline{SB} = \overline{CS}$. Beachten Sie, dass in sämtlichen Teildreiecken nur Winkel der Größe 30°, 60° und 90° auftreten, genauer gesagt: Die Dreiecke BFC und SFB sind ähnlich! Es folgt, da $\overline{BC}$ genau doppelt so groß ist wie $\overline{BF}$:

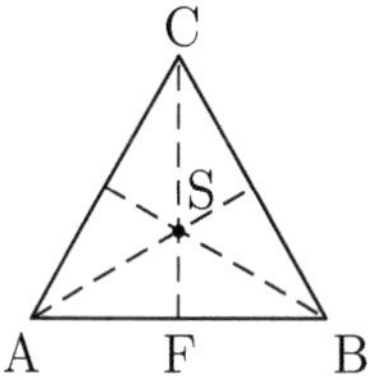

$$2 = \frac{\overline{BC}}{\overline{BF}} = \frac{\overline{SB}}{\overline{SF}} \qquad \overline{SB} = 2 \cdot \overline{SF} \qquad \overline{CS} = 2 \cdot \overline{SF}$$

$$\mathbf{h} = \overline{CS} + \overline{SF} = 2 \cdot \overline{SF} + \overline{SF} = 3 \cdot \overline{SF}$$

$$\overline{SF} = \tfrac{1}{3} \cdot \mathbf{h}, \quad \overline{SB} = \tfrac{2}{3} \cdot \mathbf{h} \text{ mit } \mathbf{h} = \tfrac{\sqrt{3}}{2} \cdot \boldsymbol{a}, \text{ folglich:}$$

$$\overline{SB} = \tfrac{\sqrt{3}}{3} \cdot \boldsymbol{a}$$

Wir benötigen dieses Ergebnis für

Aufgabe 12 *Beim regulären Tetraeder haben alle Kanten die gleiche Länge* $\boldsymbol{a}$*:*

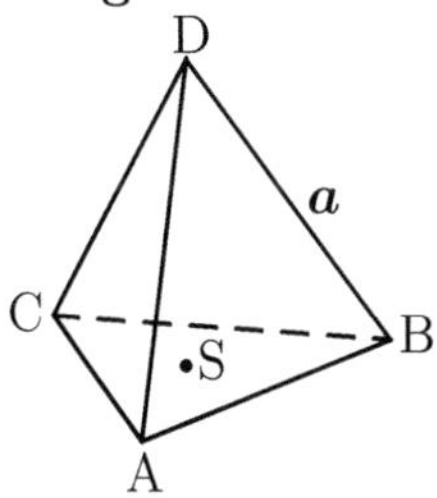

Bestimmen Sie sein Volumen $\boldsymbol{V} = \frac{1}{3}\, \boldsymbol{G} \cdot \boldsymbol{h}_{\mathrm{T}}$
(wobei $\boldsymbol{h}_{\mathrm{T}}$ *die Höhe des Tetraeders bezeichnet!)*

<u>Lösung:</u> Wir bestimmen $\mathbf{h}_{\mathrm{T}} = \overline{DS}$ mit Hilfe des rechtwinkligen Dreiecks DSB:

$$\overline{DS}^2 + \overline{SB}^2 = \boldsymbol{a}^2, \quad \mathbf{h}_{\mathrm{T}}^2 + (\tfrac{\sqrt{3}}{3} \cdot \boldsymbol{a})^2 = \boldsymbol{a}^2, \quad \mathbf{h}_{\mathrm{T}}^2 = \tfrac{2}{3} \cdot \boldsymbol{a}^2, \quad \mathbf{h}_{\mathrm{T}} = \sqrt{\tfrac{2}{3}} \cdot \boldsymbol{a}\,.$$

Die Grundfläche $\mathbf{G} = \frac{\sqrt{3}}{4} \cdot \boldsymbol{a}^2$ des gleichseitigen Dreiecks kennen wir bereits von der Lösung der Aufgabe 1 auf Seite 112. Einsetzen ergibt nun leicht

$$\mathbf{V} = \tfrac{1}{3}\mathbf{G} \cdot \mathbf{h}_{\mathrm{T}} = \tfrac{1}{3} \cdot \tfrac{\sqrt{3}}{4} \cdot \boldsymbol{a}^2 \cdot \sqrt{\tfrac{2}{3}} \cdot \boldsymbol{a} = \tfrac{1}{3} \cdot \tfrac{\sqrt{3}}{4} \cdot \cdot \tfrac{\sqrt{2}}{\sqrt{3}} \cdot \boldsymbol{a}^3 = \tfrac{\sqrt{2}}{12} \cdot \boldsymbol{a}^3 \text{ (Ergebnis)} \clubsuit$$

2 d) Eine runde Sache – Kreis und Kugel

Winkelmessung

Unter einem Winkel stellen Sie sich in der Regel zunächst etwas Spitzes vor? Spätestens beim Winkelmessen werden Sie einen neuen Aspekt entdecken! Ein Winkel hat auch etwas Rundes, denn dahinter steckt nämlich der Kreis:

Mit dem Winkel bestimmt man die Länge L des entsprechenden Kreisbogens, und umgekehrt mit der Länge L des Kreisbogens bestimmt man den Winkel.

Sicherlich wissen Sie noch, dass der Umfang eines Kreises mit Radius R genau $\boldsymbol{2\pi} \cdot \mathrm{R}$ beträgt. Egal wie klein oder groß der Radius, der Faktor ist immer 2π. Dieser Kreis*umfang* ist die Länge L des Bogens für eine *volle* Umrundung, vergleichen Sie mit der linken Skizze.

$\mathrm{L} = \boldsymbol{2\pi}\cdot\mathrm{R}$ $\mathrm{L} = \boldsymbol{\pi}\cdot\mathrm{R}$ $\mathrm{L} = \frac{\pi}{2}\cdot\mathrm{R}$

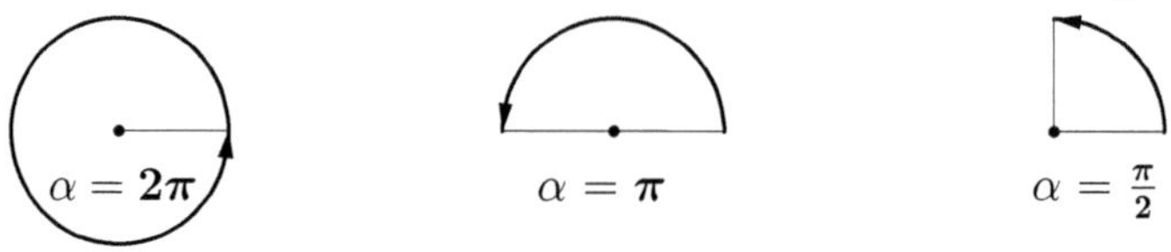

Vollwinkel gestreckter Winkel rechter Winkel

Die Bogenlänge L bei einer halben Umrundung ist nur halb so groß, also $\boldsymbol{\pi} \cdot \mathrm{R}$, siehe Skizze in der Mitte. Und bei einem Viertelkreis sind es nur noch $\frac{\pi}{2} \cdot \mathrm{R}$ für die Länge L des Kreisbogens.

Als Winkel bezeichnet man den Zahlenfaktor α, der erforderlich ist, um die zugehörige Bogenlänge $L = \alpha \cdot R$ zu bestimmen. Kurz:

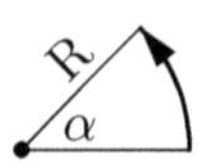

$$\mathrm{L} = \boldsymbol{\alpha} \cdot \mathrm{R} \;\Leftrightarrow\; \boldsymbol{\alpha} = \frac{\mathrm{L}}{\mathrm{R}}$$

(Der entsprechende Winkel in Gegenrichtung erhält negatives Vorzeichen).

Häufig vorkommende Zahlenwerte sind der gestreckte Winkel $\alpha = \pi$, also $\alpha = 3{,}14\ldots$ Der rechte Winkel beträgt $\alpha = \frac{\pi}{2}$ beziehungsweise $\alpha = 1{,}57\ldots$ In der letzten Skizze oben rechts beträgt $\alpha = \frac{\pi}{4} = 0{,}78\ldots$

Wenn wir den zum Kreisbogen L gehörenden Winkel α am Kreisrand antragen, erhalten wir einen einfachen Winkelmesser:

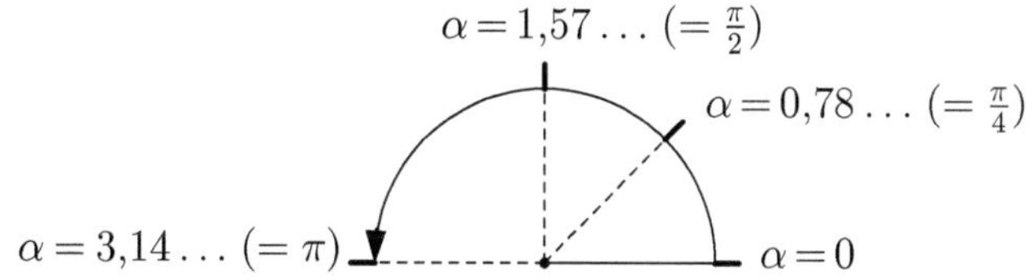

Um eine Zahl auch als Winkel zu kennzeichnen, darf man als (leere) Einheit 'rad' als Abkürzung für Radiant hinzufügen. Beim Taschenrechner muss man es sowohl bei Eingabe als auch Ausgabe beachten, doch dazu später mehr! Für unsere Zwecke ist ein Halbkreis wohl ausreichend. Allerdings wird man die Unterteilung noch etwas feiner und ausführlicher wählen, und vielleicht den Radius etwas vergrößern. Achten Sie zunächst auf den Halbkreis im Inneren:

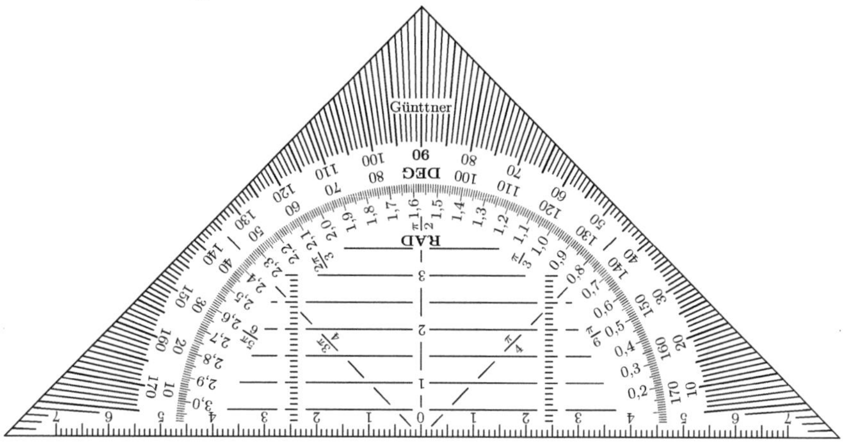

Suchen Sie nun zum Beispiel an diesem Winkelmesser $\alpha = 0{,}78\ldots\ (= \frac{\pi}{4})$, oder $\alpha = 1{,}57\ldots (= \frac{\pi}{2}$, oder $= \frac{\pi}{2}$ rad)! Dass diese einfachen und häufigen Winkel nicht ganzzahlig ausgedrückt werden, ist für den Taschenrechner zwar unproblematisch, aber für uns gelegentlich doch etwas unpraktisch:

Altgrad So wie im alten Babylon unterteilen wir heute noch den Halbkreis bzw. gestreckten Winkel $\pi = 3{,}141\ldots$ in 180 Teile, Altgrad genannt: $\pi = 180°$. Sie finden diese Einteilung ebenfalls am oben skizzierten Winkelmesser! Man wechselt also gelegentlich von Radiant zu Grad, so wie man zum Beispiel von Euro zu Cent oder bei der Zeitangabe von Stunden zu Minuten wechselt! Und die Frage, wann man Radiant oder Grad wählen muss, ist ungefähr so sinnvoll wie 'muss ich eine Pause in Minuten oder Stunden angeben?' Ihre Wahl ändert doch nicht die Zeitspanne (und genausowenig den Winkel).

CATTLEYA-LEONORE, WAS IST MIT DIR?
PAPA, ICH MUSS $\pi\pi$!

Die Beziehung $\boxed{\pi = 180^\circ}$ wird man, je nach Aufgabenstellung, zunächst durch 180 dividieren (Ergebnis links), oder aber durch π (Ergebnis rechts):

Umrechnen auf 1: $\quad 1^\circ = \dfrac{\pi}{180}\,(\text{rad}) \qquad 1\,(\text{rad}) = \dfrac{180^\circ}{\pi}$

(Der Zusatz ‘rad’ ist wahlweise erlaubt und als Hinweis auch sinnvoll.)

Aufgabe 1 (*i*) *Rechnen Sie 0,8 Stunden um in Minuten!*

(*ii*) *Rechnen Sie 0,8 Radiant um in (Alt-)Grad!*
(Überprüfen Sie Ihr Ergebnis mit vorigem Winkelmesser.)

(*iii*) *Rechnen Sie 60° um in Radiant!*
(Überprüfen Sie Ihr Ergebnis mit vorigem Winkelmesser.)

Lösung: Mit der Abkürzung h für Stunde bzw. rad für Radiant gilt:

(i) $1\text{ h} = 60\text{ min} \quad |\cdot 0{,}8$

$0{,}8\text{ h} = 0{,}8 \cdot 60\text{ min} = 48\text{ min}$ (Ergebnis)

(ii) $1\text{ rad} = \frac{180^\circ}{\pi} \quad |\cdot 0{,}8$

$0{,}8\text{ rad} = 0{,}8 \cdot \frac{180^\circ}{\pi} = 45{,}8^\circ$ (Ergebnis)

(iii) $1^\circ = \frac{\pi}{180}\text{ rad} \quad |\cdot 60$

$60^\circ = 60 \cdot \frac{\pi}{180}\text{ rad} = \frac{\pi}{3} = 1{,}047\ldots\text{ rad}$ (Ergebnis) ♣

Merke: *Das ursprüngliche Winkelmaß ist der Radiant! Davon abgeleitet sind:* (Alt-) Grad ‘°’ ist der 180-ste Teil von π, rechnerisch der Zahlenfaktor ‘$\frac{\pi}{180}$’. Neugrad ‘^{g}’ oder Gon/Grade ist eine Abkürzung für den Faktor ‘$\frac{\pi}{200}$’.

Falls Sie die Abkürzung ‘°’ benutzen, muss Ihr Rechner darauf eingestellt sein: Anstelle ‘R’ für Radiant muss also ‘D’ für ’degree’ in der Anzeige stehen! Der Rechner multipliziert dann die Ein- oder Ausgabe entsprechend mit $\frac{\pi}{180}$, denn intern rechnet er immer mit Radiant! Vermeiden Sie also diese lästige

Fehlerquelle Taschenrechner Geben Sie Folgendes in Ihren Rechner ein und vergleichen Sie die Ausgabe mit dem im Beispiel angegebenen Ergebnis:

Beispiel 2 D(egree): $\cos 60 = 0{,}5 \qquad \cos^{-1} 0{,}5 = 60$

R(adiant): $\cos \frac{\pi}{3} = 0{,}5 \qquad \cos^{-1} 0{,}5 = 1{,}047\ldots\ (= \frac{\pi}{3})$

Bei der Einstellung ‘Rad’ erhalten Sie hingegen:
$\cos 60 = -0{,}952\ldots$, also den Kosinus von $\alpha = 60\text{ rad} = 60 \cdot \frac{180^\circ}{\pi} = 3\,438^\circ$!
Bei Einstellung ‘Deg’ bedeutet $\cos\frac{\pi}{3}$ natürlich $\cos\frac{\pi}{3}^\circ = 0{,}99983\ldots$! ♣

Kreisfläche

Eine in gleiche Stücke geteilte Torte lässt sich als eine Art Rechteck anordnen. Die Länge des Rechteckes entspricht ungefähr dem Umfang des Halbkreises, die Breite dem Radius, siehe Skizze! Dieser Trick funktioniert um so genauer, je schmaler die einzelnen Stücke sind. Aus der Kreisfläche wird somit beim Grenzübergang eine Rechteckfläche. Deren Größe bestimmt sich einfach als 'Länge mal Breite' $= (\pi \cdot R) \cdot R = \pi \cdot R^2$:

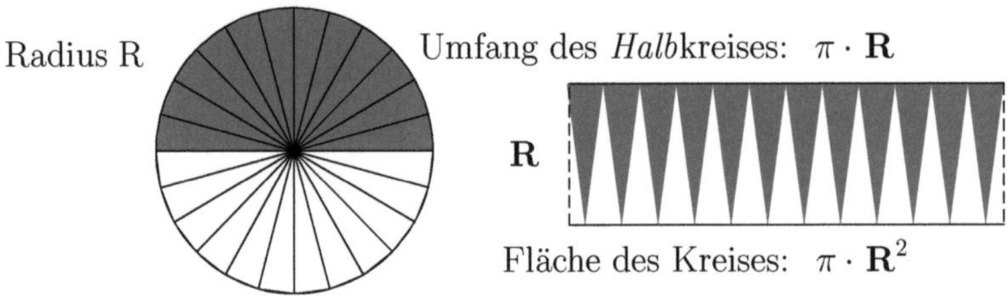

Es macht Sinn, anstelle $\pi \cdot R^2$ *für die Fläche des Kreises* $2\pi \cdot \frac{R^2}{2}$ *zu schreiben*! Der Faktor 2π ist dann einfach der zugehörige Vollwinkel des (Voll-) Kreises. Die Fläche des Halbkreises beträgt entsprechend nur die Hälfte, also $\pi \cdot \frac{R^2}{2}$. Hierbei ist π der zugehörige Innenwinkel des Halbkreises. Ganz entsprechend beträgt die Fläche eines Viertelkreises natürlich $\frac{\pi}{2} \cdot \frac{R^2}{2}$, mit Innenwinkel $\frac{\pi}{2}$, und bei einem beliebigen Kreisausschnitt mit Innenwinkel α einfach $\alpha \cdot \frac{R^2}{2}$:

Fläche Kreisausschnitt (Kreissektor): $\boxed{\mathbf{F} = \alpha \cdot \frac{\mathbf{R}^2}{2}}$

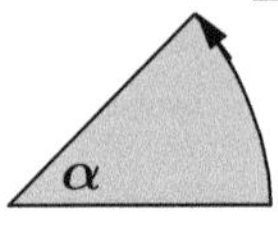

Hierzu ein konkretes Beispiel:

Aufgabe 3 *Wie groß ist die Fläche **F** und wie groß die zugehörige Bogenlänge **L** eines Kreisauschnittes mit einem Winkel von* $\alpha = 57{,}3°$ *bei einem Radius von* $\mathbf{R} = 4\,\text{cm}$ *?*

Lösung: $\mathbf{L} = \alpha \cdot \mathbf{R} = 57{,}3° \cdot 4\,\text{cm} = 57{,}3 \cdot \frac{\pi}{180} \cdot 4\,\text{cm} = 4{,}00\,\text{cm}$

$$\mathbf{F} = \alpha \cdot \frac{\mathbf{R}^2}{2} = 57,3° \cdot \frac{(4\,\text{cm})^2}{2} = 57{,}3 \cdot \frac{\pi}{180} \cdot \frac{16\,\text{cm}^2}{2} = 8{,}00\,\text{cm}^2$$ ♣

Räumliche Winkel

Als Ergänzung zum Lehrbuch hier noch ein Abschnitt über Winkelmessung im Raum: Räumliche Winkel können sehr verschiedenartig sein, zum Beispiel ein spitzer Kegel oder das Dreibein einer Zimmerecke. Die Winkelmessung ist aber wieder ganz analog zum ebenen Winkel. Anstelle eines Kreises um das Zentrum des Winkels benutzt man hier das räumliche Analogon einer Kugel! Bestimmt sich der ebene Winkel durch den entsprechenden Kreisbogen **L**, ist es nun die entsprechende Kugelhaube (Kugelkappe), und ganz allgemein *die Größe der zugehörigen Kugeloberfläche* **F**.

Die Oberfläche (Kappe) der *Voll*kugel beträgt gemäß Lehrbuch $\mathbf{F} = 4\pi \cdot \mathbf{R}^2$, der Vollwinkel somit $4\pi = 12{,}56\ldots$ Die *Halb*kugel hat nur noch eine Oberfläche von $\mathbf{F} = 2\pi \cdot \mathbf{R}^2$, der zugehörige 'gestreckte' Winkel ist $2\pi = 6{,}28\ldots$ *Als (Raum-) Winkel bezeichnet man den Zahlenfaktor* Ω, *der erforderlich ist, um die zugehörige Kugelhaube* $F = \Omega \cdot R^2$ *zu bestimmen:*

$$\boxed{\mathbf{F} = \Omega \cdot \mathbf{R}^2 \quad \Leftrightarrow \quad \Omega = \frac{\mathbf{F}}{\mathbf{R}^2}}$$

Als (leere) Einheit ist für Raumwinkel 'sterad' üblich (<u>ste</u>reo = räumlich).

Aufgabe 4 *Der Erdradius beträgt rund* $\boldsymbol{R} = 6\,370$ *km, die Gesamtfläche von Afrika* $\boldsymbol{F} = 30{,}27 \cdot 10^6$ *km*^{2}. *Wie groß ist der zugehörige Raumwinkel?*

<u>Lösung:</u> $\Omega = \dfrac{\mathbf{F}}{\mathbf{R}^2} = \dfrac{30{,}27 \cdot 10^6 \text{ km}^2}{(6{,}37 \cdot 10^3 \text{ km})^2} = \dfrac{30{,}27 \cdot 10^6 \text{ km}^2}{(6{,}37 \cdot 10^3)^2 \text{ km}^2} = 0{,}746$ sterad

Die Winkel *sämtlicher* Erdteile und Ozeane ergäben *zusammen* wieder den Vollwinkel für die gesamte Oberfläche, also $4\pi = 12{,}56\ldots$ sterad. ♣

Das Analogon zu einem Kreisausschnitt ist natürlich der Kugelausschnitt. Auch hier gibt es wieder einen einfachen Zusammenhang zwischen Winkel Ω und dem proportionalen Volumen des zugehörigen Kugelausschnitts:

Das Volumen der Vollkugel beträgt bekanntlich $\mathbf{V} = 4\pi \cdot \frac{\mathrm{R}^3}{3}$; für die Halbkugel mit einem Raumwinkel von $\Omega = 2\pi$ entsprechend nur noch $\mathbf{V} = 2\pi \cdot \frac{\mathrm{R}^3}{3}$; und ganz analog für einen beliebigen Raumwinkel:

$$\boxed{\mathbf{V} = \Omega \cdot \frac{\mathbf{R}^3}{3}}$$

Aufgabe 5 *Bestimmen Sie für die Ecke in einem üblichen, rechtwinkligen Zimmer den Kugelausschnitt und den zugehörigen Raumwinkel* Ω!

Lösung: Stellen wir uns einfach einen Kuchen in Form einer Halbkugel vor!

Sein Volumen beträgt $2\pi\cdot\frac{\mathbf{R}^3}{3}$. Teilen wir diesen Kuchen nun in vier gleich große (kongruente) Stücke, so erhalten wir vier einzelne 'Zimmerecken', genauer gesagt den zugehörigen Kugelausschnitt! Das betreffende Volumen beträgt:

$\mathbf{V} = \frac{1}{4}\cdot 2\pi\cdot\frac{\mathbf{R}^3}{3} = \frac{\pi}{2}\cdot\frac{\mathbf{R}^3}{3} = \Omega\cdot\frac{\mathbf{R}^3}{3}$, folglich $\Omega = \frac{\pi}{2}$. Oder umgekehrt:
8 Ecken bilden einen Vollwinkel $= 4\pi$, 1 Ecke ergibt $\Omega = \frac{1}{8}\cdot 4\pi = \frac{\pi}{2}$. ♣

Fassen wir zusammen, in der unteren Hälfte jeweils die Winkeldefinition:

Kreisumfang	Kreisfläche
$2\pi\cdot\mathbf{R}$	$2\pi\cdot\frac{\mathbf{R}^2}{2}$
Kreisbogen	Kreisausschnitt
$\alpha\cdot\mathbf{R}$	$\alpha\cdot\frac{\mathbf{R}^2}{2}$

Kugeloberfläche	Kugelvolumen
$4\pi\cdot\mathbf{R}^2$	$4\pi\cdot\frac{\mathbf{R}^3}{3}$
Kugelhaube	Kugelausschnitt
$\Omega\cdot\mathbf{R}^2$	$\Omega\cdot\frac{\mathbf{R}^3}{3}$

Höhenangaben Erst einmal genug über Winkel in der Ebene und im Raum! Oft sind nämlich anstelle von Winkel entsprechende 'Höhen H' angegegeben: Führt man einen ebenen Schnitt durch eine (Halb-) Kugel, erhält man einen

Kugelabschnitt:
$\mathbf{V} = \frac{\pi}{3}\cdot\mathbf{H}^2\cdot(3\mathbf{R}-\mathbf{H})$

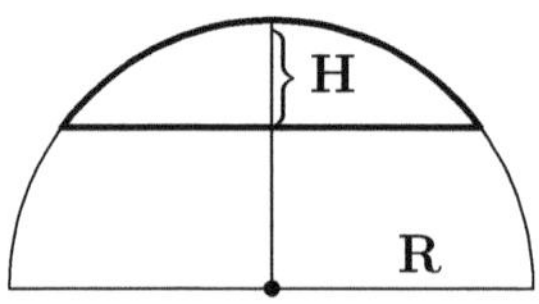

Das hier angegebene Volumen ergibt sich leicht, indem man zunächst das Volumen des restlichen Teils der Halbkugel bestimmt. Wobei man das Prinzip von Cavalieri zu Hilfe nehmen kann, vergleiche Lehrbuch.

Das Volumen des entsprechenden Kugelausschnitts erhält man hiermit durch einfache Addition des zugehörigen Kegelvolumens. Der Radius ρ des Kegels lässt sich 'mit Pythagoras' $\rho^2 = R^2-(R-H)^2 = H\cdot(2R-H)$ bestimmen:

Kugelausschnitt:
$\mathbf{V} = \frac{2\pi}{3}\cdot\mathbf{R}^2\cdot\mathbf{H}$

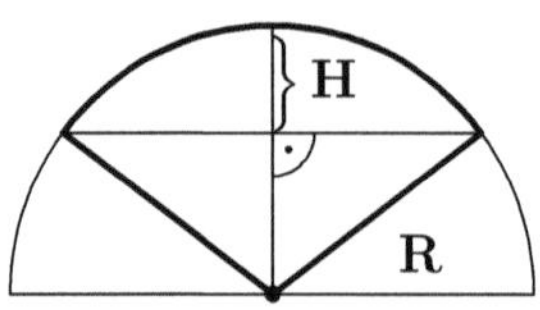

In obiger Tabelle war hierfür $\mathbf{V} = \Omega \cdot \frac{\mathbf{R}^3}{3}$ angegeben. Gleichsetzen liefert nun $\Omega \cdot \frac{\mathbf{R}^3}{3} = \frac{2\pi}{3} \cdot \mathbf{R}^2 \cdot \mathbf{H}$, woraus durch Auflösen nach Ω die Beziehung folgt:

$$\boxed{\Omega = 2\pi \cdot \frac{\mathbf{H}}{\mathbf{R}}}$$

Das ist eine sehr nützliche Beziehung, denn bei vielen Aufgabenstellungen benötigt man auch den Raumwinkel!

Beispiel 6 Nehmen wir als Zahlenbeispiel die Werte $\mathbf{H} = 1$ cm, $\mathbf{R} = 2{,}5$ cm. Wir bestimmen den zugehörigen Teil der Kugeloberfläche, einfacher gesagt die sogenannte Kugelhaube:

$$\mathbf{F} = \Omega \cdot \mathbf{R}^2 = 2\pi \cdot \frac{\mathbf{H}}{\mathbf{R}} \cdot \mathbf{R}^2 = 2\pi \cdot \mathbf{H} \cdot \mathbf{R} = 15{,}7 \text{ cm}^2$$ ♣

Aufgabe 7 *Bei einem Kegel wird oft nur der ebene 'Öffnungswinkel' α angegeben:*

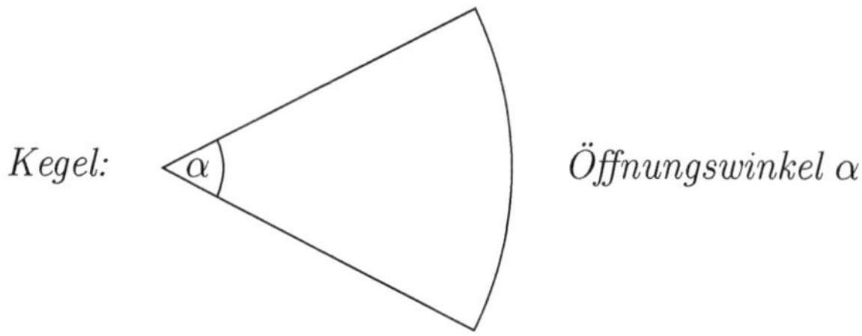

Zeigen Sie, dass für den zugehörigen Raumwinkel Ω gilt:

$$\Omega = 2\pi \cdot \left(1 - \cos\frac{\alpha}{2}\right)$$

<u>Lösung:</u> Wir bestimmen zunächst den Wert von $\mathbf{H}$:

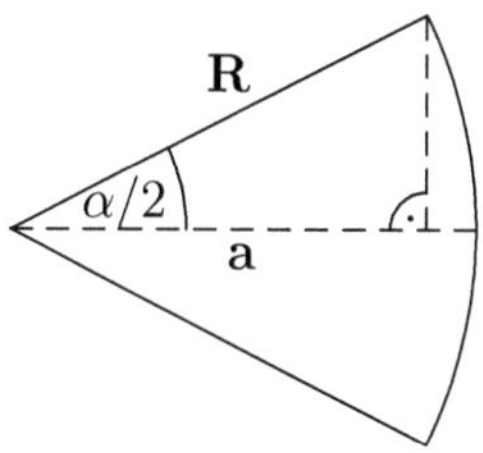

Die Kathete **a** des rechtwinkligen Dreiecks bildet die Ankathete des Winkels $\alpha/2$.

Somit folgt:

$$\frac{\mathbf{a}}{\mathbf{R}} = \cos(\alpha/2)$$

$$\mathbf{a} = \mathbf{R}\cdot\cos(\alpha/2)$$

$$\mathbf{H} = \mathbf{R}-\mathbf{a} = \mathbf{R}-\mathbf{R}\cdot\cos(\alpha/2) = \mathbf{R}\cdot(1-\cos(\alpha/2)$$

Nun lässt sich der Raumwinkel Ω berechnen:

$$\Omega = 2\pi\cdot\frac{\mathbf{H}}{\mathbf{R}} = 2\pi\cdot\frac{\mathbf{R}\cdot(1-\cos(\alpha/2)}{\mathbf{R}} = 2\pi\cdot(1-\cos(\alpha/2) \quad \clubsuit$$

Noch ein abschließender Test für Fortgeschrittene:

Aufgabe 8 *Sie schneiden in 7 cm Höhe von einer Kugel mit Durchmesser 10 cm das obere Stück ab:*

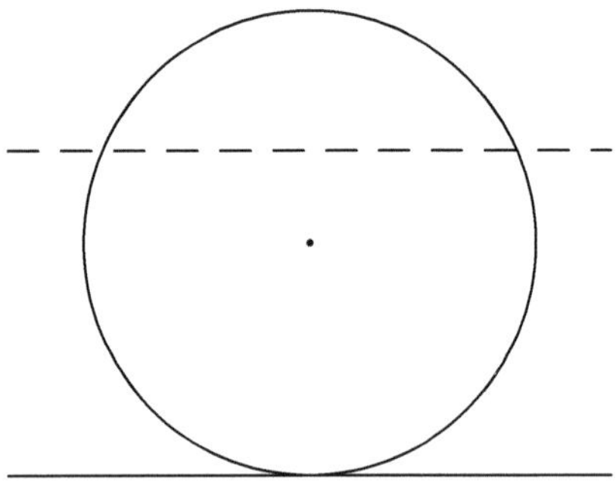

(*i*) *Wie viel Prozent des Kugelvolumens haben Sie abgeschnitten,*

(*ii*) *und wie viel Prozent der 'Kugelhaut' wurden hierbei entfernt?*

Lösung: Für einen solchen Kugelabschnitt mit $\mathbf{R} = 5$ cm , $\mathbf{H} = 3$ cm folgt

(i) $\mathbf{V} = \frac{\pi}{3}\cdot\mathbf{H}^2\cdot(3\mathbf{R}-\mathbf{H}) = \frac{\pi}{3}\cdot(3\text{ cm})^2\cdot(12\text{ cm}) = 113{,}1\text{ cm}^3$

Das gesamte Kugelvolumen beträgt $\mathbf{V}_K = 4\pi\cdot\frac{\mathbf{R}^3}{3} = 4\pi\cdot\frac{(5\text{ cm})^3}{3} = 523{,}6\text{ cm}^3$:

$$\frac{\mathbf{V}}{\mathbf{V}_K} = \frac{113,1}{523,6} = 0{,}216 = 21{,}6\,\% \qquad \text{bzw.} \qquad \mathbf{V} = 0{,}216\cdot\mathbf{V}_K = 21{,}6\,\%\cdot\mathbf{V}_K$$

(ii) Fläche $\mathbf{F}$ der Kugelhaube geteilt durch die Gesamtfläche $\mathbf{F}_K$ der Kugel:

$$\frac{\mathbf{F}}{\mathbf{F}_K} = \frac{\Omega\cdot\mathbf{R}^2}{4\pi\cdot\mathbf{R}^2} = \frac{1}{4\pi}\cdot\Omega = \frac{1}{4\pi}\cdot 2\pi\cdot\frac{\mathbf{H}}{\mathbf{R}} = \frac{1}{2}\cdot\frac{3\text{ cm}}{5\text{ cm}} = 0{,}3 = 30\,\%$$

Es wurden 21,6 % des Volumens und 30 % der Kugeloberfläche entfernt. ♣

Fitness - Studio

Gleichförmige Kreisbewegungen

Angenommen Sie haben auf dem Kreis nach Ablauf der Zeit $\mathbf{t}$ den Winkel α zurückgelegt, so beträgt die hierbei zurückgelegte Strecke $\mathbf{L} = \alpha \cdot \mathbf{R}$. Als *Geschwindigkeit* $\mathbf{v}$ = Strecke $\mathbf{L}$ durch benötigte Zeit $\mathbf{t}$ ergibt sich somit:

$$\mathbf{v} = \frac{\mathbf{L}}{\mathbf{t}} = \frac{\alpha \cdot \mathbf{R}}{\mathbf{t}} = \frac{\alpha}{\mathbf{t}} \cdot \mathbf{R} = \boldsymbol{\omega} \cdot \mathbf{R}$$

Man nennt $\boldsymbol{\omega} = \frac{\alpha}{\mathbf{t}}$ analog die *Winkelgeschwindigkeit.* Sie bestimmt sich allein aus dem zurückgelegten Winkel und der hierfür erforderlichen Zeit, also auch ohne Kenntnis des Radius.

Ist $\mathbf{T}$ die Zeit für einen einzigen *Umlauf*, zurückgelegter Winkel also $\alpha = 2\pi$, so ergibt das $\boldsymbol{\omega} = \frac{\alpha}{\mathbf{t}} = \frac{2\pi}{\mathbf{T}}$:

$$\boxed{\boldsymbol{\omega} = \frac{2\pi}{\mathbf{T}}} \qquad \mathbf{T} = \text{Umlaufszeit.}$$

Beispiel 9 Bestimmen wir die Winkelgeschwindigkeit des Sekundenzeigers, Minuten– und Stundenzeigers der Uhr:

Lösung: Der Sekundenzeiger benötigt 60 Sekunden für $\alpha = 360°$ bzw. 2π:

$$\boldsymbol{\omega}_\text{s} = \frac{360°}{60\text{ s}} = \frac{6°}{\text{s}} \quad \text{bzw.} \quad \boldsymbol{\omega}_\text{s} = \frac{2\pi}{60\text{ s}} = \frac{0{,}105}{\text{s}}$$

Der Minutenzeiger 60 min:

$$\boldsymbol{\omega}_\text{min} = \frac{360°}{60\text{ min}} = \frac{6°}{\text{min}} = \frac{6°}{60\text{ s}} = \frac{0{,}1°}{\text{s}} \quad \text{bzw.}$$

$$\boldsymbol{\omega}_\text{min} = \frac{2\pi}{60\text{ min}} = \frac{0{,}105}{\text{min}} = \frac{0{,}105}{60\text{ s}} = \frac{1{,}75 \cdot 10^{-3}}{\text{s}}$$

Und der Stundenzeiger 12 h:

$$\boldsymbol{\omega}_\text{h} = \frac{360°}{12\text{ h}} = \frac{30°}{\text{h}} = \frac{30°}{60\text{ min}} = \frac{0{,}5°}{\text{min}} = \frac{0{,}5°}{60\text{ s}} = \frac{8{,}33 \cdot 10^{-3}\,°}{\text{s}} \quad \text{bzw.}$$

$$\boldsymbol{\omega}_\text{h} = \frac{2\pi}{12\text{ h}} = \frac{0{,}524}{\text{h}} = \frac{0{,}524}{60\text{ min}} = \frac{8{,}73 \cdot 10^{-3}}{\text{min}} = \frac{8{,}73 \cdot 10^{-3}}{60\text{ s}} = \frac{1{,}45 \cdot 10^{-4}}{\text{s}}$$ ♣

Vergessen wir nicht:

$$\boxed{\boldsymbol{\omega} = \frac{\alpha}{\mathbf{t}}} \quad \text{und} \quad \boxed{\mathbf{v} = \boldsymbol{\omega} \cdot \mathbf{R}}$$

Aufgabe 10 *Die Erde dreht sich in rund 24 Stunden einmal um ihre Achse.*
(i) Bestimmen Sie deren Winkelgeschwindigkeit $\boldsymbol{\omega}$.
(ii) Wie groß ist die Geschwindigkeit $\boldsymbol{v}$ *am Äquator, Radius* $\boldsymbol{R} = 6\,378$ *km.*

Lösung: (i) Für die Wahl der Einheiten gibt es natürlich viele Möglichkeiten:

$$\boldsymbol{\omega} = \frac{360^\circ}{24\,\mathrm{h}} = \frac{15^\circ}{\mathrm{h}} = \frac{15^\circ}{60\,\mathrm{min}} = \frac{0{,}25^\circ}{\mathrm{min}} = \frac{0{,}25^\circ}{60\,\mathrm{s}} = \frac{0{,}00417^\circ}{s}. \quad \text{Folgerung:}$$

$$\boldsymbol{\omega} = \frac{15^\circ}{\mathrm{h}} \quad \text{oder} \quad \boldsymbol{\omega} = \frac{0{,}25^\circ}{\mathrm{min}} \quad \text{oder} \quad \boldsymbol{\omega} = \frac{0{,}00417^\circ}{s}.$$

Dieses Ergebnis sollte jeder wissen:

Nach einer Stunde hat sich die Erde um 15° (Längengrade) gen Osten bewegt.

Dieses Ergebnis nutzten früher die Seefahrer bei der Positionsbestimmung des Längengrades. Hierfür bedurfte es allerdings möglichst präziser Uhrwerke.

Weniger anschaulich aber üblich ist die SI–Angabe in Radiant pro Sekunde! Hierfür müssen Sie '°' durch $\frac{\pi}{180}$ ersetzen, oder gleich mit Radiant beginnen:

$$\boldsymbol{\omega} = \frac{\alpha}{\boldsymbol{t}} = \frac{2\pi}{24\,\mathrm{h}} = \frac{2\pi}{24 \cdot 3600\,\mathrm{s}} = 0{,}0000727 \cdot \frac{1}{s} = 7{,}27 \cdot 10^{-5} s^{-1}$$

(ii) Spätestens bei dieser Aufgabenstellung rechnen Sie Altgrad um in Radiant, um einen sinnvollen Ausdruck für die Geschwindigkeit zu erhalten:

$$\mathbf{v} = \boldsymbol{\omega} \cdot \mathbf{R} = 7{,}27 \cdot 10^{-5} s^{-1} \cdot 6\,378 \cdot 10^3\,\mathrm{m} = 464\,\mathrm{ms}^{-1} = 464\,\tfrac{\mathrm{m}}{\mathrm{s}}$$

Man beachte: Das ist schneller als Schallgeschwindigkeit! Zum Glück drehen sich *Erde und Lufthülle* zusammen mit gleicher Geschwindigkeit! ♣

Im ersten Teil der Aufgabe nutzten wir speziell die Umlaufszeit der Erde $\mathbf{T} = 24$ h zur Bestimmung der Winkelgeschwindigkeit: $\boldsymbol{\omega} = \frac{360^\circ}{24\,\mathrm{h}} = \frac{2\pi}{24\,\mathrm{h}} = \frac{2\pi}{\mathbf{T}}$.

Hierfür noch eine nützliche Umformung: Bei Zentrifugen ist oft die Frequenz **f** gleich Anzahl der Umdrehungen pro Zeiteinheit angegeben, also

$$\mathbf{f} = \frac{\nu\,(\text{Anzahl der Umdrehungen})}{\mathbf{t}\,(\text{benötigte Zeit})} \qquad \mathbf{f} = \text{Frequenz.}$$

Die benötigte Zeit für 1 Umdrehung ist **T**. Hieraus folgt $\mathbf{f} = \frac{1}{\mathbf{T}}$ und wegen $\boldsymbol{\omega} = \frac{2\pi}{\mathbf{T}} = 2\pi \cdot \frac{1}{\mathbf{T}}$ auch $\boldsymbol{\omega} = 2\pi \cdot \mathbf{f}$:

$$\boxed{\boldsymbol{\omega} = 2\pi \cdot \mathbf{f}} \qquad \mathbf{f} = \frac{1}{\mathbf{T}} \text{ die Frequenz.}$$

Aufgabe 11 *Windkraftanlagen rotieren bei guten Windverhältnissen mit* $\boldsymbol{f}$ = *10 bis 20 Umdrehungen pro Minute, was durchaus 'gemütlich' aussieht: Wählen wir als Beispiel 15 Umdrehungen und einen Radius von 50 Metern. Wie schnell bewegen sich die Blattspitzen der Rotorblätter?*

Lösung:
$$\boldsymbol{\omega} = 2\pi \cdot \mathbf{f} = 2\pi \cdot \frac{15}{60\text{ s}} = 2\pi \cdot \frac{1}{4\text{s}} = \frac{\pi}{2} \cdot \text{s}^{-1}$$
$$\mathbf{v} = \boldsymbol{\omega} \cdot \mathbf{R} = \frac{\pi}{2} \cdot 50\text{ m s}^{-1} = 78{,}5\ \frac{\text{m}}{\text{s}}$$ ♣

Das sind umgerechnet rund 283 Stundenkilometer oder ein Viertel der Schallgeschwindigkeit. Selbst in Höhe des halben Radius bewegt sich das Rotorblatt noch mit etwa 140 km/h.

Langsame Flieger wie Fledermäuse, dazu noch mit einem vergleichsweise langsamen Ortungssystem, haben hier keine Chance mehr. Erstaunlicherweise sind auch Greifvögel betroffen, vermutlich weil die Rotorblätter nicht zum Sichtfeld auf dem Boden gehören. Auch Zugvögel geraten oft in die Nähe der Rotorblätter von Windkraftanlagen, während die meisten Brutvögel in Deutschland das Umfeld von Windparks meiden.

Man versucht daher, durch Standort und Struktur von Windkraftanlagen den sogenannten *Vogelschlag* möglichst gering zu halten!

Die Stofftrennung oder die Sedimentation kleinster Partikel lässt sich mit Zentrifugen erheblich beschleunigen:

Aufgabe 12 *Die Zentrifuge im Labor rotiere mit* $\boldsymbol{f}$ = 6000 *Rotationen bzw. Umdrehungen pro Minute (rpm). Zeigen Sie:* $\boldsymbol{\omega} = 628\ s^{-1}$.
Wie groß ist die Zentrifugalbeschleunigung $\boldsymbol{b} = \boldsymbol{\omega}^2 \cdot \boldsymbol{R}$ *im Vergleich(!) zur Erdbeschleunigung* $\boldsymbol{g} = 9{,}8\ \frac{\text{m}}{s^2}$, *wenn der Radius* $\boldsymbol{R}$ = *75 mm beträgt?*
(*Sogenannte Schleuderziffer S, auch Relative Zentrifugalbeschleunigung RZB.*)

Lösung:
$$\boldsymbol{\omega} = 2\pi \cdot \mathbf{f} = 2\pi \cdot \frac{6000}{60\text{ s}} = 2\pi \cdot \frac{100}{\text{s}} = 628 \cdot \text{s}^{-1} \quad \text{(gerundet)}$$

$\mathbf{b} = \boldsymbol{\omega}^2 \cdot \mathbf{R} = 628^2 \cdot \text{s}^{-2} \cdot 0{,}075\text{ m} = 29\,579\ \frac{\text{m}}{\text{s}^2}$. Vergleichen wir:

$\frac{\mathbf{b}}{\mathbf{g}} = \frac{29\,579\ \frac{\text{m}}{\text{s}^2}}{9{,}8\ \frac{\text{m}}{\text{s}^2}} = 3\,018 = \text{S}$, folglich gilt für diese Zentrifuge: $\mathbf{b} = 3\,018 \cdot \mathbf{g}$

Diese Zentrifugalbeschleunigung ist mehr als dreitausend Mal so groß wie die Erdbeschleunigung! Ein Senkungsvorgang, der 2 Tage in Anspruch nimmt, benötigte beim Zentrifugieren nur noch etwa 1 Minute! ♣

2 e) Umkehrabbildung

Das bekannte 'Auflösen nach x' führt zur Umkehrfunktion! Beispiele: $x^3 = 0{,}5$; Lösung $x = \sqrt[3]{0{,}5}$. Oder $\cos x = 0{,}5$; Lösung $x = \cos^{-1}(0{,}5)$. Doch zuerst: Was versteht man unter einer *Funktion* oder allgemein einer *Abbildung*?

Eine Abbildung $f : A \to B$ ordnet jedem $x \in A$ genau ein $y \in B$ zu.

Die Menge A heißt Definitionsbereich, B Wertebereich. Die zentrale Rolle spielt in der Praxis zumeist die Zuordnungsvorschrift, doch auch die Wahl von A hat entscheidenden Einfluss:

Beispiel 1 Wir skizzieren $f : A \to \mathbb{R}$, Zuordnungsvorschrift $f(x) = \sin x$, Definitionsbereich (i) $A = [-\frac{\pi}{2}; \frac{\pi}{2}]$ (ii) $A = [0; \pi]$

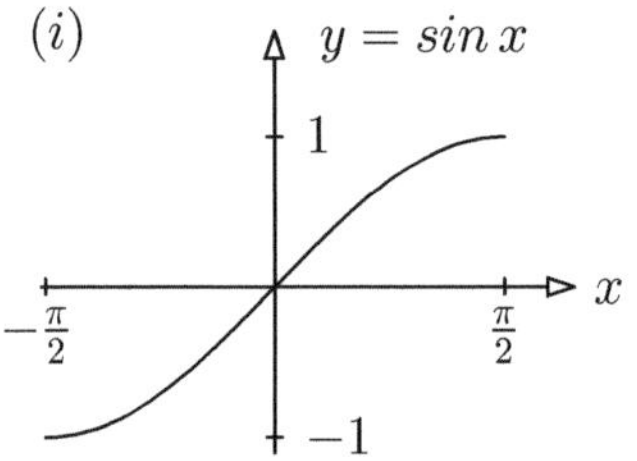

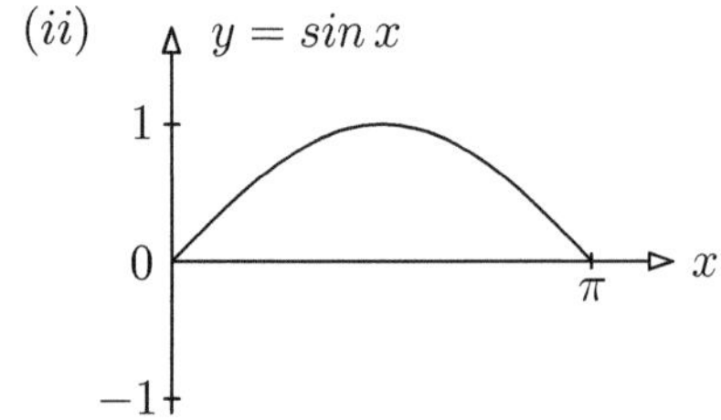

Durch die unterschiedliche Wahl des Definitionsbereichs unterscheiden sich also die beiden Graphen der Sinusfunktion erheblich! Weniger Bedeutung hat die Wahl des Wertebereichs B. Wir konnten in beiden Fällen $B = \mathbb{R}$ wählen, das funktioniert immer. Im Falle (i) würde auch $B = [-1; 1]$ genügen, im Fall (ii) sogar nur $B = [0; 1]$. Am jeweiligen Kurvenverlauf ändert das nichts! Entscheidend hierfür ist die Wahl des Definitionsbereichs A. ♣

Aufgabe 2 *Skizzieren Sie $f : A \to \mathbb{R}$ mit $f(x) = \sqrt{x^2}$. Definitionsbereich (i) $A = \mathbb{R}_0^+$ (ii) $A = \mathbb{R}$ (ggf. Taschenrechner/Wertetabelle).*

Lösung:

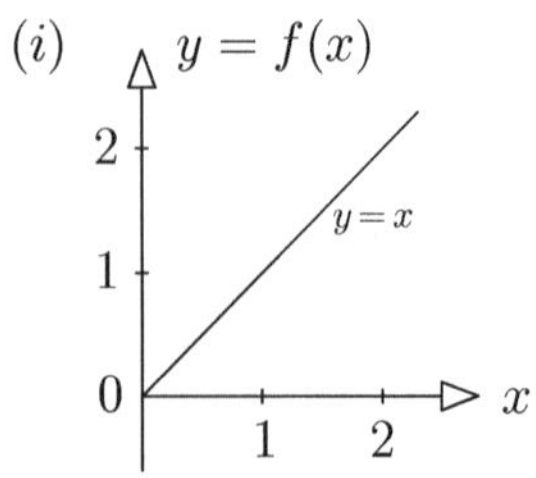

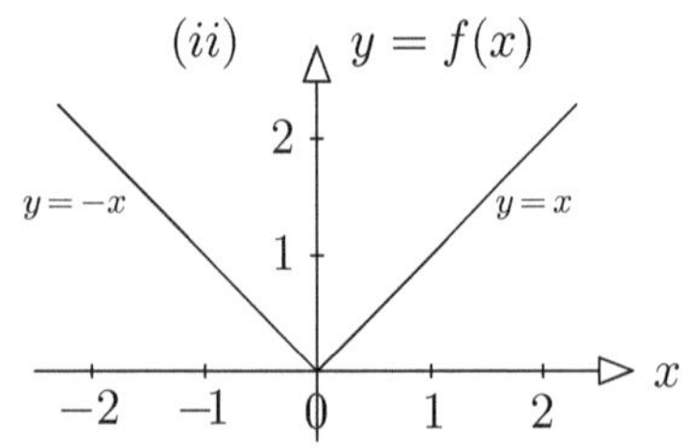

Sie kennen die Funktion rechts auch als 'Betrag von x', vgl. Seite 5:

(i) $\boxed{\sqrt{x^2} = x\,,\ \text{für } x \in \mathbb{R}_0^+}$ (ii) $\boxed{\sqrt{x^2} = |x| \ \text{ für } x \in \mathbb{R}}$

Falsch ist für alle $x \in \mathbb{R}$: $\sqrt{x^2} = x$. Das führt oft zu falschen Ergebnissen, Bsp.:
$(-3)^2 = 3^2 \ \Rightarrow\ \sqrt{(-3)^2} = \sqrt{3^2} \ \Rightarrow$ (falsch:) $-3 = 3$.
$(-3)^2 = 3^2 \ \Rightarrow\ \sqrt{(-3)^2} = \sqrt{3^2} \ \Rightarrow$ (richtig:) $|-3| = |\,3\,|$. ♣

Umkehrung von Funktionen – Lösen von Gleichungen

Wir behandeln hier nur *Funktionen.* Das sind Abbildungen, bei denen B und meistens auch A, reelle Zahlenmengen sind. Eine Funktion ist also genau das, was Sie schon vom Taschenrechner kennen. Zu jeder Eingabe einer Zahl gehört genau eine Zahlausgabe! Die einfache und enorm nützliche Idee lautet nun:

Vertausche die Rolle von x und y (vertausche Ein- und Ausgabe)!

Beispiel 3 Die Funktion $f : \mathbb{R} \to \mathbb{R}$ mit $f(x) = x^3$.

Links eine Wertetabelle für f, erste Zeile die Eingabe, zweite Zeile Ausgabe! Die *Vertauschung* von Eingabe und Ausgabe wurde rechts mit f^{-1} bezeichnet. Unten links eine ausführliche Skizze von f, rechts die *Umkehrfunktion* f^{-1}:

Eingabe
Ausgabe

f:

x	-2	-1	0	1	2
y	-8	-1	0	1	8

f^{-1}:

y	-8	-1	0	1	8
x	-2	-1	0	1	2

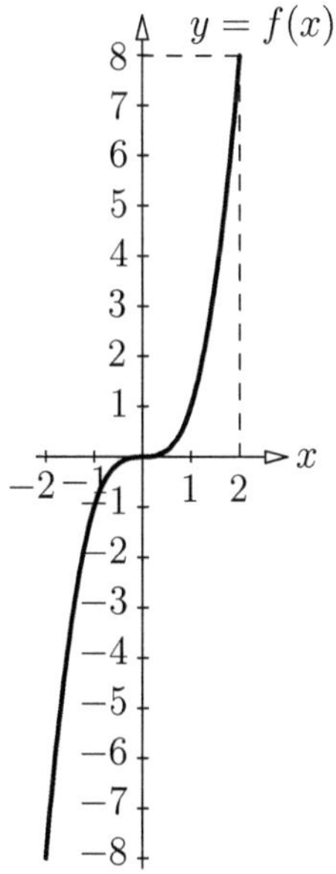

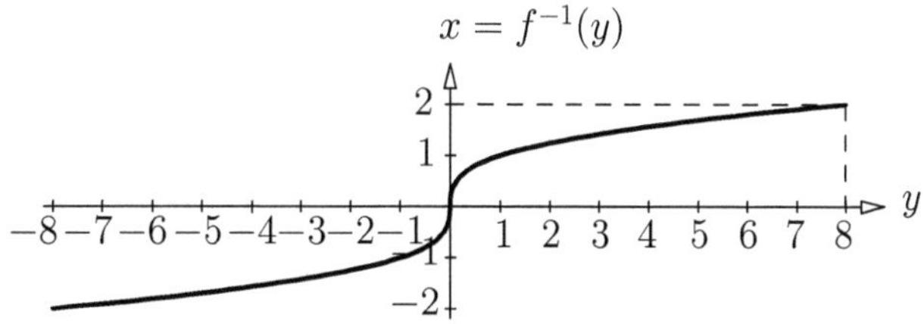

Die Vertauschung der Koordinaten geschieht anschaulich durch Spiegeln an der Winkelhalbierenden (45°–Achse), weil Spiegeln die Koordinatenachsen vertauscht. Die aus dem Kurvenverlauf der 3. Potenz entstandene Funktion nennt man die *dritte Wurzel*! Sie lösen damit Gleichungen mit der 3. Potenz: *Die Gleichung* $x^3 = 8$ *(links) ergibt* $x = \sqrt[3]{8}$ *(rechts). Allgemein für* $y \in \mathbb{R}$:

$$x^3 = y \quad \Leftrightarrow \quad x = \sqrt[3]{y}$$ ♣

Ergebnis: *Für eine umkehrbare Funktion* $f : A \to B$ *gilt*

$$y = f(x) \quad \Leftrightarrow \quad x = f^{-1}(y)\,, \qquad (x \in A,\; y \in B)\,.$$

Die allgemeine Lösung einer Gleichung der Form $f(x) = y$ *mit* $f : A \to B$ *ist folglich gleichbedeutend mit der Bestimmung der Umkehrung* $f^{-1} : B \to A$.

Anschaulich erhält man $x = f^{-1}(y)$ *durch Spiegeln des Kurvenverlaufs von* $y = f(x)$ *und der beiden* x, y*–Koordinatenachsen an der Winkelhalbierenden.*

Zusammenfassende Darstellung Wenn wir in der Skizze rechts die Achsen-*bezeichnungen* vertauschen, erhalten wir statt $x = \sqrt[3]{y}$ wie gewohnt $y = \sqrt[3]{x}$ *als Funktion von* x. Das ermöglicht $y = x^3$ und gespiegelt $y = \sqrt[3]{x}$ *zusammen* im selben Koordinatensystem darzustellen (bei gleichem Maßstab der Achsen):

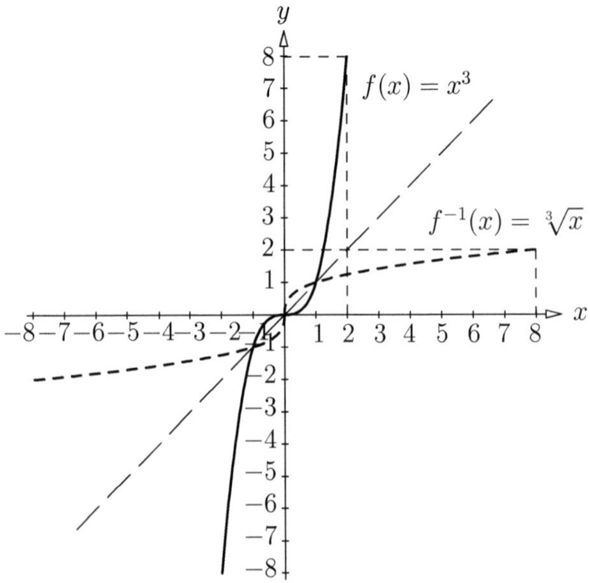

Ergänzung: *Zusätzliches Vertauschen der Achsenbezeichnungen liefert die Umkehrung als Funktion von* x*: Aus* $x = f^{-1}(y)$ *wird (wie gewohnt)* $y = f^{-1}(x)$.

Anstelle der Notation f^{-1} wie bei $\cos^{-1}$ wird oft ein *neues* Symbol eingeführt. Bei vorigem Beispiel war es $\sqrt[3]{\ }$. Und in Abschnitt 3 b) werden wir uns mit dem Beispiel der Umkehrung von $f : \mathbb{R} \to \mathbb{R}^+$ mit $f(x) = a^x$ beschäftigen! Man nennt deren Umkehrung $f^{-1} : \mathbb{R}^+ \to \mathbb{R}$ den *Logarithmus zur Basis a.* Wählen wir hier als konkretes Beispiel die Basis $a{=}3$:

Aufgabe 4 *Skizzieren Sie die Umkehrfunktion von $f : \mathbb{R} \to \mathbb{R}^+$ mit $f(x) = 3^x$. Sie erhalten den 'Logarithmus zur Basis 3', f^{-1}: $\mathbb{R}^+ \to \mathbb{R}$ mit $f^{-1}(x) = \log_3 x$.*

Wie lautet in diesem konkreten Fall die Auflösung $f(x) = y \;\Leftrightarrow\; x = f^{-1}(y)$, also die Auflösung der Gleichung $3^x = y$ nach x ? Und speziell für $y{=}2$?

Lösung: Spiegeln des Kurvenverlaufs an der Winkelhalbierenden ergibt zusammenfassend beide Funktionsverläufe im selben Koordinatensysytem:

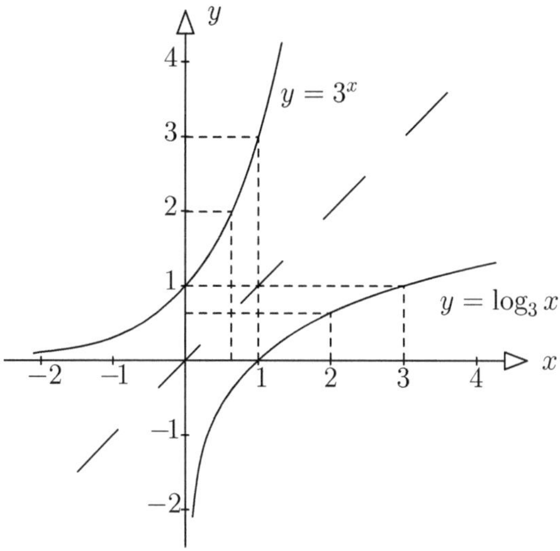

Lösung der Gleichung: Wegen $f(x) = y \Leftrightarrow x = f^{-1}(y)$ erhalten wir durch Einsetzen von $f(x) = 3^x$ und $f^{-1}(y) = \log_3 y$:

$$3^x = y \;\;\Leftrightarrow\;\; x = \log_3 y$$

Speziell im Falle von $y = 2$ gilt also $3^x = 2$ genau dann, wenn $x = \log_3 2$ ist. Oder ganz einfach gesagt: *Die Lösung der Gleichung $3^x{=}2$ ist $x{=}\log_3 2$.* ♣

Wo liegen also überhaupt noch Schwierigkeiten beim Lösen einer Gleichung? Zunächst: Ist *jede* (!) Funktion umkehrbar? Hierzu finden wir im Lehrbuch:

Eine Abbildung $f : A \to B$ ist genau dann umkehrbar, wenn jedes $y \in B$ *genau einmal* als Wert eines $x \in A$ vorkommt!

Beispiel 5 Die Funktion $f : \mathbb{R} \to \mathbb{R}$ mit $f(x) = \frac{9}{5} \cdot x + 32$ ist umkehrbar! Jeder Wert $y = \frac{9}{5}x + 32$ dieser Geraden wird genau einmal angenommen. Zum Beispiel erhält man $y = 212$ für $x = 100$. Und allgemein gilt:

$$y = \underbrace{\tfrac{9}{5} \cdot x + 32}_{f(x)} \quad \Leftrightarrow \quad \tfrac{9}{5} \cdot x = y - 32 \quad \Leftrightarrow \quad x = \underbrace{\tfrac{5}{9} \cdot (y - 32)}_{f^{-1}(y)}$$

Übrigens ist das die Umrechnung von x Celsius in Fahrenheit y, und umgekehrt:

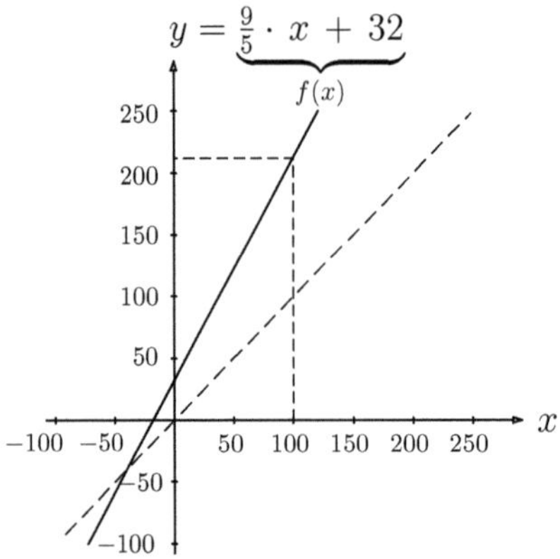

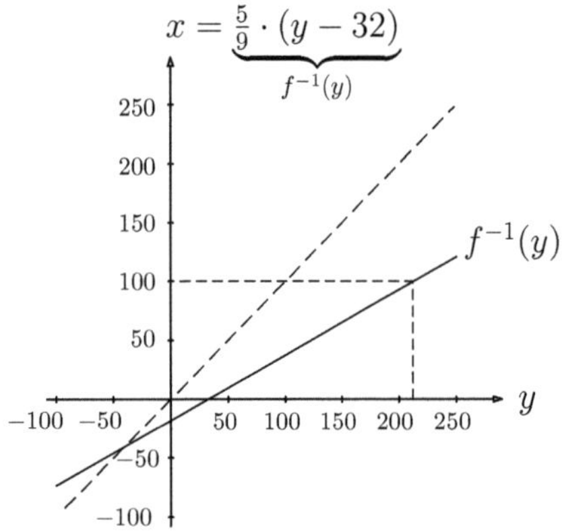

(Umkehren: Zeichnerisch nur ein Schritt, rechnerisch oft mehrere Schritte!)

Das Zimmerthermometer in den USA zeige $y = 68$ Grad Fahrenheit:

$$\tfrac{9}{5} \cdot x + 32 = 68 \quad \Leftrightarrow \quad x = \tfrac{5}{9} \cdot (68 - 32) \qquad (= 20).$$

Die Zimmertemperatur beträgt also 20 Grad Celsius! Das Zusammenfassen der beiden Skizzen ist bei verschiedenen Einheiten wie hier nicht sinnvoll (und bei unterschiedlichem Achsmaßstab gar nicht möglich). ♣

Fassen wir doch das 'Auflösen einer Gleichung nach x' noch einmal zusammen!

Sei $f : A \to B$ für alle $x \in A$ umkehrbar und irgendein Wert $y \in B$ gegeben.
Dann gilt folgender Zusammenhang: $f(x) = y \quad \Leftrightarrow \quad x = f^{-1}(y)$
(Die Lösung $x \in A$ ist eindeutig bestimmt.)

Bei den bisherigen einfachen Beispielen war stets $A = \mathbb{R}$ der Definitionsbereich:

$$\begin{array}{llcll} x \in \mathbb{R}: & x^3 = 8 & \Leftrightarrow & x = \sqrt[3]{8} \\ x \in \mathbb{R}: & 3^x = 2 & \Leftrightarrow & x = \log_3 2 \\ x \in \mathbb{R}: & \tfrac{9}{5} \cdot x + 32 = 68 & \Leftrightarrow & x = \tfrac{5}{9} \cdot (68 - 32) \end{array}$$

Was macht man, falls f nicht für alle x des Definitionsbereichs umkehrbar ist?

Umkehrung nur mit Einschränkung (mehrere Lösungen)

Teile und herrsche Ist $f : A \to B$ *nicht für alle* $x \in A$ des Definitionsbereichs umkehrbar, so unterteilt man A in *einzelne Teilbereiche* auf, für die f umkehrbar ist! Auf diese Weise kann man die jeweilige Lösung für jeden einzelnen Teilbereich bestimmen! Durch *Zusammenfassen* erhält man dann *sämtliche* Lösungen $x \in A$. Das nun folgende Beispiel ist Ihnen wohlvetraut:

Aufgabe 6 *Untersuchen Sie die Umkehrbarkeit der 'Quadratfunktion* x^2.

(a) $y = x^2$ *für* $x \in \mathbb{R}$ (b) $y = x^2$ *für* $x \in \mathbb{R}_0^-$ (c) $y = x^2$ *für* $x \in \mathbb{R}_0^+$

Skizzieren Sie den Funktionsverlauf für die jeweils angegebenen x*–Bereiche*! (*Mit* $\mathbb{R}$ *bezeichnen wir die Menge aller reellen Zahlen, mit* $\mathbb{R}_0^-$ *bzw.* $\mathbb{R}_0^+$ *nur die reellen Zahlen kleiner gleich Null bzw. größer gleich Null.*)

Lösung: (a) Es handelt sich offensichtlich um die bekannte Normalparabel, nur fehlt im Fall (b) die zu den positiven x–Werten gehörige rechte Hälfte, im Fall (c) die zu den negativen x–Werten gehörige linke Hälfte (vgl. Skizze)!

Allerdings ist die 'gesamte Funktion' f_a in diesem Fall leider *nicht* umkehrbar: Zum Beispiel kommt $y = 4$ zweimal als Wert vor, nämlich als Funktionswert von $x = 2$ und von $x = -2$. Folglich ist unklar, ob *umgekehrt* der Funktionswert von $y = 4$ nun $x = 2$, oder $x = -2$ sein soll! Auch jeder andere Schnitt, parallel zur x–Achse mit einer Höhe $y > 0$, liefert stets zwei Schnittpunkte; eingezeichnet ist als Beispiel $y = 1$. Die Funktion f_a ist also *nicht* umkehrbar!

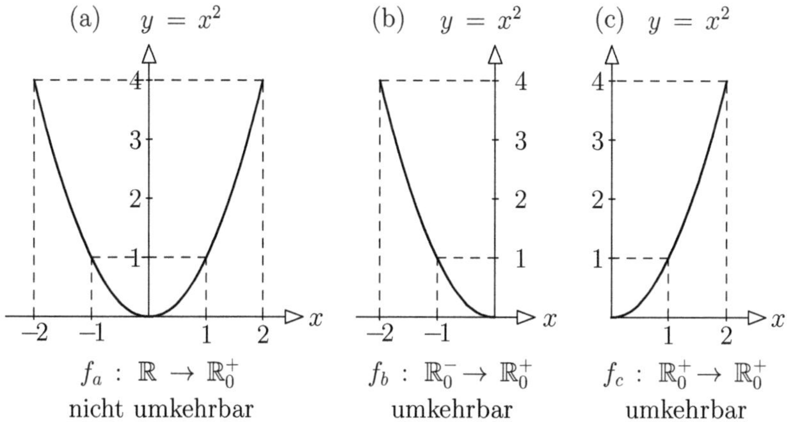

Hingegen treten bei (b) und (c) keine Probleme auf. Jeder Wert $y \geq 0$ des Wertebereiches $\mathbb{R}_0^+$ kommt *genau einmal* als Funktionswert vor, das bedeutet: Die Funktion $f_b : \mathbb{R}_0^- \to \mathbb{R}_0^+$ ist umkehrbar, ebenso $f_c : \mathbb{R}_0^+ \to \mathbb{R}_0^+$. ♣

Die Folgen Vertauschen der Koordinaten beziehungsweise das Spiegeln an der Winkelhalbierenden liefert die beiden unten skizzierten Kurvenverläufe.

$f_c^{-1} : \mathbb{R}_0^+ \to \mathbb{R}_0^+$

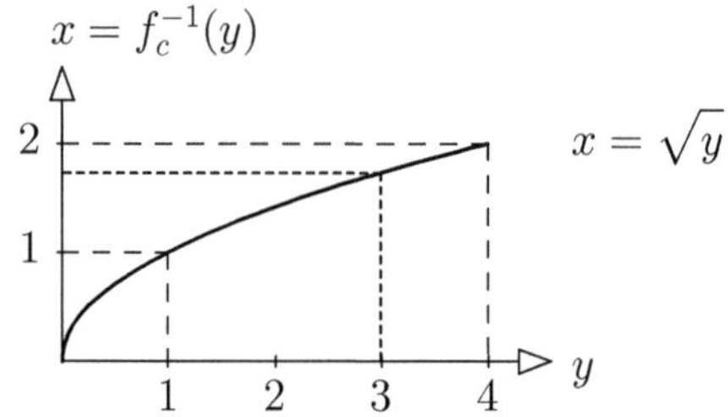

Als Funktionssymbol für f_c^{-1} ist international $\sqrt{\ }$ gebräuchlich. *Offensichtlich genügt es, deren Funktionswerte zu bestimmen! Sind nämlich diese bekannt, ergeben sich hieraus die Werte von f_b^{-1} einfach durch Vorzeichenwechsel:*

$f_b^{-1} : \mathbb{R}_0^+ \to \mathbb{R}_0^-$

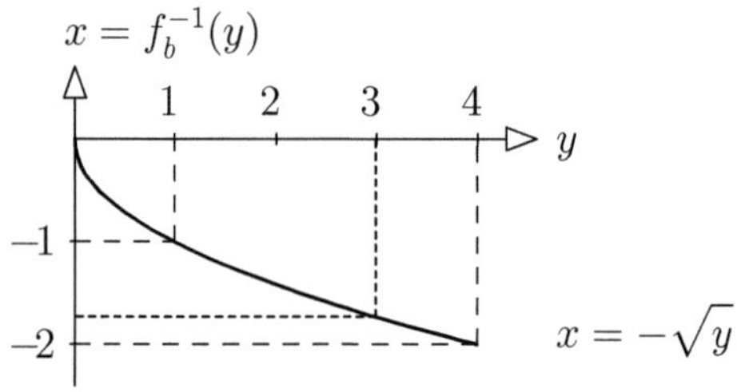

Sie kennen das von der Schule: Die Auflösung von $x^2 = 3$ lautet: $x = \pm\sqrt{3}$.

Sie bestimmen also zunächst die Lösung nur für den Teilbereich $x \geq 0$. Und Sie wissen, dass es für den Bereich $x \leq 0$ eine weitere Lösung gibt. Hierfür muss aber nur ein Minuszeichen vor die erste Lösung gesetzt werden.

Zum Glück gibt es den Taschenrechner. Ohne diesen hätten wir einige Mühe, denn nur ein Zeichen wie $\sqrt{\ }$ zu erfinden, liefert noch keine Funktionswerte! Schon in der Antike benutzte man zur Wurzelberechnung erstaunlich schnelle Näherungsverfahren. Nichts anderes geschieht auch heute bei jedem Rechner. Bereits die Umkehrung einfacher Funktionen kann sehr rechenintensiv sein!

Die Funktionswerte der 'rechten Parabelhälfte' genügen zur Einführung der Wurzelfunktion. Sie bilden hierfür sozusagen 'die erforderlichen Hauptwerte'. Die Einführung der 4-ten Wurzel $\sqrt[4]{\ }$ geschieht analog über die Funktionswerte der rechten Hälfte der vierten Potenz $f(x) = x^4,\ x \geq 0$, als Hauptwerte. Ebenso geschieht die Einführung von $\sqrt[6]{\ }$ über $f(x) = x^6, x \geq 0$, und so weiter.

Hingegen kommen die *ungeraden* Potenzen bzw. Wurzeln wie x^3 und $\sqrt[3]{\ }$ usw. ganz *ohne* solche Fallunterscheidungen aus, vgl. Sie das Beispiel 3 auf S. 133.

QUADRATISCHE GLEICHUNGEN
KANN ER NICHT!
RECHTECKIGE
AUCH NICHT?

Harte Nüsse Die Aufteilung des Definitionsbereichs von f ist natürlich nicht immer so einfach wie bei den soeben behandelten Potenzfunktionen!

Aufgabe 7 *Untersuchen Sie die Funktion $z = \cos\alpha$ auf Umkehrbarkeit:*

(a) Definitionsbereich $A = \mathbb{R}$, *(b) Definitionsbereich $A = [\,0\,; 180°]$,*

(Wertebereich in beiden Fällen $B = [-1; 1\,]$).

(c) Skizzieren Sie gegebenenfalls die Umkehrung. Lösen Sie die Gleichung $\cos\alpha =$ 0,5 zur Bestimmung eines Dreieckswinkels α.

Lösung: (a) Den Kurvenverlauf dieser Kreisfunktion kennen Sie von 2 b):

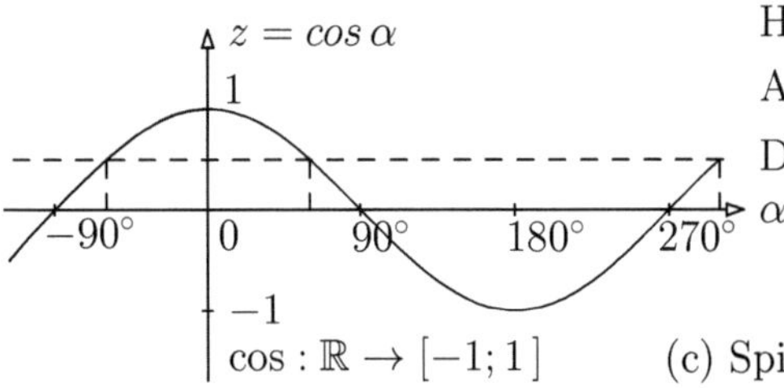

Horizontale Schnitte zeigen:
Alle z-Werte treten *mehrfach* auf,
Die Funktion ist nicht umkehrbar!

(b) Einschränkung auf
$A = [\,0\,; 180°]$ ergibt:

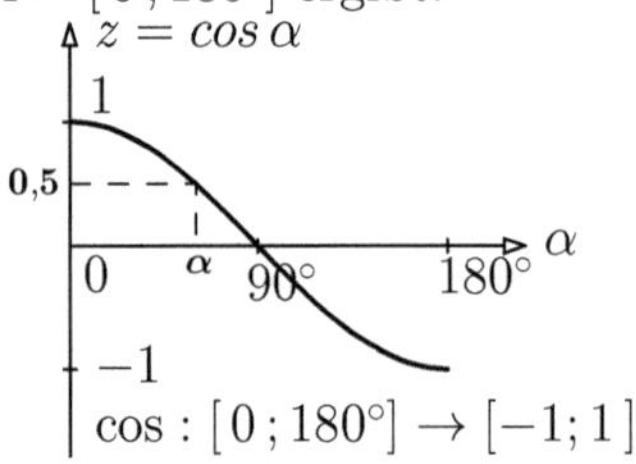

(c) Spiegeln liefert: $\alpha = cos^{-1} z$

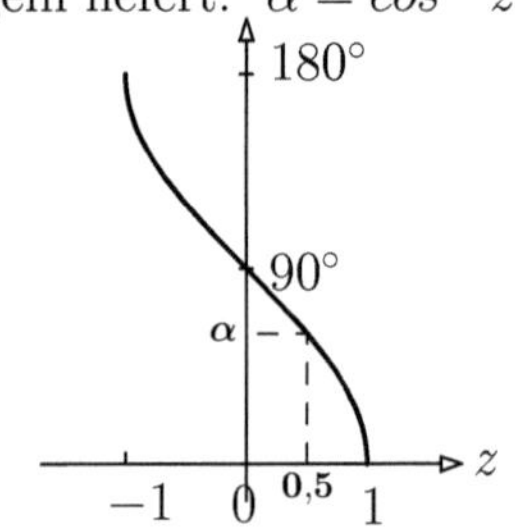

Die Umkehrfunktion
$\cos^{-1} : [-1; 1\,] \to [\,0\,; 180°]$

Im eingeschränkten Fall (b) spricht man von den Hauptwerten des Kosinus. Die Umkehrung ergibt die auf Taschenrechnern übliche Umkehrfunktion $\cos^{-1}$. Eine ältere Bezeichnung hierfür ist Arcus-Cosinus, kurz arc cos, Skizze (c).

Lösung der Gleichung $\cos\alpha = 0{,}5$: Der Wert $z = 0{,}5$ gehört zur Wertemenge $[-1; 1\,]$ von $\cos\alpha$ und somit zum Definitionsbereich der Umkehrung $\cos^{-1}$. Der Rechner liefert Ihnen eine Lösung α, aber natürlich nur aus dem zur Umkehrung von $\cos\alpha$ gewählten Bereich $A = [\,0\,; 180°]$:

$\cos\alpha = 0{,}5 \;\Leftrightarrow\; \alpha = \cos^{-1} 0{,}5$. Der Rechner zeigt $\alpha = 60°$ (Einstellung 'Deg'). Das lässt sich grob auch zeichnerisch ermitteln: In (b) bzw. (c) ist das für $z = 0{,}5$ gestrichelt dargestellt. ♣

Weitere Lösungen kann es für einen Dreieckswinkel nicht geben, da dieser immer im Bereich zwischen Null und einhundertachtzig Grad liegt! Das war sicherlich der Hauptgrund bei der Auswahl dieses Bereichs für den Rechner.

Es existieren natürlich noch weitere Lösungen der Gleichung $\cos\alpha = 0{,}5$. Hier wie auch bei anderen eingeschränkten Umkehrungen stellt sich die Frage:

Was sagt mir das angezeigte Ergebnis eigentlich über die Lösung, die ich suche!

Das erfordert oft zusätzliche Überlegungen wie zum Beispiel in diesem Fall: Wegen der Symmetrie des Funktionsverlaufs ist auch $\alpha = -60°$ eine Lösung. Zusammen mit $\alpha = 60°$ sind das sämtliche Lösungen im Bereich $[-180°;\ 180°]$. Wegen der Periodizität wiederholen sich die Funktionswerte stets nach 360°. Hiermit lassen sich die Lösungen also auch in anderen Bereichen bestimmen!

Beispiel 8 Die Umkehrung der Sinusfunktion. Und als Aufgabe wählen wir die Gleichung $\sin\alpha = 0{,}5$. Wir suchen alle Lösungen im Bereich $\alpha \in [\,0\,;180°]$.

Die Sinusfunktion ist genau wie der Kosinus sicherlich nicht auf dem gesamten Definitionsbereich $\mathbb{R}$ umkehrbar:

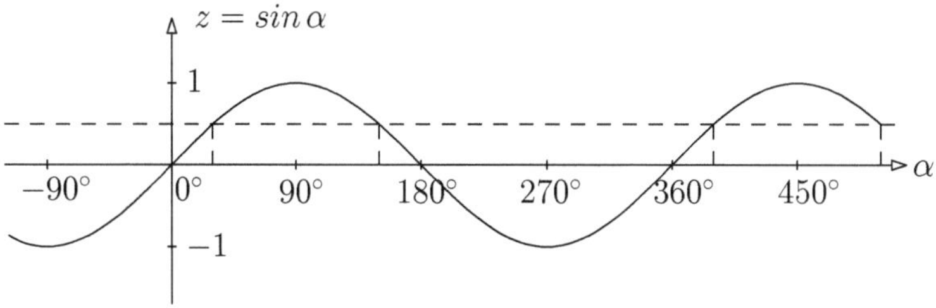

Zur Umkehrung des Sinus hat man den Bereich $\alpha \in [-90°; 90°]$ *ausgewählt*:

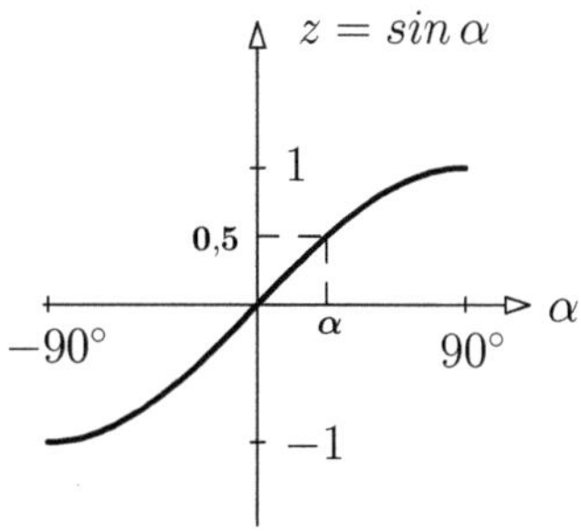

$\sin : [-90°; 90°] \to [-1;\ 1\,]$

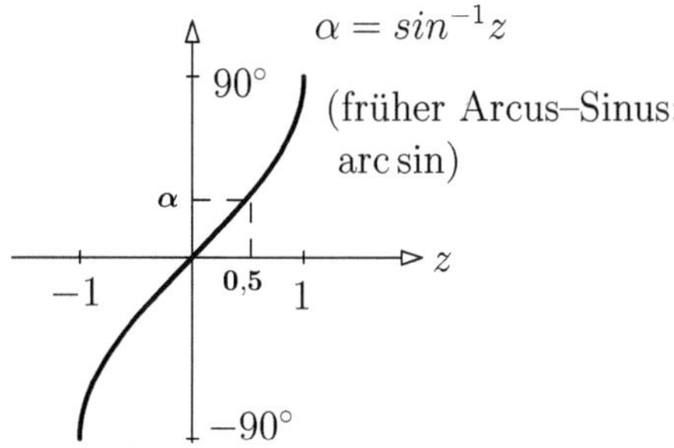

$\sin^{-1} : [-1;\ 1\,] \to [-90°; 90°]$

Jeder Zahlenwert $z \in [-1;\, 1]$ kommt genau einmal als Funktionswert von $\sin : [-90°; 90°] \to [-1;\, 1]$ vor. Folglich gibt es auch genau einen Wert $\alpha \in [-90°; 90°]$, der auf den vorgegebenen Wert $z = 0{,}5$ abgebildet wird: vergleichen Sie vorige Skizze links. *Eine* Lösung lautet also $\alpha = \sin^{-1} 0{,}5$: siehe Skizze rechts. Der Taschenrechner errechnet den Wert $\alpha = 30°$. Aber:

Aus der Symmetrie zu $\alpha = 90°$ folgt, dass auch der Wert $180° - 30° = 150°$ eine Lösung der Gleichung $\sin\alpha = 0{,}5$ ist! Um *Dreieckswinkel* α eindeutig zu bestimmen, genügt offensichtlich die Angabe von $\sin\alpha$ allein noch nicht! In unserem Beispiel käme ja als Lösung von $\sin\alpha = 0{,}5$ sowohl der Winkel $\alpha = 30°$ in Frage, als auch der Winkel $\alpha = 150°$. Der Kosinus ist auf dem Gebiet der geometrischen Dreiecksaufgaben hilfreicher, weil eindeutig! ♣

Beispiel 9 Die Umkehrung von $z = \tan\alpha = \frac{\sin\alpha}{\cos\alpha}$, $(\cos\alpha \neq 0)$, (siehe S. 108). Wie bestimmt man den Dreieckswinkel $\alpha \in]0; 180°[$, für den gilt: $\tan\alpha = -1$?

$z = tan\,\alpha$

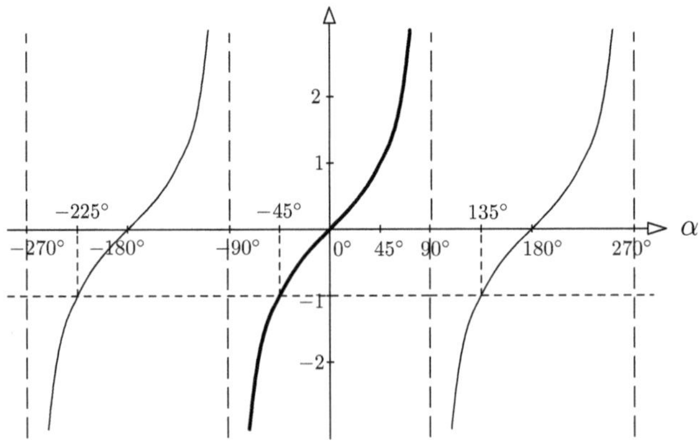

Jeder Wert $z \in \mathbb{R}$ kommt mehrmals als Funktionswert vor. Man beschränkte sich zwecks Umkehrbarkeit auf den Bereich $]-90°;\, 90°[$ für die Hauptwerte! Die betreffende Umkehrung ergibt für $\alpha = \tan^{-1}(-1)$ den Wert $\alpha = -45°$? Vergleichen Sie *nachfolgende* Skizze, überprüfen Sie mit dem Taschenrechner!

Die Tangenswerte wiederholen sich aber offensichtlich nach weiteren 180°, vergleiche *obige* Skizze! Die gesuchte Lösung ist: $\alpha = -45° + 180° = 135°$! Überprüfen Sie $\tan 135° = -1$. Weitere Lösungen $\alpha \in [0\,; 180°]$ gibt es nicht.

Dieses Beispiel zeigt, dass man mit dem Ergebnis des Rechners oft erst nach entsprechenden Zusatzüberlegungen die richtige Lösung der Aufgabe erhält! Eigenschaften und Einschränkungen bei Umkehrung von f sollte man kennen!

$tan^{-1}\colon \mathbb{R} \to]-90°; 90°[$
(früher Arcus-Tangens: *arc tan*)

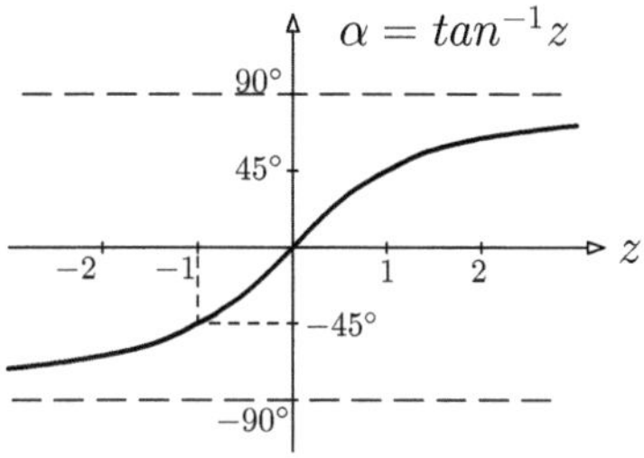

♣

Fitness - Studio

Aufgabe 10 *Verwechseln Sie bitte nicht* $f^{-1}(x)$ *mit* $(f(x))^{-1} = \dfrac{1}{f(x)}$.
Bei $f^{-1}(x)$ *handelt es sich um die Umkehrung der Funktion* $f(x)$. *Die Kurzschreibweise* f^{-1} *könnte aber auch* $\frac{1}{f}$, *ausführlich* $\frac{1}{f(x)}$ *(Reziprokwert) bedeuten. In solchen Fällen muss die Bedeutung aus dem Zusammenhang hervorgehen oder eine ausführlichere Notation benutzt werden!*

Bestimmen und vergleichen Sie zum Beispiel die beiden Zahlenwerte:

$(i)\ \cos^{-1} 0{,}2 \qquad\qquad (ii)\ (\cos 0{,}2)^{-1}$

Lösung: (i) Hier handelt es sich um die *Umkehrung* der Kosinusfunktion! Der Rechner liefert bei Einstellung von Grad (Deg): $\cos^{-1} 0{,}2 = 78{,}46°$. Wegen $1° = \frac{\pi}{180} = 0{,}01745\ldots$ lautet sein Ergebnis in Radiant:

$$\cos^{-1} 0{,}2 = \mathbf{1{,}36}\ldots$$

(ii) In diesem Falle geht es jedoch um den *Kehrwert* des Funktionswertes $\cos 0{,}2 = 0,980\ \ldots$ (nicht verwechseln mit $\cos 0{,}2° = 0{,}999\ldots!$).
Der Kehrwert von $\cos 0{,}2$ ergibt somit $(\cos 0{,}2)^{-1} = \frac{1}{\cos 0{,}2} = \frac{1}{0{,}980\ldots} = 1{,}02\ldots$

$$(\cos 0{,}2)^{-1} = \mathbf{1{,}02}\ldots$$

Es handelt sich also um zwei völlig verschiedene Funktionen: Im ersten Fall um die Umkehrfunktion $\cos^{-1}x$, im zweiten Fall aber um $(\cos x)^{-1} = \frac{1}{\cos x}$.

Das ist etwas verwirrend, weil in manchen Büchern und Beiträgen durchaus $\cos^2 x$ als vereinfachte Notation für $(\cos x)^2 = \cos x \cdot \cos x$ benutzt wird. Das stammt noch aus der Zeit, als für die Umkehrung der Cosinusfunktion (auch bei Taschenrechnern) das Symbol *arc cos* anstelle von cos^{-1} üblich war. ♣

2 f) Verkettung von Abbildungen

Die *Verkettung* nutzt man natürlich bei der 'Kettenregel zum Differenzieren' und sogar beim Lösen von Gleichungen. Sie kennen es vom Taschenrechner: Beim Eintippen von $\sin(3^2)$ betätigen Sie beim Rechner *hintereinander* die Funktionstasten 'sin' und '^{2}'. Sie *verketten* Quadrat– und Sinus–Funktion!

Allgemein: Gegeben $f: A \to B$ mit B als Wertebereich und $g: B \to C$ mit B als Definitionsbereich! Nun bilden wir die Abbildung „g verknüpft mit f“,

$$\boxed{g \circ f : A \to C, \text{ festgelegt durch: } g \circ f(x) = g(f(x)).}$$

$g \circ f$ heisst auch *Verkettung, Verknüpfung,* oder *Hintereinanderausführung* von f und g. Berechnet wird zuerst $y = f(x)$, und dann $z = g(y) = g(f(x))$. Im Falle von $\sin(3^2)$ wird zuerst 3^2 mit der Quadratfunktion f bestimmt, und direkt anschließend $\sin(3^2)$ mit g als Sinusfunktion.

Die Ausgabewerte $f(x)$ müssen zu B gehören, dem Definitionsbereich von g. Das garantiert, dass Sie dann auch $g(f(x))$ ausrechnen können! Und dieser Funktionswert gehört schlussendlich zur Menge C, dem Wertbereich von g.

Insgesamt wird also jedes $x \in A$ auf genau einen Wert $z \in C$ abgebildet. Es ist eine *neue Abbildung* $g \circ f$ entstanden, von A nach C: $g \circ f : A \to C$.
Die Mengen A, B, C können, aber müssen natürlich nicht verschieden sein. Achten Sie auf die *Reihenfolge*: Unsere Schreibweise von links nach rechts ist genau anders herum als der rechnerische Vorgang. Das ist wichtig, denn $g \circ f$ und $f \circ g$ sind in der Regel verschieden (oder $f \circ g$ ist gar nicht möglich).

Beispiel 1 $f: \mathbb{R} \to \mathbb{R}$ mit $f(x) = \sin x$ und $g: \mathbb{R} \to \mathbb{R}$ mit $g(x) = x^2$:

$$\begin{aligned} g \circ f(x) &= g(f(x)) = g(\sin x) = (\sin x)^2 \\ f \circ g(x) &= f(g(x)) = f(x^2) = \sin(x^2) \end{aligned}$$ ♣

Aufgabe 2 *Gegeben $f: \mathbb{R} \to \mathbb{R}$ mit $f(x) = x^2$ und $g: \mathbb{R} \to \mathbb{R}$ mit $g(x) = e^x$. Bestimmen und vergleichen Sie die Funktionen $h = g \circ f$ und $k = f \circ g$.*

Lösung: Wegen $h(x) = g \circ f(x)$ ergibt sich hier: $h(x) = g(f(x)) = g(x^2) = e^{x^2}$. Wegen $(a^b)^c = a^{b \cdot c}$ erhalten wir für k: $k(x) = f(g(x)) = f(e^x) = (e^x)^2 = e^{2x}$.

Offensichtlich sind diese beiden Funktionen verschieden. ♣

Achten Sie auf die erforderlichen Voraussetzungen: $\sqrt{\sin x}$ ist für alle $x \in \mathbb{R}$ nicht möglich! Zum Beispiel $x = 4$: $\sqrt{\sin 4} = \sqrt{-0{,}76}$? (Einstellung 'rad'). Möglich wäre aber z. Bsp. $\sqrt{\sin x}$ für alle $x \in [0, \pi]$, weil dann $\sin x \geq 0$, also $\sin x : A = [0, \pi] \to B = \mathbb{R}_0^+$ und dann $\sqrt{x} : B = \mathbb{R}_0^+ \to C = \mathbb{R}_0^+$.

Auf dem Taschenrechner finden Sie nur die wenigen elementaren Ausdrücke wie x^a, a^x, $\sin x$, $\cos x$, $\tan x$ und deren Umkehrungen! Erst die Rechenoperationen Addition/Subtraktion und Multiplikation/Division und vor allem die hier behandelte Verkettung ermöglichen die ungeheuere Vielzahl der in der Praxis erforderlichen Funktionen! $f \circ g\,(x)$ und $g \circ f\,(x)$ können dabei verschieden sein. Man sagt hierzu: Die Verkettung ist *nicht kommutativ.* Die Verkettung ist aber *assoziativ,* soll heißen:

$$f \circ (g \circ h)\,(x) \;=\; (f \circ g) \circ h\,(x)$$

Sie können ja lediglich *zwei* Funktionen gleichzeitig miteinander verknüpfen. Assoziativ bedeutet: Das Ergebnis ist unabhängig von der Klammersetzung. In diesem Falle darf man auf die Angabe von Klammern auch verzichten! Tatsächlich ist das Ergebnis für beide Klammerungen dasselbe:

$$\begin{aligned} f \circ (g \circ h)\,(x) &= f(g \circ h\,(x)) &&= f(g(h(x))) \\ (f \circ g) \circ h\,(x) &= (f \circ g)(h(x)) &&= f(g(h(x))) \end{aligned}$$

Aufgabe 3 *Die folgenden Funktionen sind für $x \in \mathbb{R}^+$ (d.h. $x > 0$) definiert, mit Werten ebenfalls in $\mathbb{R}^+$. Ihre Verkettung in jeder gewünschten Reihenfolge ist also für diesen Bereich problemlos möglich:*

$$k(x) = \frac{1}{x}, \;\; e(x) = e^x, \;\; q(x) = x^2 + 3, \;\; l(x) = \ln(x+1), \;\; s(x) = 2 + \sin x.$$

Bestimmen Sie die folgenden Verknüpfungen:

$$e \circ k\,(x), \;\; k \circ e\,(x), \;\; k \circ l\,(x), \;\; e \circ q\,(x), \;\; l \circ s\,(x), \;\; k \circ l \circ q\,(x).$$

Lösung: Wir erhalten der Reihe nach für

$e \circ k$: $\quad e(k(x)) = e(\frac{1}{x}) = e^{\frac{1}{x}}$ oder auch $e(k(x)) = e^{k(x)} = e^{\frac{1}{x}}$

$k \circ e$: $\quad k(e(x)) = k(e^x) = \frac{1}{e^x}$ oder auch $k(e(x)) = \frac{1}{e(x)} = \frac{1}{e^x}$

$k \circ l$: $\quad k(l(x)) = k(\ln x) = \frac{1}{\ln(x+1)}$ oder auch $k(l(x)) = \frac{1}{l(x))} = \frac{1}{\ln(x+1)}$

$e \circ q$: $\quad e(q(x)) = e(x^2+3) = e^{x^2+3}$ oder $e(q(x)) = e^{q(x)} = e^{x^2+3}$

$l \circ s$: $\quad l(s(x)) = l(2 + \sin x) = \ln((2 + \sin x) + 1) = \ln(3 + \sin x)$ oder
$l(s(x)) = \ln(s(x) + 1) = \ln(3 + \sin x)$

$k \circ l \circ q$: $\quad k(l(q(x))) = k(l(x^2+3)) = k(\ln(x^2+4)) = \frac{1}{\ln(x^2+4)}$ oder
$k(l(q(x))) = \frac{1}{l(q(x))} = \frac{1}{\ln(q(x)+1)} = \frac{1}{\ln(x^2+4)}$ ♣

Einmal hin und zurück

Die Verknüpfung einer Funktion f mit ihrer Umkehrung f^{-1} ist stets möglich! Das liegt nämlich an den passenden Bereichen: $f : A \to B$ und $f^{-1} : B \to A$. Hierdurch ergibt sich durch Verketten $f^{-1} \circ f : A \to A$ und $f \circ f^{-1} : B \to B$. Konkretes Beispiel: $\left(\sqrt{3}\,\right)^2$ und $\sqrt{3^2}$. Das einfache Ergebnis kennen Sie!

Beispiel 4 Die Funktion $f : \mathbb{R}_0^+ \to \mathbb{R}_0^+$ mit $f(x) = x^2$ ist umkehrbar! Die Umkehrfunktion ist $f^{-1} : \mathbb{R}_0^+ \to \mathbb{R}_0^+$ mit $f^{-1}(x) = \sqrt{x}$. Was ergibt nun:

(i) $f^{-1} \circ f\,(x)$ (ii) $f \circ f^{-1}\,(x)$?

Ergebnis: $f^{-1} \circ f\,(x) = f^{-1}(f(x)) = f^{-1}(x^2) = \sqrt{x^2} = x$, für alle $x \in \mathbb{R}_0^+$.
$f \circ f^{-1}\,(x) = f(f^{-1}(x)) = f(\sqrt{x}) = (\sqrt{x})^2 = x$, für alle $x \in \mathbb{R}_0^+$.

Man sagt dazu etwas kurz: *Quadrieren und Wurzelziehen heben sich auf.*
Es gilt also für alle $x \in \mathbb{R}_0^+$: $\sqrt{x^2} = x$ und $\left(\sqrt{x}\,\right)^2 = x$. ♣

Im Grunde genommen ist dies aber nur ein Spezialfall, denn das gilt auch ganz *allgemein für jede Funktion $f : A \to B$ und ihre Umkehrung $f^{-1} : B \to A$:*

$$\text{(i)}\;\; f^{-1}(f(x)) = x\,,\; x \in A\,, \qquad \text{(ii)}\;\; f(f^{-1}(x)) = x\,,\; x \in B\,.$$

f bildet ja $x \in A$ auf $y \in B$ ab, und f^{-1} umgekehrt dieses y wieder zurück zu x. Im zweiten Fall geht es von $x \in B$ zu $y \in A$ und dann wieder zurück zu $x \in B$.

Hierbei ist nur zu beachten, ob die beiden Bereiche A und B verschieden sind, denn im ersten Fall gehört das Ergebnis wieder zu A, beim zweiten Fall zu B :

$$\cos^{-1}(\cos x) = x\,,\; x \in [0;\pi]\,, \qquad \cos(\cos^{-1} x) = x\,,\; x \in [-1\,;\,1]\,.$$

Wir fassen die wichtigsten Beispiele in folgender Tabelle zusammen:

Verkettung von $f : A \to B$ mit der Umkehrung $f^{-1} : B \to A$:

$\ln(e^z) = z$	für $z \in \mathbb{R}$	$e^{\ln z} = z$	für $z \in \mathbb{R}^+$
$\lg(10^z) = z$	für $z \in \mathbb{R}$	$10^{\lg z} = z$	für $z \in \mathbb{R}^+$
$\sin^{-1}(\sin z) = z$	für $z \in \left[-\frac{\pi}{2};\frac{\pi}{2}\right]$	$\sin(\sin^{-1} z) = z$	für $z \in [-1;\,1]$
$\tan^{-1}(\tan z) = z$	für $z \in \left]-\frac{\pi}{2};\frac{\pi}{2}\right[$	$\tan(\tan^{-1} z) = z$	für $z \in \mathbb{R}$
$\cos^{-1}(\cos z) = z$	für $z \in [\,0\,;\pi]$	$\cos(\cos^{-1} z) = z$	für $z \in [-1;\,1]$
$\cot^{-1}(\cot z) = z$	für $z \in \,]\,0\,;\pi[$	$\cot(\cot^{-1} z) = z$	für $z \in \mathbb{R}$
$\sqrt[3]{z^3} = z$	für $z \in \mathbb{R}$	$(\sqrt[3]{z})^3 = z$	für $z \in \mathbb{R}$
$\sqrt{z^2} = z$	für $z \in \mathbb{R}_0^+$	$(\sqrt{z})^2 = z$	für $z \in \mathbb{R}_0^+$
$\sqrt{z^2} = -z$	für $z \in \mathbb{R}_0^-$		

Aufgabe 5 *Zeigen Sie:* $\Big(\cos(\tan^{-1} x)\Big)^2 = \dfrac{1}{1+x^2} \qquad (x \in \mathbb{R}).$

Hinweis: Nutzen Sie das Ergebnis von Aufgabe 9, Seite 108, mit $z = \tan^{-1} x$:

$$(\cos z)^2 = \tfrac{1}{1+(\tan z)^2} \qquad (-\tfrac{\pi}{2} < z < \tfrac{\pi}{2}).$$

Lösung: Wir wählen $z = \tan^{-1} x$, $x \in \mathbb{R}$, und erhalten mit vorigem Hinweis

$$(\cos z)^2 = \Big(\cos(\tan^{-1} x)\Big)^2 = \frac{1}{1+\Big(\tan(\tan^{-1} x)\Big)^2} = \frac{1}{1+x^2}$$ ♣

Die häufigste Anwendung ist das *Auflösen von Gleichungen* mit f^{-1} bzw. f:

Aufgabe:	$f(a) = b$	$a \in A$ gesucht, $b \in B$ gegeben:
$\Longleftrightarrow$	$\boldsymbol{f^{-1}}(f(a)) = \boldsymbol{f^{-1}}(b)$	Wegen $\boldsymbol{f^{-1}(f(a)) = a}$ folgt die
Lösung:	$a = f^{-1}(b)$	
Aufgabe:	$f^{-1}(b) = a$	$b \in B$ gesucht, $a \in A$ gegeben:
$\Longleftrightarrow$	$\boldsymbol{f}(f^{-1}(b)) = \boldsymbol{f}(a)$	Wegen $\boldsymbol{f(f^{-1}(b)) = b}$ folgt die
Lösung:	$b = f(a)$	

Anders ausgedrückt: $L = R \Leftrightarrow f^{-1}(L) = f^{-1}(R)$, L linke, R rechte Seite. Und $f^{-1}(L)$ vereinfacht sich wegen $f^{-1}(f(a)) = a$. Analog im zweiten Fall: $L = R \Leftrightarrow f(L) = f(R)$ und $f(L)$ vereinfacht sich hier wegen $f(f^{-1}(b)) = b$.

Beispiel 6 Die Bezeichnungen wie $x, a, \alpha, y \ldots$ sind natürlich frei wählbar! Die Lösung durch Verknüpfung mit der jeweiligen Umkehrfunktion ergibt:

Gesucht $x \in \mathbb{R}_0^+$:	$\alpha \in [0;\pi]$:	$z \in \mathbb{R}^+$:
(*i*) $\sqrt{x} = \frac{1}{2}$	(*ii*) $\cos\alpha = \frac{1}{2}$	(*iii*) $\ln z = \frac{1}{2}$
$\boldsymbol{(\sqrt{x})^2} = (\frac{1}{2})^2$	$\boldsymbol{\cos^{-1}(\cos\alpha)} = \cos^{-1}\frac{1}{2}$	$\boldsymbol{e^{\ln z}} = e^{\frac{1}{2}}$
$\boldsymbol{x} = 0{,}25$	$\boldsymbol{\alpha} = 60°\,(1{,}047)$	$\boldsymbol{z} = \sqrt{e}$

Und ganz analog (vgl. Tabelle vorige Seite):

Gesucht $y \in \mathbb{R}_0^+$:	$x \in [-1;1]$:	$s \in \mathbb{R}$:
(*i*) $y^2 = 0{,}25$	(*ii*) $\cos^{-1} x = 60°\,(1{,}047)$	(*iii*) $e^s = \sqrt{e}$
$\boldsymbol{\sqrt{y^2}} = \sqrt{0{,}25}$	$\boldsymbol{\cos(\cos^{-1} x)} = \cos 60°$	$\boldsymbol{\ln(e^s)} = \ln\sqrt{e}$
$\boldsymbol{y} = 0{,}5$	$\boldsymbol{x} = 0{,}5$	$\boldsymbol{s} = 0{,}5$ ♣

So und nicht anders haben Sie das bisher doch auch gemacht? Es sollte nur klar geworden sein, dass es sich immer um ein- und dasselbe Prinzip handelt!

Man nutzt, dass Funktion und Umkehrung zusammen verkettet sich aufheben.

Bitte achten Sie bei den in der Tabelle angegebenen Vereinfachungen auf die hierfür jeweils angegebenen Bereiche! So gilt $\sqrt{z^2} = z$ nur für Werte $z \geq 0$. Und $\sqrt{z^2} = -z$ gilt für $z \leq 0$, zusammenfassend also $\sqrt{z^2} = |z|$ für $z \in \mathbb{R}$! Sie wissen das bereits von Aufgabe 2 unten auf Seite 132 und Seite 133 oben! Einfache Zahlenbeispiele: $\sqrt{3^2} = |\,3\,| = 3$, $\sqrt{(-3)^2} = |-3\,| = -(-3) = 3$.

Nun sind Sie gut vorbereitet, um auch eine etwas knifflige Aufgabe zu lösen:

Aufgabe 7 *Für welche* $x \in \mathbb{R}$ *gilt* $\sqrt{x^2} = \sqrt{(x-2)^2}$ *? (Skizze!)*

Lösung: Ohne Vorwarnung wird man sozusagen verführt, wie folgt zu rechnen:

$\sqrt{x^2} = \sqrt{(x-2)^2} \Leftrightarrow x = (x-2) \Leftrightarrow 0 = -2$. ↯

Widerspruch, also hat die Gleichung gar keine Lösung? Nun die Korrektur:

$\sqrt{x^2} = \sqrt{(x-2)^2} \Leftrightarrow |x| = |x-2|$. Die folgende Skizze zeigt die Werte der linken Funktion $y = |x|$ und der rechten Seite $y = |x-2|$ für $x \in \mathbb{R}$. Für die Skizze beachten Sie einfach nur die Definition des Betrags:

Es gilt $|x| = x$ für $x \geq 0$ und $|x| = -x$ für $x \leq 0$. Analog $|x-2| = (x-2)$ für $x–2 \geq 0$ (also für $x \geq 2$) und $|x-2| = -(x-2)$ für $x–2 \leq 0$ (also $x \leq 2$):

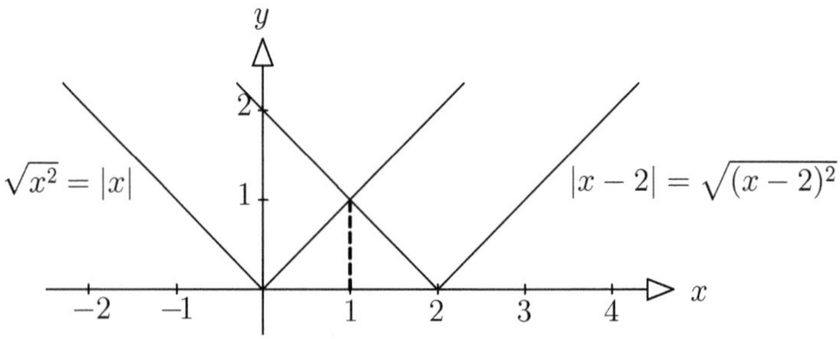

Ergebnis: $x = 1$ ist die eindeutig bestimmte Lösung der Gleichung. ♣

Die Ausdrücke in der Praxis sind nicht immer genau in der Form gegeben wie in der Tabelle auf Seite 146. Vermeiden Sie peinliche und meist folgenreiche Verwechslungen wie in der nächsten Aufgabe:

Aufgabe 8 *Was ist richtig und warum? Korrigieren Sie gegebenenfalls! (Vermutungen durch konkrete Zahlenbeispiele mit dem Taschenrechner testen. Und beim Cosinus natürlich nicht vergessen: 'Radiant' einstellen.)*

$$\begin{aligned} a)\quad \cos(\cos^{-1}(-x)) &= -x\,, & x &\in [-1;\,1]\,. \\ e^{\ln(-x)} &= -x\,, & -x &\in \mathbb{R}^+\,. \\ \ln(e^{-x}) &= -x\,, & x &\in \mathbb{R}\,. \end{aligned}$$

$$\begin{aligned} b)\quad \cos(-\cos^{-1}(x)) &= -x\,, & x &\in [-1;\,1]\,. \\ e^{-\ln(x)} &= -x\,, & x &\in \mathbb{R}^+\,. \\ \ln(-e^{x}) &= -x\,, & x &\in \mathbb{R}\,. \end{aligned}$$

Lösung: a) Diese Ergebnisse sind alle richtig:

Für jede umkehrbare Funktion $f : A \to B$ und Umkehrung $f^{-1} : B \to A$ ist $f(f^{-1}(z)) = z$, für jedes $z \in B$. Und das gilt speziell auch für $z = -x$. Natürlich muss $-x$ zu B gehören, aber das ist für alle drei Beispiele erfüllt!

b) Hier sind sämtliche Ergebnisse falsch, es gilt *nicht*: $f(-f^{-1}(x)) = -x$. Hierbei wird ja die Funktion f nicht mit f^{-1}, sondern mit $-f^{-1}$ verknüpft! Das Ergebnis unterscheidet sich je nach Funktion:

Wegen $\cos(-z) = \cos(z)$ gilt: $\quad \cos(-\cos^{-1}(x)) = \cos(\cos^{-1}(x)) = x$

Wegen $a^{-b} = \dfrac{1}{a^b}$ folgt hier: $\quad e^{-\ln(x)} = \dfrac{1}{e^{\ln(x)}} = \dfrac{1}{x}$

Wegen $-e^x < 0$ ist der Ausdruck $\ln(-e^x)$ gar nicht definiert! ♣

Umformung von Gleichungen *Umkehrbare* Abbildungen werden zum Beispiel auch für *Äquivalenzumformungen* von Gleichungen benutzt gemäß:

$$a = b \quad \Leftrightarrow \quad f(a) = f(b)$$

Dies geschieht oft in mehreren kleinen Schritten *hintereinander*. Das Ziel besteht meistens im Auflösen einer Gleichung! Das Ziel ist erreicht, wenn aus einer Gleichung wie etwa $h(x) = c$ nach Umformungen durch $f_1, f_2, \dots, f_n$ schließlich $x = f_n \circ \dots \circ f_2 \circ f_1\,(c)$ wird:

Man hat die Umkehrung von h in *mehreren* Schritten hintereinander erhalten!

$$h(x) = c \quad \Leftrightarrow \quad x = (f_n \circ \dots \circ f_2 \circ f_1)\,(c) = h^{-1}(c)\,.$$

Dieser und der vorige Abschnitt handeln also auch davon, wie die Auflösung von Gleichungen geschieht und was dabei zu beachten ist.

Fitness - Studio

Quadratische Gleichungen

Beispiel 9 Eine quadratische Gleichung wie $-2x^2 + 12x - 10 = 0$ bzw. (nach Division durch -2): $x^2 - 6x + 5 = 0$ löst man mit der 'p, q – Formel'!

Die Lösungen von $x^2 + p \cdot x + q = 0$ mit Konstanten $p, q \in \mathbb{R}$ lauten $$x_1 = -\frac{p}{2} + \sqrt{(\frac{p}{2})^2 - q} \quad \text{und} \quad x_2 = -\frac{p}{2} - \sqrt{(\frac{p}{2})^2 - q}$$ (Im Falle $(\frac{p}{2})^2 - q < 0$ hat die Gleichung keine reellen Lösungen $x \in \mathbb{R}$).

Falls Sie sich für den Beweis interessieren: Man nutzt hierfür die sogenannte 'quadratische Ergänzung':

$x^2 + px + q = x^2 + px + (\frac{p}{2})^2 - (\frac{p}{2})^2 + q = (x + \frac{p}{2})^2 - (\frac{p}{2})^2 + q = 0$. Letzteres ergibt sofort $(x + \frac{p}{2})^2 = (\frac{p}{2})^2 - q$. Im Falle $(\frac{p}{2})^2 - q < 0$ führt dies zu einem Widerspruch, denn die linke quadrierte Seite ist immer größer gleich Null. Die Gleichung ist dann also nicht lösbar. Im anderen Fall können wir auf beiden Seiten die Wurzel ziehen und erhalten somit: $|x + \frac{p}{2}| = \sqrt{(\frac{p}{2})^2 - q}$.

Um nach x auflösen zu können, unterteilen wir $\mathbb{R}$ in die *zwei Teilbereiche* $x + \frac{p}{2} \geq 0$ und $x + \frac{p}{2} \leq 0$ bzw. $x \geq -\frac{p}{2}$ und $x \leq -\frac{p}{2}$. Im ersteren Bereich gilt dann $|x + \frac{p}{2}| = x + \frac{p}{2}$, so dass folgt:

$x + \frac{p}{2} = \sqrt{(\frac{p}{2})^2 - q}$, also $x_1 = -\frac{p}{2} + \sqrt{(\frac{p}{2})^2 - q}$. Für den zweiten Bereich gilt $|x+\frac{p}{2}| = -(x+\frac{p}{2})$, was $-(x+\frac{p}{2}) = \sqrt{(\frac{p}{2})^2 - q}$ bzw. $x+\frac{p}{2} = -\sqrt{(\frac{p}{2})^2 - q}$ ergibt. Hiermit folgt als zweite Lösung im zweiten Teilbereich $x_2 = -\frac{p}{2} - \sqrt{(\frac{p}{2})^2 - q}$. ♣

Wichtig war der Schritt $\sqrt{z^2} = |z|$ mit $z = (x + \frac{p}{2})$: $\sqrt{(x + \frac{p}{2})^2} = |x + \frac{p}{2}|$.
Beachten Sie allgemein: $\sqrt{z^2} = \sqrt[4]{z^4} = \sqrt[6]{z^6} = \ldots = |z|$ für alle $z \in \mathbb{R}$.
Im Gegensatz hierzu: $\sqrt[3]{z^3} = \sqrt[5]{z^5} = \sqrt[7]{z^7} = \ldots = z$ für alle $z \in \mathbb{R}$.

Nun aber konkrete, einfache Beispiele für quadratische Gleichungen:

Aufgabe 10 *Bestimmen Sie alle Nullstellen $x \in \mathbb{R}$ von*

(i) $f(x) = x^2 - 6x + 5$ *(ii)* $f(x) = x^2 - 6x + 9$ *(iii)* $f(x) = x^2 - 6x + 12$

Lösung: Wir lösen die Aufgabe rechnerisch *und* zeichnerisch:

(i) $p = -6,\ -\frac{p}{2} = 3,\ q = 5$:

$$x_{1,2} = -\tfrac{p}{2} \pm \sqrt{(\tfrac{p}{2})^2 - q}$$
$$= 3 \pm \sqrt{3^2 - 5}$$
$$x_{1,2} = 3 \pm 2$$

Ergebnis: $x_1 = 5$, $x_2 = 1$.

(ii) $p = -6,\ -\frac{p}{2} = 3,\ q = 9$:

$$x_{1,2} = 3 \pm \sqrt{3^2 - 9}$$
$$= 3 \pm \sqrt{0}$$

Ergebnis: $x_1 = x_2 = 3$,

(nur eine Nullstelle).

(iii) $p = -6,\ -\frac{p}{2} = 3,\ q = 12$:

$$x_{1,2} = 3 \pm \sqrt{3^2 - 12}$$
$$= 3 \pm \sqrt{-3}$$

Ergebnis: Keine Nullstellen.

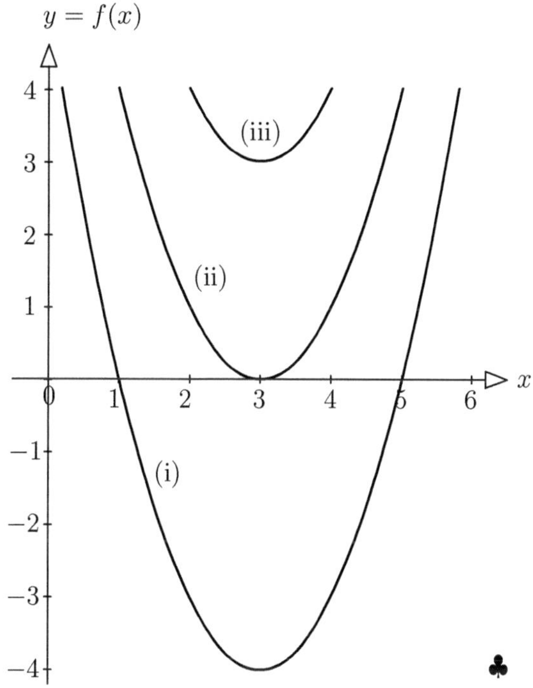

♣

Einzigartig ist das 'Neutralisieren' von f durch die Umkehrfunktion f^{-1}:

$$f^{-1}(f(x)) = x \text{ für alle } x \in A \quad \textit{und} \quad f(f^{-1}(x)) = x \text{ für alle } x \in B\,.$$

Eine *andere* Funktion außer f^{-1} hat diese besondere Eigenschaft *nicht* ! Daran lässt sich also auch erkennen, ob irgendeine Funktion $u : B \to A$ tatsächlich die Umkehrung von $f : A \to B$ ist, ob also $u = f^{-1}$ gilt (Bew. s. Lehrbuch):

$$u(f(x)) = x \text{ für alle } x \in A \quad \textit{und} \quad f(u(x)) = x \text{ für alle } x \in B \quad \Rightarrow \quad u = f^{-1}$$

Beispiel 11 Ist die Funktion $u : \mathbb{R}_0^+ \to \mathbb{R}_0^+$ mit $u(x) = \sqrt{x+1} - 1$ die Umkehrung von $f : \mathbb{R}_0^+ \to \mathbb{R}_0^+$ mit $f(x) = x^2 + 2x$? Für alle $x \in \mathbb{R}_0^+$ gilt:

$$u \circ f\,(x) = u(f(x)) = \sqrt{f(x)+1} - 1 = \sqrt{x^2 + 2x + 1} - 1 = \sqrt{(x+1)^2} - 1$$
$$= |x+1| - 1 = (x+1) - 1 = x \quad \checkmark$$

$$f \circ u\,(x) = f(u(x)) = (u(x))^2 + 2 \cdot u(x) = (\sqrt{x+1} - 1)^2 + 2 \cdot (\sqrt{x+1} - 1)$$
$$= (\sqrt{x+1})^2 - 2 \cdot \sqrt{x+1} + 1 + 2 \cdot \sqrt{x+1} - 2 = x + 1 + 1 - 2 = x \quad \checkmark$$

Die beiden Voraussetzungen sind erfüllt, somit folgt: $u = f^{-1}$. ♣

Dreieck- oder Sägezahnkurven Wir wissen bereits von Seite 133 und 148:

Es gilt $\sqrt{x^2} = x$ für Werte $x \in \mathbb{R}_0^+$, aber $\sqrt{x^2} = |x|$ für alle $x \in \mathbb{R}$!

Betrachten wir wieder einmal, abweichend von der Tabelle auf Seite 146, auch

$$\cos^{-1}(\cos x) \quad \text{und} \quad \tan^{-1}(\tan x) \quad \textit{für alle} \ x \in \mathbb{R}\,!$$

Beispiel 12 $\cos^{-1}(\cos x)$ für $x \in \mathbb{R}$:

Da sich der Cosinus mit der Periode 2π wiederholt, genügt es, $\cos^{-1}(\cos x)$ auf dem Intervall $[-\pi; \pi]$ zu diskutieren: Gemäß Seite 146 gilt $\cos^{-1}(\cos x) = x$ für alle $x \in [0; \pi]$. Da die Werte des Cosinus symmetrisch zur y–Achse sind, liegen auch die Werte von $\cos^{-1}(\cos x)$ symmetrisch zur y–Achse. Da sich alle Werte mit der Periode 2π wiederholen, ergibt sich insgesamt folgendes Bild:

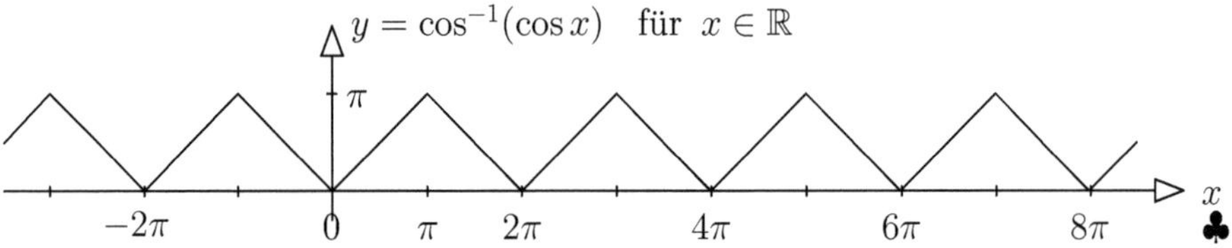

♣

Der Funktionsgraph von $y = \sin^{-1}(\sin x)$ für $x \in \mathbb{R}$ ist nur etwas verschoben. Man beachte $\sin^{-1}(\sin x) = x$ für $x \in [-\frac{\pi}{2}; \frac{\pi}{2}]$ und die Symmetrie zu $x = \frac{\pi}{2}$.

Beispiel 13 $\tan^{-1}(\tan x)$ für $x \in \mathbb{R}$, $(x \neq \pm\frac{\pi}{2},\ \pm\frac{3\pi}{2},\ \pm\frac{5\pi}{2}\ \ldots)$:

Gemäß Seite 146 gilt $\tan^{-1}(\tan x) = x$ für alle $x \in]-\frac{\pi}{2}; \frac{\pi}{2}[$. Diese Werte wiederholen sich einfach mit der Periode π, da sich auch die Tangenswerte mit der Periode π wiederholen. Folglich ergibt sich folgendes Bild (im Vergleich zu oben ist der Maßstab hier doppelt so groß gewählt):

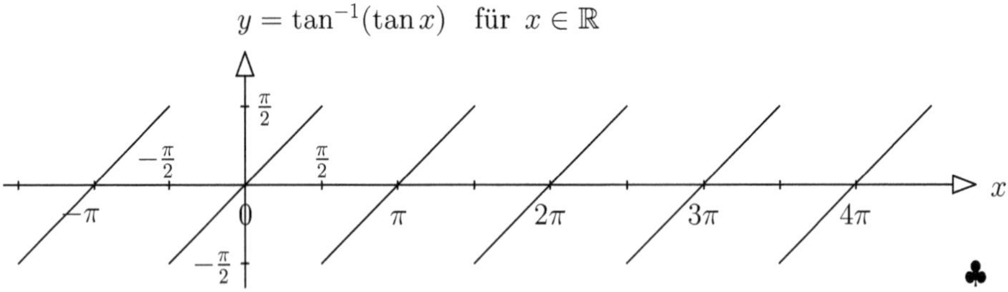

♣

(Die umgekehrten Ausdrücke wie $(\sqrt{x})^2$, $\cos(\cos^{-1} x)$ und $\sin(\sin^{-1} x)$ sind für andere x–Werte, als in der Tabelle auf Seite 146 angegeben, *nicht* definiert!)

Kapitel 3

Exponential- und Potenzfunktionen

3 a) Die Exponentialfunktionen $y = a^x$

Definition Einfache Exponentialausdrücke a^x begegnen uns zum Beispiel als
$a^3 = a \cdot a \cdot a\,,\quad a^{-1} = \dfrac{1}{a}\,,\quad a^{\frac{1}{2}} = \sqrt[2]{a}\,,\quad a^{\frac{3}{2}} = \sqrt[2]{a^3} = (\sqrt[2]{a})^3\,,\quad a^{-\frac{3}{2}} = \dfrac{1}{a^{\frac{3}{2}}}\,,$ usw.
Die *Basis* a ist eine beliebige aber fest gewählte *positive* Zahl. Für $a = 1$ gilt trivialerweise $a^x = 1$. Im Fall $a \neq 1$ gibt es eine *streng monotone* Funktion, die speziell für Bruchzahlen $x = \frac{m}{n}$ mit der obigen Definition von a^x übereinstimmt (siehe Lehrbuch). Sie heißt *Exponentialfunktion* $\mathbf{exp_a}\, \boldsymbol{x}$ *zur Basis* a. *Wir schreiben einfach wieder* $\boldsymbol{a^x}$, *aber nun für* <u>*alle*</u> *reellen Zahlen* $x \in \mathbb{R}$!

Aufgabe 1 *Skizzieren Sie als Beispiele für Exponentialfunktionen mit Basis* $a > 1$ *und Basis* $a < 1$ *exemplarisch die beiden Funktionen* $f, g : \mathbb{R} \to \mathbb{R}^+$ *mit:*

$$(i) \quad f(x) = 2^x \qquad\qquad (ii) \quad g(x) = 2^{-x} = \left(\frac{1}{2}\right)^x = 0{,}5^x$$

Welcher einfache Zusammenhang besteht zwischen $f(x)$ *und* $g(x)$ *?*

<u>Lösung:</u> Beachten Sie für jede Basis a: $\quad a^1 = a, \quad a^0 = 1.$

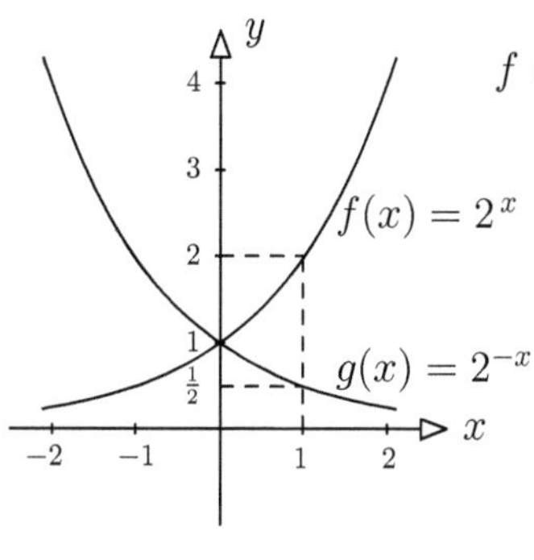

f und g sind spiegelbildlich zur y-Achse:

$$f(-x) = g(x)$$
$$g(-x) = f(x)$$

♣

Aufgabe 2 *Skizzieren und vergleichen Sie* $f(x)=2^x$ *mit* $g(x)=3^x$ *für* $x \in \mathbb{R}$. *Gilt eigentlich* $3^x > 2^x$ *für alle* $x \in \mathbb{R}$ *?*

Lösung:

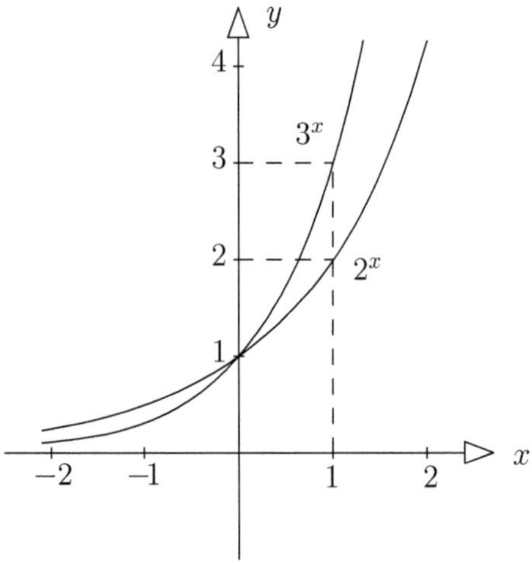

$3^x > 2^x$ für alle $x>0$,
$3^x < 2^x$ für alle $x<0$.

♣

Eine wichtige Basis a ist die *Eulersche Zahl* $e = 2,718\ldots$. Der Funktionsverlauf von $f(x) = e^x$ liegt zwischen 2^x und 3^x. Andere Basiswerte lassen sich leicht umrechnen, weshalb man auch von *der* Exponentialfunktion spricht.

Wiederholung

Häufig benutzte Umformungen sind (vii) – (ix), sowie die 'allgemeinen Potenzrechenregeln' (i) – (vi), ($u, v, a, b \in \mathbb{R}$ und m, n natürliche Zahlen, $a, b > 0$):

(i) $a^u \cdot a^v = a^{u+v}$	(ii) $(a \cdot b)^u = a^u \cdot b^u$	(iii) $(a^u)^v = a^{u \cdot v}$
(iv) $\left(\frac{a}{b}\right)^u = \frac{a^u}{b^u}$	(v) $\frac{a^u}{a^v} = a^{u-v}$	(vi) $a^u = \left(\frac{1}{a}\right)^{-u}$
(vii) $a^0 = 1$	(viii) $a^{-u} = \frac{1}{a^u}$	(ix) $a^{\frac{m}{n}} = (\sqrt[n]{a}\,)^m$

Mit Regel (vi) lässt sich jede Basis $a<1$ in die Basis $\frac{1}{a}>1$ umwandeln, Bsp.:

$$0{,}5^x = \left(\tfrac{1}{0{,}5}\right)^{-x} = 2^{-x} \qquad 0{,}5^{-x} = \left(\tfrac{1}{0{,}5}\right)^{-(-x)} = 2^x$$

Beispiel 3 Sie kennen (i) – (v) bereits von ganz einfachen Zahlenbeispielen:

(i) $a^5 \cdot a^2 = (a \cdot a \cdot a \cdot a \cdot a) \cdot (a \cdot a) = a \cdot a \cdot a \cdot a \cdot a \cdot a \cdot a = a^7 = a^{5+2}$

$$a^5 \cdot a^{-2} = (a \cdot a \cdot a \cdot a \cdot a) \cdot \frac{1}{(a \cdot a)} = \frac{a \cdot a \cdot a \cdot a \cdot a}{a \cdot a} = a^3 = a^{5+(-2)}$$

(ii) $(a \cdot b)^3 = a \cdot b \cdot a \cdot b \cdot a \cdot b = a \cdot a \cdot a \cdot b \cdot b \cdot b = a^3 \cdot b^3$

$$(a \cdot b)^{-3} = \frac{1}{(a \cdot b)^3} = \frac{1}{a^3 \cdot b^3} = \frac{1}{a^3} \cdot \frac{1}{b^3} = a^{-3} \cdot b^{-3}$$

(iii) $(a^3)^2 = a^3 \cdot a^3 = a^6 = a^{3+3} = a^{2 \cdot 3}$

$$(a^{-3})^2 = a^{-3} \cdot a^{-3} = a^{-6} = a^{(-3)+(-3)} = a^{(-3) \cdot 2}$$

(iv) $\left(\frac{a}{b}\right)^3 = \frac{a}{b} \cdot \frac{a}{b} \cdot \frac{a}{b} = \frac{a \cdot a \cdot a}{b \cdot b \cdot b} = \frac{a^3}{b^3}$

$$\left(\frac{a}{b}\right)^{-3} = \left(\left(\frac{a}{b}\right)^{-1}\right)^3 = \left(\frac{b}{a}\right)^3 = \frac{b^3}{a^3} = b^3 \cdot \frac{1}{a^3} = \frac{1}{b^{-3}} \cdot a^{-3} = \frac{a^{-3}}{b^{-3}}$$

(v) $\frac{a^5}{a^2} = \frac{a \cdot a \cdot a \cdot a \cdot a}{a \cdot a} = a \cdot a \cdot a = a^3 = a^{(5-2)}$

$$\frac{a^5}{a^{-2}} = a^5 \cdot \frac{1}{a^{-2}} = a^5 \cdot a^2 = a^7 = a^{(5+2)} = a^{(5-(-2))}$$ ♣

Mit konkreten Beispielen dieser Art können Sie sich solche Regeln auch jederzeit in Erinnerung rufen! Zur Probe noch einige kleine Testaufgaben:

Aufgabe 4 *Vereinfachen Sie:*

(i) $a^3 \cdot a^5, \quad a^3/a^5, \quad a^{-3} \cdot a^5, \quad a^{-3}/a^5, \quad a^5/a^{-3}.$

(ii) $\left(\frac{1}{2}\right)^0, \quad \left(\frac{1}{2}\right)^1, \quad \left(\frac{1}{2}\right)^3, \quad \left(\frac{1}{2}\right)^{-3}, \quad \left(\frac{1}{4}\right)^{\frac{1}{2}}.$

Lösung: (i)

$$a^3 \cdot a^5 = a^{3+5} = a^8 \qquad \frac{a^3}{a^5} = a^{3-5} = a^{-2} = \frac{1}{a^2}$$

$$a^{-3} \cdot a^5 = a^{-3+5} = a^2 \qquad \frac{a^{-3}}{a^5} = a^{-3-5} = a^{-8} = \frac{1}{a^8}$$

$$\frac{a^5}{a^{-3}} = a^{5-(-3)} = a^{5+3} = a^8$$

(ii)

$$\left(\frac{1}{2}\right)^0 = 1 \qquad \left(\frac{1}{2}\right)^1 = \frac{1}{2} \qquad \left(\frac{1}{2}\right)^3 = \frac{1^3}{2^3} = \frac{1}{8}$$

$$\left(\frac{1}{2}\right)^{-3} = \frac{1}{(\frac{1}{2})^3} = \frac{1}{\frac{1}{8}} = 8 \qquad \left(\frac{1}{4}\right)^{\frac{1}{2}} = \sqrt{\frac{1}{4}} = \frac{1}{2}$$ ♣

Aufgabe 5 *(i) Gilt* $(e^x)^2 = e^{x^2}$*, was* $e^{(x^2)}$ *bedeutet, oder gilt* $(e^x)^2 = e^{2x}$ *?*
(ii) Vereinfachen Sie, so weit möglich: $\dfrac{e^{3x}}{e^x}$ *und* $\dfrac{e^{x^3}}{e^x}$.

Lösung: (i) $(e^x)^2 = e^x \cdot e^x = e^{x+x} = e^{2x}$
Oder Sie nutzen die Regel $(a^u)^v = a^{u \cdot v}$: $(e^x)^2 = e^{x \cdot 2} = e^{2 \cdot x}$
Der zweite Exponent war etwas 'hochgerutscht', was aber nichts ändert!
(ii) $\dfrac{e^{3x}}{e^x} = e^{3x-x} = e^{2x}$, $\dfrac{e^{x^3}}{e^x} = e^{x^3-x}$. ♣

Aufgabe 6 *Bei folgender Skizze handelt es sich um eine Exponentialfunktion* a^x*, und zwar entweder mit der Basis* $a = 2$*, oder* $a = 3$ *oder* $a = 10$*. Begründen Sie zeichnerisch, um welche Basis es sich hier handeln muss:*

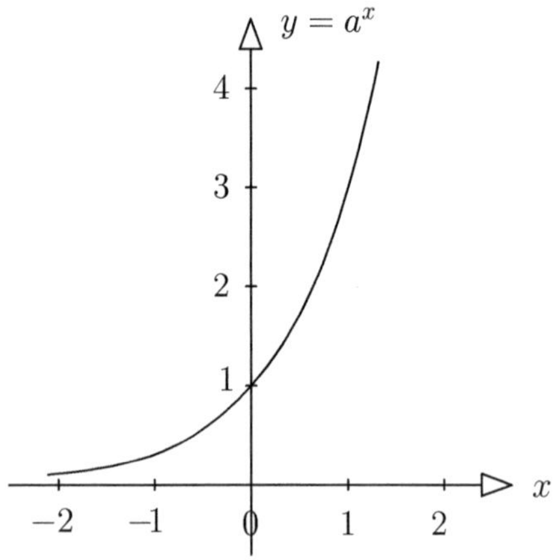

Lösung: Die Skizze liefert für $x = 1$: $a^1 = 3$, folglich gilt $a = 3$. ♣

Aufgabe 7 *Vereinfachen Sie:* $z = \dfrac{a^3 \cdot b^3 \cdot c^{-1} \cdot a^{-4} \cdot b^{-1} \cdot c^{-1}}{(a^{-1})^2 \cdot b^{-3} \cdot c \cdot c}$
(Solche Ausdrücke treten in der Praxis beim Rechnen mit Einheiten auf.)

Lösung: Vereinfachen wir zunächst Zähler und Nenner getrennt, so folgt:

$$z = \frac{a^{-1} \cdot b^2 \cdot c^{-2}}{a^{-2} \cdot b^{-3} \cdot c^2} = a^{-1+2} \cdot b^{2+3} \cdot c^{-2-2} = a \cdot b^5 \cdot c^{-4}$$ ♣

Aufgabe 8 *Vereinfachen Sie:* $x = \left(\dfrac{\dfrac{b}{a} + \dfrac{a}{b}}{a^2 + b^2} \right)^{-1}$

Lösung: Wegen $\dfrac{b}{a} + \dfrac{a}{b} = \dfrac{b \cdot b}{a \cdot b} + \dfrac{a \cdot a}{a \cdot b} = \dfrac{b^2 + a^2}{a \cdot b} = \dfrac{a^2 + b^2}{a \cdot b}$ folgt sofort

$$x = \left(\dfrac{\dfrac{a^2 + b^2}{a \cdot b}}{a^2 + b^2} \right)^{-1} = \left(\dfrac{1}{a \cdot b} \right)^{-1} = a \cdot b$$ ♣

Aufgabe 9 *Zeigen Sie durch Umformen, dass* $e^{\ln\left(\frac{1}{2} + \sqrt{\frac{5}{4}}\right)} - e^{-\ln\left(\frac{1}{2} + \sqrt{\frac{5}{4}}\right)}$ *exakt den Wert 1 ergibt. (Hinweis:* $e^{\ln x} = x\,,\ e^{-\ln x} = \dfrac{1}{e^{\ln x}} = \dfrac{1}{x}$ *).*

Lösung: $e^{\ln\left(\frac{1}{2} + \sqrt{\frac{5}{4}}\right)} - e^{-\ln\left(\frac{1}{2} + \sqrt{\frac{5}{4}}\right)} = e^{\ln\left(\frac{1}{2} + \sqrt{\frac{5}{4}}\right)} - \dfrac{1}{e^{\ln\left(\frac{1}{2} + \sqrt{\frac{5}{4}}\right)}} =$

$$\left(\tfrac{1}{2} + \sqrt{\tfrac{5}{4}}\right) - \frac{1}{\left(\frac{1}{2} + \sqrt{\frac{5}{4}}\right)} = \frac{\left(\frac{1}{2} + \sqrt{\frac{5}{4}}\right)^2}{\left(\frac{1}{2} + \sqrt{\frac{5}{4}}\right)} - \frac{1}{\left(\frac{1}{2} + \sqrt{\frac{5}{4}}\right)} =$$

$$\frac{\frac{1}{4} + \sqrt{\frac{5}{4}} + \frac{5}{4}}{\frac{1}{2} + \sqrt{\frac{5}{4}}} - \frac{1}{\frac{1}{2} + \sqrt{\frac{5}{4}}} = \frac{\frac{1}{4} + \sqrt{\frac{5}{4}} + \frac{5}{4} - 1}{\frac{1}{2} + \sqrt{\frac{5}{4}}} = \frac{\frac{1}{2} + \sqrt{\frac{5}{4}}}{\frac{1}{2} + \sqrt{\frac{5}{4}}} = 1$$ ♣

Natürliches Wachstum und Zerfall

Anwendungen der Exponentialfunktion sind Ihnen bereits als Zinsrechnung aus dem Schulunterricht bekannt! Verzinst Ihnen zum Beispiel jemand einen Anfangsbetrag von $M_0 = 1000$ € zu $p = 6\%$ Zinsen pro Jahr, kommen nach einem Jahr $0{,}06 \cdot M_0$ an Zinsen hinzu. Zusammen sind das nach 1 Jahr:

$\mathbf{M}_1 = \mathbf{M}_0 + 0{,}06 \cdot \mathbf{M}_0 = 1{,}06 \cdot \mathbf{M}_0$, nach 2 Jahren:
$\mathbf{M}_2 = \mathbf{M}_1 + 0{,}06 \cdot \mathbf{M}_1 = 1{,}06 \cdot \mathbf{M}_1 = 1{,}06^2 \cdot \mathbf{M}_0$, nach 3 Jahren:
$\mathbf{M}_3 = \mathbf{M}_2 + 0{,}06 \cdot \mathbf{M}_2 = 1{,}06 \cdot \mathbf{M}_2 = 1{,}06^3 \cdot \mathbf{M}_0$, nach 4 Jahren:
$\mathbf{M}_4 = \mathbf{M}_3 + 0{,}06 \cdot \mathbf{M}_3 = 1{,}06 \cdot \mathbf{M}_3 = 1{,}06^4 \cdot \mathbf{M}_0$, allgemein nach x Jahren:

$\mathbf{M}_x = 1{,}06^x \cdot \mathbf{M}_0$. Dies führt zur Exponentialfunktion a^x mit $a = 1 + p = 1{,}06$. Nach 10 Jahren zum Beispiel erhielten Sie $\mathbf{M}_{10} = 1{,}06^{10} \cdot 1000$ € $= 1790{,}85$ €.

ICH VERSPRECHE IHNEN, WAS BESTIMMT KEINER HALTEN KANN!
LEIHMANN-BRÜDER
Strotz & Protz
Die Bank für gemeine Wirtschaft
UND WIE VIEL ZINSEN BEKOMMEN WIR PRO SEKUNDE?
Tobaco

Hierbei vergrößerte sich die Menge $M(\mathbf{t})$ nach $\Delta\mathbf{t} = 1$Jahr stets um $p = 6\,\%$. Die Exponentialfunktion beschreibt Größen, deren *Änderung proportional zum momentanen Wert* ist! Ist dieser Wert gering, kommt nur wenig hinzu, ist er bereits auf das Doppelte angewachsen, kommt doppelt so viel dazu. Doch handelt es sich dabei immer nur um einen konstanten(!) Prozentsatz. (Wiederholung der Prozentrechnung siehe Seite 64 ff). Ungewohnt sind vermutlich nur Anwendungen, bei denen Δt *nicht* 1 Jahr beträgt! *Wie lautet dann die Lösung?* Als Beispiel wählen wir eine Kultur von Einzellern. Hierfür trifft wohl die übliche Bezeichnung *natürliches Wachstum* am ehesten zu:

Beispiel 10 *Eine Population $P(t)$ von Einzellern vergrößere sich nach Ablauf von $\Delta t = 10$ Minuten stets um $p = 6\,\%$ bzw. um den Faktor $a = 1{,}06$.* Um welchen Faktor ist die Anfangspopulation P_0 nach $t = 1{,}5$ Stunden angewachsen? Die Argumentation ist ganz analog zu vorigem monetären Beispiel:

$$\begin{array}{rcccccl}
P(\mathbf{10\,min}) & = & P(0\,min + \mathbf{10\,min}) & = & P(0\,min)\cdot 1{,}06 & = & P_0 \cdot \mathbf{1{,}06} \\
P(\mathbf{20\,min}) & = & P(10\,min + \mathbf{10\,min}) & = & P(10\,min)\cdot 1{,}06 & = & P_0 \cdot \mathbf{1{,}06^2} \\
P(\mathbf{30\,min}) & = & P(20\,min + \mathbf{10\,min}) & = & P(20\,min)\cdot 1{,}06 & = & P_0 \cdot \mathbf{1{,}06^3} \\
 & \vdots & & \vdots & & \vdots & \\
P(\mathbf{90\,min}) & = & P(80\,min + \mathbf{10\,min}) & = & P(80\,min)\cdot 1{,}06 & = & P_0 \cdot \mathbf{1{,}06^9}
\end{array}$$

Der Exponent 9 ergibt sich als Quotient $\frac{\mathbf{t}}{\Delta\mathbf{t}} = \frac{1{,}5\,h}{10\,min} = \frac{90\,min}{10\,min} = 9$. Allgemein:

$$P(\mathbf{t}) = P_0 \cdot 1{,}06^{\frac{\mathbf{t}}{\Delta\mathbf{t}}}$$ ♣

$P(\mathbf{t})$ vergrößerte sich nach $\Delta\mathbf{t} = 10$ Minuten stets um $6\,\%$. Ergebnis:

$$P(\mathbf{t} + \Delta\mathbf{t}) = P(\mathbf{t}) \cdot 1{,}06 \quad \text{und } P(0) = P_0 \quad \text{bedeutet } P(\mathbf{t}) = P_0 \cdot 1{,}06^{\frac{\mathbf{t}}{\Delta\mathbf{t}}}.$$

Das gilt nicht nur für $a = 1{,}06$, sondern allgemein für jeden Faktor $a = 1 + p$:

$$\boxed{M(\mathbf{t} + \Delta\mathbf{t}) = M(\mathbf{t}) \cdot a \ \text{ und } M(0) = M_0 \quad \Leftrightarrow \quad M(\mathbf{t}) = M_0 \cdot a^{\frac{\mathbf{t}}{\Delta\mathbf{t}}}}$$

Anmerkung: Für $a = 1 + p$ gilt $a > 1$ falls $p > 0$, und $a < 1$ falls $p < 0$. Hierbei ist M_0 offensichlich die 'Anfangsmenge' zum Zeitpunkt $\mathbf{t} = 0$, denn: $M(0) = M_0 \cdot a^0 = M_0 \cdot 1 = M_0$. Bei einem anderen Beginn müssen wir die angegebene Lösung einfach nur entsprechend verschieben, wobei M_0 dann die Anfangsmenge zum Zeitpunkt $\mathbf{t} = \mathbf{t}_0$ bezeichnet:

$$M(\mathbf{t} + \Delta\mathbf{t}) = M(\mathbf{t}) \cdot a \ \text{ und } M(\mathbf{t}_0) = M_0 \quad \Leftrightarrow \quad M(\mathbf{t}) = M_0 \cdot a^{\frac{\mathbf{t}-\mathbf{t}_0}{\Delta\mathbf{t}}}$$

In den meisten Anwendungen gilt aber einfach nur $\mathbf{t_0} = 0$.

Aufgabe 11 *Die Bevölkerung B eines Landes (i) steige (ii) falle pro Jahr um 1,75 %. Wie groß wäre sie dann nach 40 Jahren? (Hinweis: 1,75 % = 0,0175).*

Lösung: (i) $B(\mathbf{t}+1\,Jahr) = B(\mathbf{t})\cdot(1+0{,}0175) \Leftrightarrow B(\mathbf{t}) = B_0\cdot 1{,}0175^{\frac{\mathbf{t}}{1\,\mathrm{Jahr}}}$
(ii) Analog $B(\mathbf{t}+1\,\mathrm{Jahr}) = B(\mathbf{t})\cdot(1-0{,}0175) \Leftrightarrow B(\mathbf{t}) = B_0\cdot 0{,}9825^{\frac{\mathbf{t}}{1\,\mathrm{Jahr}}}$

Der Beginn ist heute, also $\mathbf{t}_0 = 0$. Einsetzen von $\mathbf{t} = 40$ Jahre ergibt:

(i) $B = B_0\cdot 1{,}0175^{40} = B_0\cdot 2{,}002$. Die Bevölkerung hätte sich verdoppelt.
(ii) $B = B_0\cdot 1{,}0175^{40} = B_0\cdot 0{,}494$. Die Bevölkerung wäre halb so groß. ♣

Bei einer jährlichen Steigerung von 1,75 % erwarten viele nach 40 Jahren nur $40\cdot 1{,}75\,\% = 70\,\%$ Zuwachs, es sind aber mehr als 100 %. Berücksichtigen Sie: Auch Kinder kriegen Kinder! Analog wäre ein Guthaben bei einer jährlichen Verzinsung von nur 1,75 % nach 40 Jahren um rund 100 % angewachsen, denn: Auch Zinsen bringen Zinsen! Man spricht hier vom 'Zinseszinseffekt'.

Umgekehrt bewirkt eine jährliche Abnahme von Guthaben oder Bevölkerung von 1,75 % keine Verringerung um 70 %, sondern lediglich um rund 50 %. Relativ zum momentanen Bestand bleibt die Abnahme konstant bei 1,75 %. Da der Bestand aber dadurch kleiner wird, verringert sich entsprechend die jährliche Abnahme in absoluten Zahlen. Es ist wie beim radioaktiven Zerfall:

Ist wenig vorhanden, kann auch nur wenig zerfallen. Die Exponentialkurve verflacht und nähert sich dem Grenzwert Null des natürlichen Zerfalls ($a < 1$):

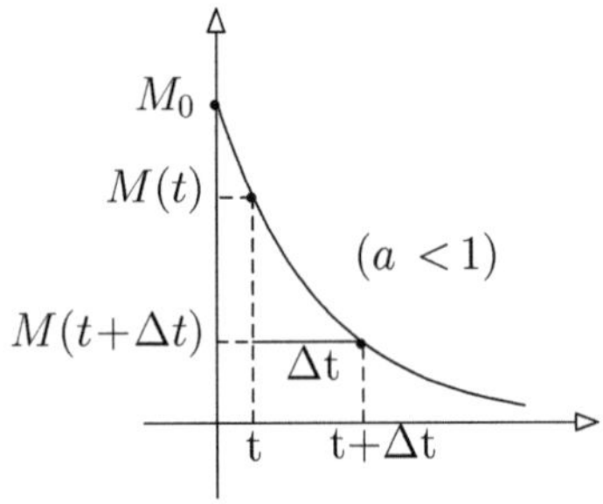

Hier noch weitere Übungsaufgaben:

Aufgabe 12 *Eine Bakterienpopulation verdopple sich stets nach 6 Stunden. Um welchen Faktor ist die Population $P(0) = P_0$ nach 5 Stunden gestiegen, und um wie viel nach 11 Stunden?*

Lösung: Verdopplung nach $\Delta t = 6\,h$: $P(\mathbf{t}+6\,h) = P(\mathbf{t})\cdot 2 \Rightarrow P(\mathbf{t}) = P_0\cdot 2^{\frac{\mathbf{t}}{6\,h}}$.
Somit $P(5\,h) = P_0\cdot 2^{\frac{5\,h}{6\,h}} = P_0\cdot 1{,}78$ und $P(11\,h) = P_0\cdot 2^{\frac{11\,h}{6\,h}} = P_0\cdot 3{,}56$.
(Klar: Nach $6\,h$ natürlich wieder eine Verdopplung! $1{,}78\cdot 2 = 3{,}56$.) ♣

Aufgabe 13 *Es gibt viele Arten von Bakterien, deren Anzahl sich in einer Nährlösung bereits nach einer 'Generationszeit' von 20 Minuten verdoppeln.*

Dieses Wachstum muss irgendwann zu Ende gehen! Schätzen Sie einfach ab: Welche Masse würde theoretisch aus einem einzigen Bakterium von $10^{-12}\,g$ (ein Billionstel Gramm) nach Ablauf von 2 Tagen entstehen, also nach einem ungebremsten Wachstum von 48 Stunden? Vergleich: Erdmasse $\approx 6 \cdot 10^{24}\,kg$.

Lösung: Die Angabe der Verdopplung nach $\mathbf{T} = 20$ min. $= \frac{1}{3}\,h$ bedeutet zunächst $P(\mathbf{t}+1/3\,h) = P(\mathbf{t})\cdot 2$. Daraus folgert nun weiter $P(\mathbf{t}) = P_0 \cdot 2^{\frac{\mathbf{t}}{1/3\,h}}$. $P_0 = 1$, ergibt nach Ablauf von 48 h: $P(48\,h) = 1 \cdot 2^{\frac{48\,h}{1/3\,h}} = 2^{144}$ Bakterien. Als Gesamtmasse $\mathbf{m}$ folgt: $\mathbf{m} = 2^{144} \cdot 10^{-12}\,\mathrm{g} = 2{,}23 \cdot 10^{31}\,\mathrm{g} = 2{,}23 \cdot 10^{28}\,\mathrm{kg}$. Das wäre mehr als das 3 700 – fache der Erdmasse! ♣

Das anfängliche exponentielle Wachstum wird allmählich gebremst! Dieses sogenannte 'Logistische Wachstum' wird in Abschnitt 4 e) genauer behandelt.

Aufgabe 14 *Es war im Jahre 1759, als ein gewisser Thomas Austin 24 Kaninchen aus England nach Australien brachte. Er setzte sie aus, um etwas zum Jagen zu haben. Nach 120 Jahren wurde der Bestand dieser so niedlichen, doch inzwischen auch lästigen Tiere, auf 700 Millionen geschätzt.*

Nehmen wir einen gleichmäßigen exponentiellen Verlauf der Population an! $K(0) = 24$ Kaninchen, nach 120 Jahren sollen es 700 Millionen sein: Um wie viel Prozent pro Jahr muss dann die Anzahl der Tiere wachsen?

Lösung: Die Anzahl $K(t)$ der Kaninchen vermehre sich jedes Jahr um denselben unbekannten Faktor $a > 1$. Dann gilt also $K(t+1\,\text{Jahr}) = a \cdot K(t)$. Hiermit folgt $K(t) = K_0 \cdot a^{\frac{t}{1\,\text{Jahr}}} = K_0 \cdot a^t$, ($t$ in Jahren). Zu Beginn waren es $K_0 = 24$ Exemplare, nach $t = 120$ Jahren bereits $K(120) = 24 \cdot a^{120}$. $K(120) = 700 \cdot 10^6$ liefert uns also folgende Gleichung für den Wert von a:

$$700 \cdot 10^6 = 24 \cdot a^{120}$$

Auflösen nach a ergibt sofort

$$a = \sqrt[120]{\frac{700 \cdot 10^6}{24}} = \left(\frac{700 \cdot 10^6}{24}\right)^{\frac{1}{120}} = 1{,}154$$

Ergebnis: Die Kaninchen vermehren sich jährlich um den Faktor $a = 1{,}154$. Das entspricht einem jährlichen Zuwachs von durchschnittlich 15,4 %. ♣

Beispiel 15 , Reproduktionszahl: Betrachten wir die Ausbreitung eines Krankheitserregers mit einer durchschnittlichen Infektiositätsdauer von Δt. Beträgt die *durchschnittliche* Anzahl der von einem Erkrankten in diesem Zeitraum neu angesteckten Personen insgesamt 3, so ist die Anzahl der im darauf folgendem Zeitraum Δt neu Infizierten bereits auf 3^2 gewachsen, usf.

Infektiositätsdauer Δt :

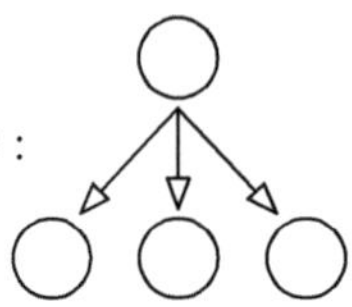

erkrankt

neu infiziert

Allgemein gilt für die Anzahl N der während der Zeitdauer Δt neu Infizierten in unserem Zahlenbeispiel: $N(t + \Delta t) = N(t) \cdot 3$. Das bedeutet bekanntlich

$$N(t) = N_0 \cdot \mathbf{3}^{\frac{t}{\Delta t}}, \qquad \text{(mit } N_0 = N(0)).$$

Man bezeichnet in diesem Fall die Basis 3 als Reproduktionszahl oder R–Wert, oft mit r oder R abgekürzt. Solange $r > 1$ ist, wird sich die Krankheit wie bei einer Kettenreaktion explosionsartig ausbreiten. Gelingt es aber, durch einschränkende Maßnahmen $r < 1$ zu erreichen, so sinkt die Zahl der Neuerkrankten rapide. Die Ausbreitung kommt praktisch zum Erliegen, kann aber durch Nachlässigkeiten jederzeit lokal wie global wieder ansteigen. ♣

Gruppenimmunität Nach Impfung oder überstandener Krankheit wird ein entsprechender Teil der Bevölkerung immun sein. Ist dieser Anteil *hoch genug*, so sinkt die Reprodukionszahl *allein dadurch* auf einen Wert kleiner 1:

In vorigem Beispiel seien 2 der ansonsten 3 neu infizierten Personen immun: Dann beträgt die wirkliche Anzahl der im Zeitraum Δt neu Infizierten nur $r = 1$, anschaulich

Infektiositätsdauer Δt :

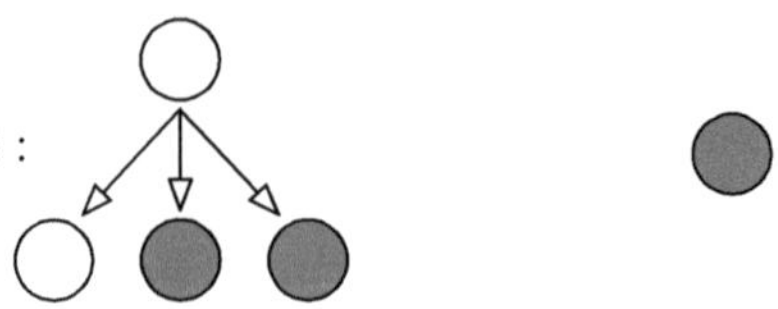

= immun

Im Falle einer Reproduktion $r < 1$ spricht man von *Gruppenimmunität* oder *Herdenschutz*. In unserem Zahlenbeispiel müssen hierfür durchschnittlich (mehr als) 2 von 3 Personen immun sein, also $\frac{2}{3} \approx 67\,\%$ der Bevölkerung.

Krankheiten wie z. B. Masern sind weit infektiöser! Nehmen wir an, in einer ungeschützten Population betrage $r = 20$. Um Gruppenimmunität zu erreichen, müssten $r - 1 = 19$ von $r = 20$ Personen immunisiert sein: $\frac{19}{20} = 95\,\%$!

Beispiel 16 Die Helligkeit H in einem See nehme pro Meter Wassertiefe um 10 % ab. Wie hell ist es dann noch in einer Tiefe von $\mathbf{t} = 10$ Metern, wenn H_0 die Anfangshelligkeit direkt unter der Wasseroberfläche bezeichne?

Natürlich sind nach 10 Metern nicht 10-mal 10 % = 100 % Helligkeit verloren! Es werden pro Meter immer nur 10 % des Lichts zurückgehalten, d.h. aber, es bleiben stets noch 90 % davon übrig. Mathematisch formuliert bedeutet das:

$H(\mathbf{t}+1\,\text{Meter}) = H(\mathbf{t})\cdot 0{,}90$. Und das bedeutet wieder: $H(\mathbf{t}) = H_0\cdot 0{,}90^{\frac{\mathbf{t}}{1\,\text{Meter}}}$. In mathematischer Kurzschreibweise:

$$H(\mathbf{t}+1\,\text{Meter}) = H(\mathbf{t})\cdot 0{,}90 \quad\Leftrightarrow\quad H(\mathbf{t}) = H_0\cdot 0{,}90^{\frac{\mathbf{t}}{1\,\text{Meter}}}$$

Für eine Tiefe von $\mathbf{t} = 10$ Metern erhalten wir somit:

$$H(10\,m) = H_0\cdot 0{,}90^{\frac{10\,m}{1\,m}} = H_0\cdot 0{,}35.$$

Die Helligkeit beträgt erstaunlicherweise immer noch mehr als ein Drittel der Anfangshelligkeit H_0 nahe der Oberfläche! ♣

Auch die folgende 'Barometrische Höhenformel' des Luftdrucks beschreibt einen exponentiellen Zusammenhang:

Aufgabe 17 *Ihre Luftdruckmessungen in verschiedenen Höhen* **h** *bestätigen: Der Luftdruck verliert pro 100 Meter Höhenunterschied 1,18 % seines Wertes. Sie ersteigen nun den 5 900 Meter hohen Kilimandscharo. Welcher Luftdruck herrscht oben, wenn $p(0) = p_0$ den Luftdruck in Meereshöhe bezeichnet?*

Lösung: Nach 100 Metern Höhengewinn sind noch 98,82 % Luftdruck übrig:

$$p(\mathbf{h}+100m) = p(\mathbf{h})\cdot(1-0{,}0118) \quad\Leftrightarrow\quad p(\mathbf{h}) = p_0\cdot 0{,}9882^{\frac{\mathbf{h}}{100\,m}}$$

Als Warnung das erstaunliche Ergebnis: $p(5900\,m) = p_0\cdot 0{,}9882^{59} = p_0\cdot 0{,}50$. ♣

Für alle diese Ergebnisse benötigten wir nur eine einzige Zeile, nämlich:

$$M(\mathbf{t}+\Delta\mathbf{t}) = M(\mathbf{t})\cdot a \text{ und } M(0) = M_0 \quad\Leftrightarrow\quad M(\mathbf{t}) = M_0\cdot a^{\frac{\mathbf{t}}{\Delta\mathbf{t}}}$$

Im speziellen Fall $a=2$ nennt man $\Delta\mathbf{t}$ auch *Verdopplungszeit*, vgl. Aufg. 12. Während dieser Zeitspanne verdoppelt sich der Wert von M.
Analog nennt man $\Delta\mathbf{t}$ im speziellen Falle $a = \frac{1}{2}$ die *Halbwertszeit*. Wählen wir für $\Delta\mathbf{t}$ die Abkürzung $\mathbf{T}$, erhalten wir speziell die Formulierungen für

Halbwertszeit und Verdopplung

$$M(\mathbf{t}+\mathbf{T}) = M(\mathbf{t})\cdot 2 \Leftrightarrow M(\mathbf{t}) = M_0\cdot 2^{\frac{\mathbf{t}}{\mathbf{T}}} \quad \text{(Verdopplungszeit } \mathbf{T}\text{)}$$
$$M(\mathbf{t}+\mathbf{T}) = M(\mathbf{t})\cdot \tfrac{1}{2} \Leftrightarrow M(\mathbf{t}) = M_0\cdot 2^{-\frac{\mathbf{t}}{\mathbf{T}}} \quad \text{(Halbwertszeit } \mathbf{T}\text{)}$$

Beachten Sie: $\frac{1}{2} = 2^{-1}$, also $(\frac{1}{2})^{\frac{\mathbf{t}}{\mathbf{T}}} = (2^{-1})^{\frac{\mathbf{t}}{\mathbf{T}}} = 2^{-\frac{\mathbf{t}}{\mathbf{T}}}$. Der Unterschied besteht zwischen Verdopplungs– und Halbwertszeit im *Vorzeichen des Exponenten*! (Im Fall $\mathbf{t_0} \neq 0$ ist im Exponenten $\mathbf{t}$ durch $\mathbf{t} - \mathbf{t_0}$ zu ersetzen).

Aufgabe 18 *Das metastabile Technetium* ^{99m}Tc *wird in der Nuklearmedizin benutzt und hat eine Halbwertszeit von nur* $\mathbf{T}=6{,}0$ *Stunden. Wieviel Prozent der Ausgangsmenge* $M(0) = M_0$ *sind nach* $\mathbf{t}=5$ *Stunden noch vorhanden, und wie viel nach* $\mathbf{t} = 11$ *Stunden?*

Lösung: Bei einer Halbwertszeit von $\mathbf{T}=6$ Stunden gilt $M(\mathbf{t}) = M_0\cdot 2^{-\frac{\mathbf{t}}{6h}}$. Einsetzen von $\mathbf{t}=5$ Stunden liefert: $M(5\,h) = M_0\cdot 2^{-\frac{5h}{6h}} = M_0\cdot 0{,}56$ oder 56 % der Anfangsmenge M_0. Nach weiteren 6 Stunden bleibt hiervon natürlich nur noch die Hälfte übrig, $M(11\,h) = M_0\cdot 2^{-\frac{11h}{6h}} = M_0\cdot 0{,}28$ und somit noch 28 % der Anfangsmenge M_0. ♣

Zusammenfassung

Ist die Änderung einer (positiven) Größe proportional zum momentanen Wert

$$\mathbf{M}(\boldsymbol{x}+\boldsymbol{\Delta x}) - \mathbf{M}(\boldsymbol{x}) = p\cdot\mathbf{M}(\boldsymbol{x}) \qquad \text{bzw.} \qquad \mathbf{M}(\boldsymbol{x}+\boldsymbol{\Delta x}) = \mathbf{M}(\boldsymbol{x})\cdot(1+p)$$

und $M_0 = M(0)$ der Anfangswert. so ist das gleichbedeutend zu

$$\mathbf{M}(\boldsymbol{x}) = \mathbf{M}_0\cdot a^{\frac{\boldsymbol{x}}{\boldsymbol{\Delta x}}} \qquad \text{mit } (a = 1+p).$$

(Ist $M_0 = M(x_0)$ der Anfangswert, so lautet die Lösung $\mathbf{M}(\boldsymbol{x}) = \mathbf{M}_0\cdot a^{\frac{\boldsymbol{x}-\boldsymbol{x}_0}{\boldsymbol{\Delta x}}}$. Der Kurvenverlauf ist nur um den Wert x_0 in 'x-Richtung' verschoben.)

Man notiert die Änderung $\mathbf{M}(\boldsymbol{x}+\boldsymbol{\Delta x}) - \mathbf{M}(\boldsymbol{x})$ oft abkürzend als $\mathbf{\Delta M}$. Dann erhält die obige Proportionalität ohne Angabe der Variablen $\boldsymbol{x}$ die einfache Form $\mathbf{\Delta M} = p\cdot\mathbf{M}$. Der Quotient $\frac{\Delta M}{M}$ ist also *konstant* gleich p:

$$\frac{\mathbf{\Delta M}}{\mathbf{M}} = const.$$

Merke: *Größen dieser Art sind in Natur und Technik weit verbreitet und durch ein exponentielles Verhalten charakterisiert!*

Absolute und relative Änderung Vergleichen wir *anschaulich* das einfache *lineare* Verhalten mit dem *exponentiellen* Verhalten einer Größe $y = M(x)$. Ändert sich der Wert von x um Δx, ändert sich der Funktionswert y um Δy:

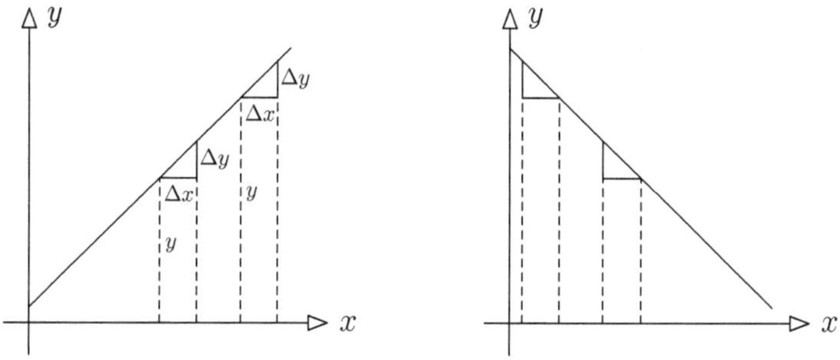

Bei linearem Verhalten ist Δy *konstant!*

Bei dem unten skizzierten exponentiellen Funktionsverlauf ist Δy um so größer, je größer auch y wird! Genauer gesagt, Δy ist proportional zum Wert y, was bedeutet: Der Quotient $\frac{\Delta y}{y}$ ist konstant, also die relative(!) Änderung.

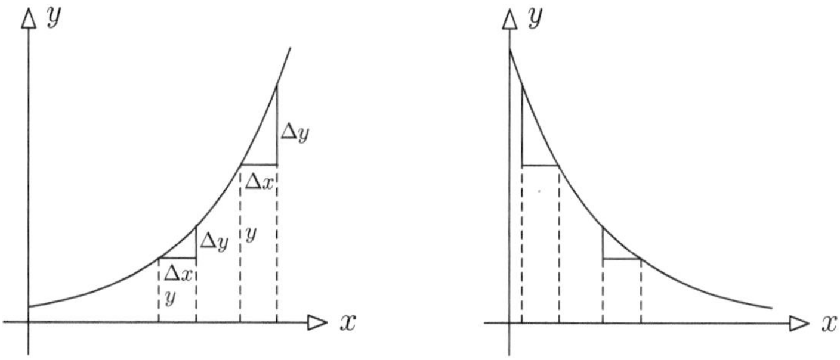

Bei exponentiellem Verhalten ist $\frac{\Delta y}{y}$ *konstant!*

In der Tat gilt für $y = C \cdot a^x$ mit einer beliebigen Basis a und Konstanten C :

$$\frac{\Delta y}{y} = \frac{C \cdot a^{x+\Delta x} - C \cdot a^x}{C \cdot a^x} = \frac{C \cdot a^x \cdot a^{\Delta x} - C \cdot a^x}{C \cdot a^x} = (a^{\Delta x} - 1) = konst.$$

(Das Vorzeichen der Änderung bei steigendem Verhalten ist natürlich positiv, wie links skizziert, bei fallendem Verhalten negativ, vergleiche rechts.)

Die konstante relative Änderung $\frac{\Delta y}{y} = p$ bzw. $\Delta y = p \cdot y$ ist charakteristisch für Exponentialfunktionen, hier: $M(x) = M_0 \cdot (1+p)^{\frac{x-x_0}{\Delta x}}$ mit $M_0 = M(x_0)$!

Der Wert von p wird häufig in Prozent angegeben.

Fitness - Studio

Beispiel 19, **Hydrolyse:** Zucker = Rübenzucker = Rohrzucker spaltet sich in wässriger Lösung nahezu vollständig in ein Gemisch aus Frucht- und Traubenzucker (gleiche Molekularformel, aber unterschiedliche Struktur):

$$\underbrace{C_{12}H_{22}O_{11}}_{\text{Zucker}} + H_2O \;\rightarrow\; \underbrace{C_6H_{12}O_6}_{\text{Fruchtzucker}} + \underbrace{C_6H_{12}O_6}_{\text{Traubenzucker}} \qquad (= \text{Honig})$$

Aufspaltung bzw. Zerfall des Zuckers entsprechen dem radioaktiven Beispiel! Die Änderung der Zuckerkonzentration Δc_Z (bzw. die Bildung von Frucht- und Traubenzucker) ist proportional zur noch vorhandenen Anzahl der Zuckermoleküle, also zur momentanen Stoffmengenkonzentration $c_Z(\mathbf{t})$:

$$\underbrace{c_Z(\mathbf{t}+\Delta\mathbf{t}) - c_Z(\mathbf{t})}_{\Delta c_Z} = p \cdot c_Z(\mathbf{t}) \quad \text{Das ergibt: } c_Z(\mathbf{t}+\Delta\mathbf{t}) = c_Z(\mathbf{t}) \cdot \underbrace{(1+p)}_{a}$$

Es gilt also wieder: $c_Z(\mathbf{t}) = c_0 \cdot a^{\frac{\mathbf{t}}{\Delta\mathbf{t}}}$, in diesem Fall mit $a < 1$ (wegen $p < 0$). Der Chemiker spricht hier von einer Reaktion 1. Ordnung, (auch im Fall $a > 1$).

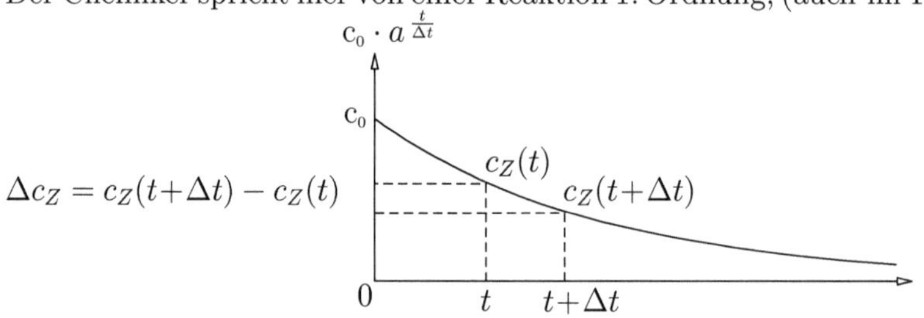

♣

Die Fruchtzuckermenge wächst in gleichem Maße wie die Zuckerkonzentration abnimmt: $c_F(\mathbf{t}) = c_0 - c_Z(\mathbf{t}) = c_0 \cdot (1 - a^{\frac{\mathbf{t}}{\Delta\mathbf{t}}})$. Analog für den Traubenzucker.

Verschiebung der Null–Linie

Enthält eine Gesteinsprobe der Masse $\mathbf{M_0}$ eine radioaktive Substanz, so wird im Laufe der Zeit diese Masse nicht gegen Null tendieren, also mit der x-Achse bzw. Abszisse als Null-Linie. In diesem Falle strebt die Masse gegen einen Endwert $\mathbf{M_E} > 0$. Die exponentielle Abnahme betrifft nur die Differenz $\mathbf{M_0} - \mathbf{M_E}$, also den radioaktiven Anteil.

Beispiel 20 Falls Sie eine Tasse Kaffee oder Ihr warmes Essen stehen lassen, sinkt die Anfangstemperatur $\mathbf{T}(0) = \mathbf{T}_0$ allmählich ab auf Zimmertemperatur gleich Endtemperatur $\mathbf{T}_\mathrm{E}$.

Diese Wärmeabgabe ist, *zumindest in guter Näherung*, proportional zu der Temperaturdifferenz. Nehmen wir zur Vereinfachung zunächst an, dass $\mathbf{T}_\mathrm{E} = 0$ Grad Celsius. Am Anfang ist die Wärmeabgabe und somit der Temperaturverlust noch recht hoch. Ist aber die Temperatur(differenz) auf die Hälfte gesunken, so ist auch der Temperaturverlust nur noch halb so groß, usw.

Die Wärmeabgabe und folglich auch der Temperaturabfall $\mathbf{T}(\mathbf{t}+\Delta\mathbf{t})-\mathbf{T}(\mathbf{t})$ ist proportional zum momentanen Wert $\mathbf{T}(\mathbf{t})$. Wir erhalten also wieder eine Temperaturkurve der Art $\mathbf{T}(\boldsymbol{t}) = \mathbf{T}_0 \cdot a^{\frac{t}{\Delta t}}$, (mit $a<1$), vergleichen Sie den oberen Kurvenverlauf in der *linken* Skizze:

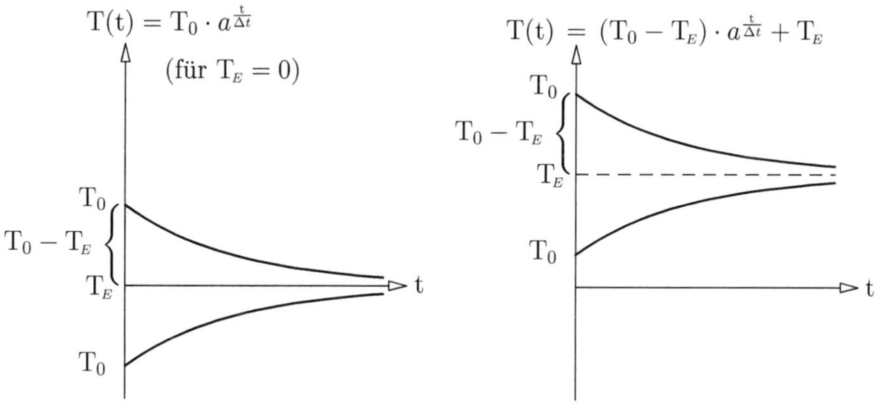

Das gilt aber auch für den Fall, dass Sie ein Tiefkühlessen aus dem Gefrierfach nehmen, also $\mathbf{T}_0$ negativ ist. Genauer gesagt ist in diesem Fall der Anfangswert kleiner als die Endtemperatur, (siehe *untere* Kurve links)!

Im allgemeinen Fall $\boldsymbol{T}_E \neq 0$ *ist der Kurvenverlauf nur um* $\boldsymbol{T}_E$ *verschoben*! Es ergeben sich die rechts skizzierten Kurven

$$\mathbf{T}(\boldsymbol{t}) \;=\; (\mathbf{T}_0 - \mathbf{T}_\mathrm{E}) \cdot a^{\frac{t}{\Delta t}} + \mathbf{T}_\mathrm{E}$$

Falls Sie nachrechnen wollen: Beachten Sie, dass $a^{\frac{t}{\Delta t}}$ für $\boldsymbol{t}=0$ den Wert 1 annimmt. Und der Term mit der Temperaturdifferenz $(\mathbf{T}_0 - \mathbf{T}_\mathrm{E}) \cdot a^{\frac{t}{\Delta t}}$ geht mit wachsendem $\boldsymbol{t}$ natürlich gegen Null.
Speziell für $\mathbf{T}_\mathrm{E}=0$ erhalten Sie offensichtlich wieder den Fall links.

Die Bestimmung von a geschieht meistens durch Angabe von gemessenen oder vorgegebenen Funktionswerten, also nicht mehr durch einen prozentualen Zusammenhang mit $\boldsymbol{\Delta}t$. Das macht letzteren Wert frei wählbar. Geschieht die Zeitangabe zum Beispiel in Minuten, vereinfacht sich durch $\boldsymbol{\Delta}t = 1$ Minute der Quotient $\frac{t}{\boldsymbol{\Delta}t}$ zur Maßzahl t. Das führt zum

Ansatz: $\quad \mathbf{T}(\boldsymbol{t}) \;=\; (\mathbf{T}_0 - \mathbf{T}_\mathrm{E}) \cdot a^{t} + \mathbf{T}_\mathrm{E}\,, \quad$ $\boldsymbol{t}$ in Minuten,

mit $\mathbf{T}(0)=\mathbf{T}_0$. Und ist $\mathbf{T}(\mathbf{t_0})=\mathbf{T}_0$ der Anfangswert zum Zeitpunkt $\mathbf{t}=\mathbf{t_0}$, dann gilt allgemein: $\mathbf{T}(\boldsymbol{t}) \;=\; (\mathbf{T}_0 - \mathbf{T}_\mathrm{E}) \cdot a^{t-t_0} + \mathbf{T}_\mathrm{E}\,.$ ♣

Aufgabe 21 *Sie messen eine Anfangstemperatur* $\boldsymbol{T}_0 = 97°\,C$*, und nach 10 Minuten noch* $76°C$*. Die Zimmertemperatur betrage* $\boldsymbol{T}_E = 22°\,C$*. Bestimmen Sie a und somit den Temperaturverlauf* $\boldsymbol{T}(\boldsymbol{t})$ *gemäß*

$$\boldsymbol{T}(\boldsymbol{t}) = (\boldsymbol{T}_0 - \boldsymbol{T}_E) \cdot a^t + \boldsymbol{T}_E \qquad \boldsymbol{t} \textit{ in Minuten.}$$

Lösung: Einsetzen der gegebenen Werte und Auflösen nach a ergibt sofort:

$$76° = (97° - 22°) \cdot a^{10} + 22° \quad \Leftrightarrow \quad a^{10} = \tfrac{76-22}{97-22} = 0,72 \quad \Leftrightarrow \quad a = 0{,}72^{\frac{1}{10}}$$

Mit $a^t = (0{,}72^{\frac{1}{10}})^t = 0{,}72^{\frac{t}{10}}$ erhält man also das

Ergebnis: $\mathbf{T}(\boldsymbol{t}) = 75° \cdot 0{,}72^{\frac{t}{10}} + 22°$, $\boldsymbol{t}$ in Minuten.

Selbstverständlich könnten Sie auch $a = 0{,}72^{\frac{1}{10}} = 0{,}9677$ einsetzen und als Lösung notieren: $\mathbf{T}(\boldsymbol{t}) = 75° \cdot 0{,}9677^{\,t} + 22°$. ♣

Ein völlig analoger Kurvenverlauf ergibt sich, wenn Sie einen *Kondensator* über einen elektrischen Widerstand entladen oder aufladen. Die Ladungsmenge während der Zeit $\boldsymbol{\Delta t}$ und folglich auch die Spannungsänderung $\mathbf{U(t + \Delta t) - U(t)}$ ist stets proportional zur momentan noch bestehenden Differenz zur Spannungsquelle:

Die Ladungsmenge entspricht der Wärmemenge oben erwähnter Kaffeetasse, die Spannung **U** entspricht der Temperatur **T**! Daher gilt auch in diesem Fall für den Spannungsverlauf

$$\mathbf{U}(\boldsymbol{t}) = (\mathbf{U}_0 - \mathbf{U}_\mathrm{E}) \cdot a^t + \mathbf{U}_\mathrm{E}$$

Und der Kurvenverlauf ist natürlich wieder analog zur Skizze rechts auf der vorigen Seite! Es handelt sich um einen typischen *Sättigungsprozess.* Derartige analoge Vorgänge finden Sie in allen Bereichen der Naturwissenschaften, zum Beispiel auch in der Biologie bei der Änderung von Membranpotenzialen (Reizleitung):

So kann sich zum Beispiel das elektrotonische Potenzial in wenigen Millisekunden von $\mathbf{U}_0 = -70$ mV nach $\mathbf{U}_E = -60$ mV 'verschieben'. Den Wert a rechnet man hier zumeist um in die Form $a = e^{-\frac{1}{\tau}}$, mit einem Wert $\tau > 0$, der sogenannten Membranzeitkonstanten. Das negative Vorzeichen bei diesem Ansatz berücksichtigt, dass bei Prozessen dieser Art stets $a < 1$ gilt, (ohne negatives Vorzeichen müsste sonst τ negativ gewählt werden).

Beispiel 22 Das Lambert - Beer - Bouguer - Gesetz dient zur optischen Messung der Konzentration c eines gelösten Stoffes: Die Moleküle vieler Substanzen absorbieren und streuen Licht bestimmter Wellenlängen. Diese Extinktion (Auslöschung) verringert die *Intensität* I eines Lichtstrahls, die zu Beginn noch I_0 betrage. Die Konzentration sei $c=1$. Verringert sich z.B. nach Durchlaufen einer Stecke $\Delta d=1$ (benutzte Längeneinheit, meistens cm) die Intensität auf 90 %, so bedeutet das $I(d+\Delta d) = I(d)\cdot a$ mit $a=0{,}90$. Ist nun zum Beispiel die Konzentration dreimal höher, erleidet der Lichtstrahl dieselbe Abschwächung auf 90% bereits auf einem Drittel der Strecke! Die Abschwächung ist umgekehrt proportional zu c.
Unter Berücksichtigung der Konzentration c gilt also die Funktionalgleichung

$$I(d+\tfrac{\Delta d}{c}) = I(d)\cdot a \qquad (0 < a < 1).$$

(Diese Argumentation bleibt natürlich nur gültig, sofern c nicht zu groß ist, da sonst viele Moleküle sozusagen im Lichtschatten anderer liegen und gar nicht mehr getroffen werden können).

Die Lösung der Gleichung lautet wieder, mit Kurzschreibweise I anstelle $I(d)$:

$$I = I_0\cdot a^{\frac{d}{\Delta d/c}} = I_0\cdot a^{\frac{c\cdot d}{\Delta d}} = I_0\cdot a^{c\cdot d} \qquad (\Delta d = 1).$$

Der Wert $a<1$ ist ein fester Wert und charakteristisch für die betreffende Substanz. Üblicherweise wählt man als charakteristischen Wert der Substanz nicht a, sondern den daraus gebildeten Wert

$$\varepsilon_\lambda = -\lg a \qquad \text{(Extinktionskoeffizient)},$$

(λ die verwendete Wellenlänge in nm). Zum Logarithmus siehe Abschnitt 3 b). Wegen $a<1$ ist $\lg a < 0$, also $-\lg a > 0$. Wegen $a = 10^{-\varepsilon_\lambda}$ erhalten wir durch Einsetzen in $I = I_0\cdot a^{c\cdot d}$ und unter *Hinzunahme der Einheiten:*

$$\boxed{\mathbf{I} = \mathbf{I_0}\cdot 10^{-\varepsilon_\lambda\cdot \mathbf{c}\cdot\mathbf{d}} \quad \text{bzw.} \quad \frac{\mathbf{I}}{\mathbf{I_0}} = 10^{-\varepsilon_\lambda\cdot \mathbf{c}\cdot\mathbf{d}}}$$

Die Einheit der Konstanten ε_λ wird so gewählt, dass im Exponenten der Wert

$$\boxed{E_\lambda = \boldsymbol{\varepsilon_\lambda\cdot c\cdot d} = -\lg\frac{\mathbf{I}}{\mathbf{I_0}} = \lg\frac{\mathbf{I_0}}{\mathbf{I}}} \qquad \text{(Extinktion)}$$

dimensionslos ist (Das Exponieren oder Logarithmieren von Einheiten macht keinen Sinn und ist folglich nicht definiert)!

Durch einfachen Vergleich der Intensität $\mathbf{I_1}$ einer (Test-) Lösung bekannter Konzentration mit der Intensität $\mathbf{I_2}$ einer *unbekannten* Konzentration lässt sich nun leicht die Konzentration der betreffenden Substanz bestimmen: ♣

Vorgehensweise Der untere Index 1 bezeichne im Folgenden die Werte einer Lösung mit bekannter Konzentration $\mathbf{c}_1$, der Index 2 die Werte einer Lösung mit der *unbekannten Konzentration* $\mathbf{c}_2$ (die Wellenlänge λ des Lichts notieren wir nicht).

Die Werte E_1, E_2 der Extinktion ergeben sich aus den jeweils gemessenen Intensitäten $\mathbf{I} = \mathbf{I_1}$ bzw. $\mathbf{I_2}$ im Vergleich zur Ausgangsintensität $\mathbf{I_0}$:

$$\boxed{E_1 = -\lg \frac{\mathbf{I_1}}{\mathbf{I_0}} \qquad E_2 = -\lg \frac{\mathbf{I_2}}{\mathbf{I_0}}}$$

Haben wir also die Extinktion einer Lösung der Testsubstanz mit *bekannter* Konzentration $\mathbf{c}_1$ gemessen, so folgt daraus wegen $E_1 = \boldsymbol{\varepsilon} \cdot \mathbf{c}_1 \cdot \mathbf{d}$

$$\boldsymbol{\varepsilon} \cdot \mathbf{d} = \frac{E_1}{\mathbf{c}_1}$$

Entsprechend gilt für die *unbekannte* Konzentration $\mathbf{c}_2$ einer zweiten Lösung dieser Substanz

$$\boldsymbol{\varepsilon} \cdot \mathbf{d} = \frac{E_2}{\mathbf{c}_2}$$

Gleichsetzen liefert

$$\frac{E_1}{\mathbf{c}_1} = \frac{E_2}{\mathbf{c}_2}$$

woraus $E_1 \cdot \mathbf{c}_2 = E_2 \cdot \mathbf{c}_1$ folgt, und schließlich:

$$\boxed{\mathbf{c}_2 = \frac{E_2}{E_1} \cdot \mathbf{c}_1}$$

Aufgabe 23 *Die Testlösung einer farbigen Substanz der Konzentration* $1\,\frac{\text{mol}}{\text{L}}$ *lässt 82 % der Messintensität* $\mathbf{I_0}$ *hindurch, die zu untersuchende Lösung der gleichen Substanz nur 55 % ('Transmission' gleich 82 % bzw. 55 %).*

Bestimmen Sie die Konzentration dieser Lösung!

Lösung: Mit $\mathbf{I_1} = 0{,}82 \cdot \mathbf{I_0}$ und $\mathbf{I_2} = 0{,}55 \cdot \mathbf{I_0}$ erhalten wir:

$$E_1 = -\lg \frac{\mathbf{I_1}}{\mathbf{I_0}} = -\lg 0{,}82 \qquad E_2 = -\lg \frac{\mathbf{I_2}}{\mathbf{I_0}} = -\lg 0{,}55$$

Somit folgt (Taschenrechner):

Ergebnis: $\mathbf{c}_2 = \frac{E_2}{E_1} \cdot \mathbf{c}_1 = \frac{\lg 0{,}55}{\lg 0{,}82} \cdot 1\,\frac{\text{mol}}{\text{L}} = 3{,}0 \cdot 1\,\frac{\text{mol}}{\text{L}} = 3{,}0\,\frac{\text{mol}}{\text{L}}$ ♣

3 b) Die Logarithmusfunktionen $y = \log_a x$

Der Logarithmus zur Basis a ist die Umkehrung der Exponentialfunktion zur Basis a, ($a \neq 1$ eine beliebig aber fest gewählte positive Zahl, vgl. Seite 153):

$$f : \mathbb{R} \to \mathbb{R}^+ \text{ mit } f(x) = a^x \quad \Leftrightarrow \quad f^{-1} : \mathbb{R}^+ \to \mathbb{R} \text{ mit } f^{-1}(x) = \log_a x$$

Anschaulich erhalten wir f^{-1} durch Spiegeln von f an der 45° – Achse:

Beispiel $a = 3$:

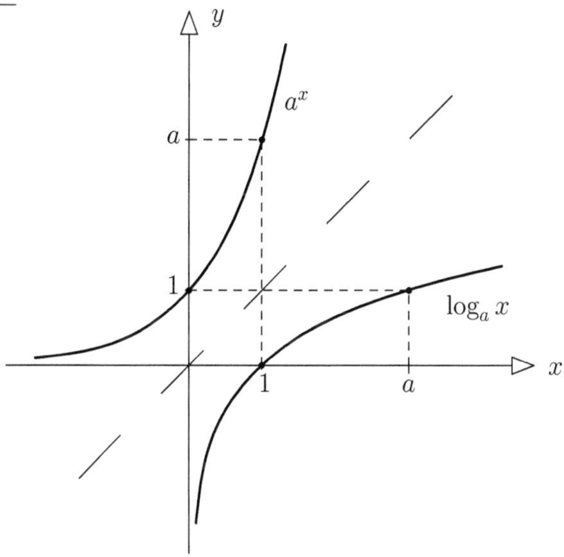

Bitte beachten Sie, dass der Logarithmus $\log_a x$ gemäß Definition nur für positive x – Werte definiert ist ($x \in \mathbb{R}^+$). Die Funktionswerte des Logarithmus sind für $x < 1$ negativ, für $x > 1$ positiv, vergleichen Sie mit der obigen Skizze!

Mit der Umkehrbeziehung folgt wegen $f^{-1}(f(x)) = x$ und $f(f^{-1}(x)) = x$:

$$\boxed{\log_a a^x = x \quad \text{und} \quad a^{\log_a x} = x}$$

Beispielsweise gilt: $\log_{10} 10^2 = 2$ und $10^{\log_{10} 100} = 100$.

Merke: *Der Logarithmus zur Basis a ist die Hochzahl dieser Basis. Nacheinander Logarithmieren und Exponieren zur Basis a heben sich auf.*

Beispiel 1 $\log_{10} 100 = \log_{10} 10^2 = 2 \qquad \log_{10} 5 = \log_{10} 10^{0{,}7} = 0{,}7$

$$10^{\log_{10} 100} = 10^2 = 100 \qquad 10^{\log_{10} 5} = 10^{0{,}7} = 5$$

$$\log_2 8 = \log_2 2^3 = 3 \qquad \log_2 \sqrt{2} = \log_2 2^{0{,}5} = 0{,}5$$

$$2^{\log_2 8} = 2^3 = 8 \qquad 2^{\log_2 \sqrt{2}} = 2^{0{,}5} = \sqrt{2}\,.$$

♣

Das Exponieren und Logarithmieren ist in den Naturwissenschaften häufig, so dass Sie sich die zugehörigen Rechenregeln unbedingt einprägen sollten! Deutlich ist zu erkennen, dass es sich um gegenseitige Umkehrungen handelt:

$\mathbf{f(x) = a^x}$:	$\mathbf{f^{-1}(x) = \log_a x}$:
$x=0$ ergibt den Wert 1: $a^0 = 1$	$x=1$ ergibt den Wert 0: $\log_a 1 = 0$
$x=1$ ergibt den Wert a: $a^1 = a$	$x=a$ ergibt den Wert 1: $\log_a a = 1$
Summe führt zu Produkt: $a^{r+s} = a^r \cdot a^s$	Produkt führt zu Summe: $\log_a (x \cdot y) = \log_a x + \log_a y$
Differenz führt zu Quotient: $a^{r-s} = \dfrac{a^r}{a^s}$	Quotient führt zu Differenz: $\log_a \frac{x}{y} = \log_a x - \log_a y$
Produkt führt zu Potenz: $a^{r \cdot s} = (a^r)^s$	Potenz führt zu Produkt: $\log_a x^y = y \cdot \log_a x$

Beispiel 2 Vergleichen Sie, welche Regeln jeweils benutzt wurden:

$$1 = \log_{10} 10 = \log_{10}(2 \cdot 5) = \log_{10} 2 + \log_{10} 5$$

$$10^{\log_{10} 2 \,+\, \log_{10} 5} = 10^{\log_{10} 2} \cdot 10^{\log_{10} 5} = 2 \cdot 5 = 10$$

$$\log_{10} 5 = \log_{10} \frac{10}{2} = \log_{10} 10 - \log_{10} 2 = 1 - \log_{10} 2$$

$$10^{\log_{10} 10 \,-\, \log_{10} 2} = \frac{10^{\log_{10} 10}}{10^{\log_{10} 2}} = \frac{10^1}{2^1} = \frac{10}{2} = 5$$

$$\log_{10} 2^6 = 6 \cdot \log_{10} 2 \qquad 10^{(\log_{10} 8) \cdot 3} = \left(10^{\log_{10} 8}\right)^3 = 8^3$$

$$\log_2 8^3 = 3 \cdot \log_2 8 = 3 \cdot \log_2 2^3 = 9 \cdot \log_2 2 = 9$$

♣

Die Basiswerte e, 10, 2.

Analog zum natürlichen Logarithmus $\log_e x = \ln x$ bezeichne $\log_{10} x = \lg x$ den Zehnerlogarithmus, $\log_2 x = \mathrm{lb}\, x$ den *binären* Logarithmus (auch $\mathrm{ld}\, x$). Mit der Regel $\log_a a^x = x$ gilt speziell für $a=e$, $a=10$ und $a=2$:

$$\ln e^x = x\,; \qquad \lg 10^x = x\,; \qquad \mathrm{lb}\, 2^x = x\,.$$

(Der Logarithmus ist gleich der Hochzahl der Basis!) Speziell für $x = 1$ also:

$$\boxed{\ln e = 1\,; \qquad \lg 10 = 1\,; \qquad \mathrm{lb}\, 2 = 1\,.}$$

Für Berechnungen im Dezimalsystem ist der Zehnerlogarithmus von Vorteil, im Dualsystem der Informatik der Zweierlogarithmus. In der Differenzial- und Integralrechnung nutzt man die spezielle Eigenschaft zur Basis $a = e$: Nur für diese gelten die einfachen Ableitungen $(e^x)' = e^x$ und $(\ln x)' = \frac{1}{x}$.

Umrechnung in andere Basiswerte *Logarithmen* zu verschiedenen Basiswerten $a, b > 0$ unterscheiden sich nur um einen konstanten Faktor k (zum Beweis siehe Lehrbuch):

$$\boxed{\log_b x = \boldsymbol{k} \cdot \log_a x}$$

Durch Einsetzen eines x-Wertes ($x \neq 1$) lässt sich k bestimmen!

Aufgabe 3 *Wie errechnen sich die Werte* $\lg x$ *aus den Werten von* $\ln x$ *?*

Lösung: Aus $\lg x = k \cdot \ln x$ folgt z.B. für $x = 10$, (praktisch wegen $\lg 10 = 1$): $\lg 10 = k \cdot \ln 10$, $1 = k \cdot \ln 10$, $k = \frac{1}{\ln 10} = 0{,}434\ldots$, $\lg x = 0{,}434 \cdot \ln x$. ♣

Der Taschenrechner bestimmt intern nur $\ln x$, und hieraus mit der jeweiligen Konstanten jeden anderen Logarithmus: *Kennst Du einen, kennst Du alle!* Manchmal gelingt das auch ganz ohne Rechner, zum Beispiel bei dieser

Aufgabe 4 *Mit welchem Wert k gilt:* $\log_4 x = k \cdot \log_8 x$ *? (Hinweis:* $x = 64$*).*

Lösung: $64 = 8^2 = 4^3$: $\log_4 4^3 = k \cdot \log_8 8^2$, $3 = k \cdot 2$, $k = \frac{3}{2} = 1,5$. ♣

Auch *Exponentialfunktionen* zu verschiedenen Basiswerten $a, b > 0$ unterscheiden sich nur um einen konstanten Faktor k, aber im Exponenten(!):

$$\boxed{a^x = b^{\boldsymbol{k} \cdot x}}$$

Für Exponentialfunktionen gilt also analog: *Kennst Du eine, kennst Du alle!*

Aufgabe 5 *Rechnen Sie 3^x um zur Basis 5.*

Lösung: $3^x = 5^{k \cdot x}$, $\ln 3^x = \ln 5^{k \cdot x}$, $x \cdot \ln 3 = k \cdot x \cdot \ln 5$, $\ln 3 = k \cdot \ln 5$, wir erhalten $k = \frac{\ln 3}{\ln 5} = 0{,}683$, also $3^x = 5^{\,0{,}683\,x}$. ♣

Die Beziehung $a^x = b^{k \cdot x}$ zu logarithmieren, ist die einfache Universalmethode zur Bestimmung von k. Oft ist es aber auch leicht möglich, die alte Basis mit der neuen auszudrücken, was noch schneller und eleganter zur Lösung führt:

Aufgabe 6 *Rechnen Sie $2^{-\frac{\mathbf{t}}{\mathbf{T}}}$ um zur Basis e, sowie zur Basis 10.*

Lösung: Wegen $2 = e^{\ln 2} = e^{0{,}693}$ folgt sofort: $2^{-\frac{\mathbf{t}}{\mathbf{T}}} = (e^{\ln 2})^{-\frac{\mathbf{t}}{\mathbf{T}}} = e^{-0{,}693 \cdot \frac{\mathbf{t}}{\mathbf{T}}}$.
Wegen $2 = 10^{\lg 2} = 10^{\,0{,}301}$ folgt sofort: $2^{-\frac{\mathbf{t}}{\mathbf{T}}} = (10^{\lg 2})^{-\frac{\mathbf{t}}{\mathbf{T}}} = 10^{\,-0{,}301 \cdot \frac{\mathbf{t}}{\mathbf{T}}}$. ♣

Logarithmieren liefert auch die Zeitspanne für einen vorgegebenen Zuwachs:

Aufgabe 7 *Eine Bakterienpopulation P wachse in 3 Stunden um 7,17 %. In welchem Zeitraum würde sie dann bei gleichbleibenden Kulturbedingungen*

(i) um 70 % anwachsen, (ii) sich verdoppeln?

Lösung: Wir wissen aus Abschnitt 3 a)

$$P(\mathbf{t} + 3\,h) = 1{,}0717 \cdot P(\mathbf{t}) \;\Leftrightarrow\; P(\mathbf{t}) = 1{,}0717^{\frac{\mathbf{t}}{3\,h}} \cdot P_0$$

(i) Zuwachs von 70 % bedeutet $1{,}0717^{\frac{\mathbf{t}}{3h}} = 1{,}70$. Logarithmieren liefert $\frac{\mathbf{t}}{3\,h} \cdot \lg 1{,}0717 = \lg 1{,}70$. Ergebnis: $\mathbf{t} = 3\,h \cdot \frac{\lg 1{,}70}{\lg 1{,}0717} = 23\,h$

(ii) Analog $1{,}0717^{\frac{\mathbf{t}}{3h}} = 2$ beziehungsweise $\frac{\mathbf{t}}{3\,h} \cdot \lg 1{,}0717 = \lg 2$. Diese Zeitspanne wird auch als *Verdopplungszeit* $\mathbf{T}$ bezeichnet. Wir erhalten das Ergebnis: $\mathbf{T} = 3\,h \cdot \frac{\lg 2}{\lg 1{,}0717} = 30\,h$ ♣

Mit Verdopplungs- bzw. Halbwertszeit kann man von irgendeiner Basis a leicht zur Basis 2 wechseln, gemäß: $M_0 \cdot a^{\frac{\mathbf{t}}{\Delta\mathbf{t}}} = M_0 \cdot 2^{\frac{\mathbf{t}}{\mathbf{T}}}$ bzw. $M_0 \cdot a^{\frac{\mathbf{t}}{\Delta\mathbf{t}}} = M_0 \cdot 2^{-\frac{\mathbf{t}}{\mathbf{T}}}$ (s. Seite 164 oben). Logarithmieren dieser beiden Gleichungen liefert nun sofort:

Aus $M(\mathbf{t} + \Delta\mathbf{t}) = a \cdot M(\mathbf{t})$ bzw. $M(\mathbf{t}) = M_0 \cdot a^{\frac{\mathbf{t}}{\Delta\mathbf{t}}}$ folgt für

(i) $a > 1$: Die Verdopplungszeit von M beträgt $\mathbf{T} = \Delta\mathbf{t} \cdot \dfrac{\lg 2}{\lg a}$

(ii) $a < 1$: Die Halbwertszeit von M beträgt $\mathbf{T} = \Delta\mathbf{t} \cdot \dfrac{\lg 2}{-\lg a}$

Beispiel 8 Beim Tieftauchen messen Sie die Helligkeit. Das Licht verliere nach je 10 m Wasserschicht stets 37 % an Intensität (63 % bleiben übrig). Bei welcher Wasserschicht beziehungsweise Wassertiefe **T** sinkt die Helligkeit **H** stets auf die Hälfte:

$\mathbf{H}(\mathbf{t}+10\,m) = 0{,}63 \cdot \mathbf{H}(\mathbf{t})$. Das bedeutet zunächst $\mathbf{H}(\mathbf{t}) = \mathbf{H}_0 \cdot 0{,}63^{\frac{\mathbf{t}}{10\,m}}$, aber wegen $\Delta\mathbf{t} = 10\,m$ und $a = 0{,}63$ folgt

$\mathbf{T} = 10\,m \cdot \dfrac{\lg 2}{-\lg 0{,}63} = 15\,m$. Somit gilt auch: $\mathbf{H}(\mathbf{t}) = \mathbf{H}_0 \cdot 2^{-\frac{\mathbf{t}}{15\,m}}$

Nach je $\mathbf{T} = 15$ Metern verringert sich somit die Helligkeit um die Hälfte. Natürlich bedeutet hier **t** die Tauchtiefe. ♣

Bei vorigen Berechnungen erhielten wir den Logarithmus in Zähler _und_ Nenner!

Aufgabe 9 *Warum gilt stets:* $\dfrac{\lg u}{\lg v} = \dfrac{\ln u}{\ln v} = \dfrac{\operatorname{lb} u}{\operatorname{lb} v}$? $\quad (u, v > 0,\ v \neq 1)$

Lösung: (i) Wegen $\lg u = k \cdot \ln u$ und $\lg v = k \cdot \ln v$ gemäß Seite 173 mit derselben Konstanten k in Zähler und Nenner folgt für den ersten Quotienten

$$\frac{\lg u}{\lg v} = \frac{k \cdot \ln u}{k \cdot \ln v} = \frac{\ln u}{\ln v}$$

Das folgt entsprechend für den Zweierlogarithmus, und natürlich auch ganz allgemein für jede Basis! ♣

Bleiben Sie vorsichtig, halten Sie sich immer an die Regeln von Seite 171 und 172:

Aufgabe 10 (*i*) *Richtig oder falsch:* $\frac{\ln 3x}{\ln x} = \ln\frac{3x}{x} = \ln 3$?

(*ii*) *Richtig oder falsch:* $\lg\frac{A}{B} = -\lg\frac{B}{A}$?

(*iii*) *Sie wissen nur:* $\log_a x = 1{,}4426 \cdot \ln x$. *Wie lautet die Basis* a?

Lösung: (i) $\frac{\log u}{\log v} \neq \log\frac{u}{v}$, das erste Gleichheitszeichen ist falsch!

(ii) Diese Gleichung ist richtig, beachten Sie $\lg b^{-1} = (-1)\cdot\lg b$ und $x = (\frac{1}{x})^{-1}$, also speziell mit $x = \frac{A}{B}$: $\lg\frac{A}{B} = \lg(\frac{B}{A})^{-1} = (-1)\cdot\lg\frac{B}{A} = -\lg\frac{B}{A}$.

(iii) Einsetzen von $x = a$: $1 = \log_a a = 1{,}4426 \cdot \ln a$; $\ln a = \frac{1}{1{,}4426} = 0{,}6932$; $a = e^{\ln a} = e^{0{,}6932} = 2$; Ergebnis: $a = 2$. ♣

Aufgabe 11 *Schreiben Sie* $f(x) = x^x$, $(x > 0)$, *in der Form:* $f(x) = e^{\ln f(x)}$. *(In dieser Form lässt sich diese Funktion leichter differenzieren!)*

Lösung: $\ln x^x = x \cdot \ln x$, somit: $x^x = e^{\ln x^x} = e^{x\cdot\ln x}$. Ergebnis: $x^x = e^{x\cdot\ln x}$. ♣

Aufgabe 12 *Eine der beiden folgenden Umformungen ist falsch, welche?*
(*i*) $10^{3\cdot\lg x} = 10^3 \cdot 10^{\lg x} = 1000 \cdot x$ (*ii*) $10^{3\cdot\lg x} = (10^{\lg x})^3 = x^3$

Lösung: (i) ist falsch, denn $10^{a\cdot b} \neq 10^a \cdot 10^b = 10^{a+b}$
(ii) ist richtig, denn $(10^a)^b = 10^{a\cdot b} = 10^{b\cdot a} = (10^b)^a$ ♣

Aufgabe 13 (*i*) *Lösen Sie nach K auf:* $\mathbf{\Delta G^0} + \mathbf{R}\cdot\mathbf{T}\cdot\ln K = 0$
(*ii*) *Lösen Sie nach* $\boldsymbol{A}$ *auf:* $\boldsymbol{A}\cdot e^{-x} = \mathbf{p}$.

Lösung: (i) $\mathbf{R}\cdot\mathbf{T}\cdot\ln K = -\mathbf{\Delta G^0}$, $\ln K = -\dfrac{\mathbf{\Delta G^0}}{\mathbf{R}\cdot\mathbf{T}}$, $K = e^{-\frac{\mathbf{\Delta G^0}}{\mathbf{R\cdot T}}}$.
(ii) Division durch e^{-x}: $\mathbf{A} = \dfrac{\mathbf{p}}{e^{-x}} = \mathbf{p}\cdot e^x$ ♣

Aufgabe 14 (*i*) *Bei folgender Skizze handelt es sich entweder um den Zehner-Logarithmus, oder um den natürlichen Logarithmus, oder um den Zweier-Logarithmus. Begründen Sie zeichnerisch, welche Basis a hier vorliegt!*

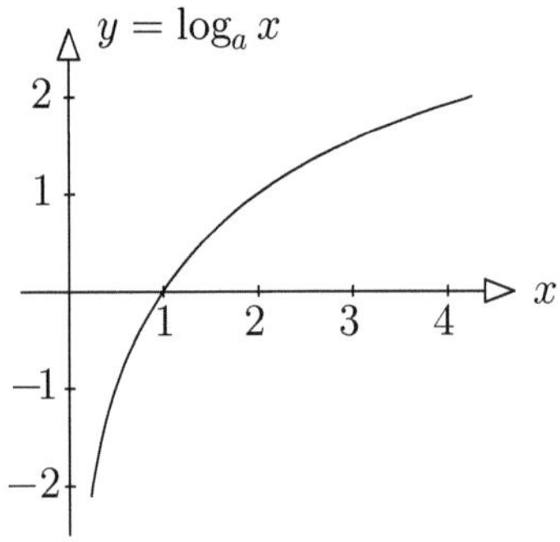

(*ii*) *Wie bestimmt man die Werte des Zweierlogarithmus* $\operatorname{lb} x$ *anhand der Werte des Zehnerlogarithmus* $\lg x$ *(mit kurzer Herleitung)!*

Lösung: (i) Die Skizze ergibt: $1 = \log_a 2$. Wegen $1 = \log_a a$ gilt also $a = 2$. Es handelt sich folglich bei $\log_a x$ um den Zweierlogarithmus $\operatorname{lb} x$.

(ii) Die Funktionswerte unterscheiden sich nur um einen konstanten Faktor k

$$\operatorname{lb} x = k \cdot \lg x$$

Mit $x = 2$ zum Beispiel folgt: $\operatorname{lb} 2 = k \cdot \lg 2$

$$1 = k \cdot \lg 2, \quad k = \tfrac{1}{\lg 2} = 3{,}322.$$ ♣

Aufgabe 15 *(i) Lösen Sie nach x auf:* $(1+a)^t = e^{x \cdot t}$, $\quad (x, t, a > 0)$.

(ii) Begründen Sie, ob richtig oder falsch: $\dfrac{e^{-\ln x}}{\ln e^{-x}} + \dfrac{1}{x^2} = 0\,.$

Lösung: (i) Logarithmieren der Gleichung mit dem natürlichen Logarithmus liefert zunächst

$t \cdot \ln(1+a) = x \cdot t$, und nach Division durch t das Ergebnis: $\ln(1+a) = x\,.$

(ii) Ersetzen von $e^{-\ln x} = \dfrac{1}{e^{\ln x}} = \dfrac{1}{x}$ und $\ln e^{-x} = -x$ bestätigt:

$$\frac{e^{-\ln x}}{\ln e^{-x}} + \frac{1}{x^2} = \frac{\frac{1}{x}}{-x} + \frac{1}{x^2} = -\frac{1}{x^2} + \frac{1}{x^2} = 0\,. \qquad \clubsuit$$

Abgesehen von einer kurzen Anlaufszeit vermehrt sich die Anzahl von Mikroorganismen wie zum Beispiel in einer Bakterienkultur zunächst exponentiell:

Nach einer gewissen 'Generationszeit' ist eine weitere Generation entstanden, die Anfangszellzahl N_0 hat sich nun verdoppelt und beträgt somit $N = N_0 \cdot 2$. Nach einer weiteren Generationszeit (=Verdopplungszeit) sind es bereits viermal so viel, $N = N_0 \cdot 2 \cdot 2 = N_0 \cdot 2^2 = N_0 \cdot 4$, usw. Nach n–maligem Verdoppeln sind es entsprechend $N = N_0 \cdot 2^n$. Hierin bedeuten:

N die Endzellzahl, N_0 die Anfangszellzahl, n die Anzahl der Generationen, die während des Wachstums durchlaufen werden.

Aufgabe 16 *Lösen Sie die Gleichung $N = N_0 \cdot 2^n$ nach n auf! Zeigen Sie:*

$$n = \tfrac{1}{\lg 2} \cdot (\lg N - \lg N_0) = 3{,}3 \cdot (\lg N - \lg N_0) = 3{,}3 \cdot \lg \tfrac{N}{N_0}$$

Lösung: Wir logarithmieren, um an den Exponenten n 'heranzukommen':

$$\lg N = \lg(N_0 \cdot 2^n) = \lg N_0 + \lg 2^n = \lg N_0 + n \cdot \lg 2.$$

Auflösen nach n ergibt nun: $n \cdot \lg 2 = \lg N - \lg N_0$; $n = \frac{1}{\lg 2} \cdot (\lg N - \lg N_0)\,.$

(Ist t die Gesamtzeit, so ist $T = \frac{t}{n}$ die Verdopplungszeit. Die Zeitspanne für eine Verdopplung wird in diesem Fall als Generationszeit g bezeichnet.) ♣

Im Folgenden finden Sie eine kleine Auswahl der zahlreichen Anwendungen des Zehnerlogarithmus:

„ICH LIEBE DICH! 999 KÜSSE..."
NEIN - SIE MÖCHTE BESTIMMT VIEL MEHR.
BESSER:
9^{9^9} KÜSSE...
Rock the town
FUßBALL STARS
Nickhick...
MONI
MONI 4 EVA EVER!

Anwendungen des Zehnerlogarithmus lg x

Im Fall der Basis $a = 10$ benutzen wir wieder für $\log_{10} x$ abkürzend '$\lg x$'. Bei Berechnungen im Zehnersystem ist diese Basiswahl natürlich vorteilhaft:

Aufgabe 17 *Bestimmen Sie jeweils z: (i)* $\lg z = 2{,}867$, *(ii)* $z = 5^{(6^7)}$.

Lösung: (i) $z = 10^{\lg z} = 10^{2{,}867} = 736{,}2 = 7{,}362 \cdot 10^2$
Hier nutzen wir die Regel: $10^{\lg z} = z$.

(ii) Die übliche Eingabe in den Taschenrechner liefert nur eine Fehlermeldung! Der gesuchte Wert z übersteigt nämlich den Anzeigebereich. Da $\lg z$ extrem langsam wächst, versuchen wir deshalb zunächst diesen Wert zu bestimmen, dann anschließend wie bei (i) den eigentlich gesuchten Zahlenwert $z = 10^{\lg z}$:

$\lg z = \lg 5^{(6^7)} = 6^7 \cdot \lg 5 = 195\,666{,}867$ (Regel: $\lg x^y = y \cdot \lg x$).

Die direkte Eingabe $z = 10^{\lg z}$ kann natürlich nicht funktionieren, da die exponentielle Anzeige nur bis 10^{99} reicht. Das lässt sich aber leicht umgehen:

$z = 10^{195666{,}867} = 10^{195666 + 0{,}867} = 10^{0{,}867} \cdot 10^{195666} = 7{,}362 \cdot 10^{195\,666}$ ♣

Logarithmische Skalen bilden sicherlich die wichtigsten Anwendungen:

Beispiel 18 Erdbebenstärken werden stets als Werte auf der logarithmischen Richter-Skala gemessen: Mit Hilfe eines Standard-Seismographen definierte man zunächst eine relativ kleine 'Standard-Erdbebenstärke E_0', vergleichbar mit dem Urmeter für die Entfernungsbestimmung. Hiermit lässt sich nun angeben, wie viel mal stärker ein anderes Erdbeben E ist:

$$E = c \cdot E_0 \qquad \left(\text{oder: } c = \frac{E}{E_0}\right)$$

Diese Faktoren c sind in der Praxis oft sehr groß, zum Beispiel Hundertausend oder zehn Millionen. Deshalb wird der *logarithmische* Wert von c angegeben:

$$R = \lg c$$

Im Falle von $c = 100\,000 = 10^5$ wäre das also $R = \lg 10^5 = 5$, im Falle von $c = 10\,000\,000 = 10^7$ entsprechend $R = \lg 10^7 = 7$, Regel (i). Umgekehrt bedeutet die Angabe $\lg c = 7$ den Wert $c = 10^7$, die Angabe 7,3 den Wert

$$c = 10^{7{,}3} = 10^{0{,}3+7} = 10^{0{,}3} \cdot 10^7 = 2{,}0 \cdot 10^7$$

Beachten Sie: 7,3 ist doppelt so stark wie 7,0. Der Grund: $10^{0{,}3} = 2$. Solche Vergleiche sollte man auch für andere c–Werte anstellen können! Entscheidend ist nur die *Differenz* der logarithmischen Angaben. ♣

Aufgabe 19 *Um welchen Faktor ist die Erdbebenstärke E_2 mit dem Wert 7,3 auf der Richter-Skala größer als E_1 mit dem Wert 6,0?*

Lösung: Wegen $c_1 = 10^{\lg c_1} = 10^6$ und $c_2 = 10^{\lg c_2} = 10^{7,3}$ folgt:

$$\frac{\mathrm{E}_2}{\mathrm{E}_1} = \frac{c_2 \cdot \mathrm{E}_0}{c_1 \cdot \mathrm{E}_0} = \frac{c_2}{c_1} = \frac{10^{\lg c_2}}{10^{\lg c_1}} = \frac{10^{7,3}}{10^{6,0}} = 10^{7,3-6,0} = 10^{1,3} = 20, \text{ also}$$

$\mathrm{E}_2 = 20 \cdot \mathrm{E}_1$. Entscheidend war die Differenz der beiden Logarithmenwerte und die anschließende Potenzierung zur Basis $a = 10$, zusammenfassend nur:

$$7{,}3 - 6{,}0 = 1{,}3 \quad \text{und} \quad 10^{1,3} = 20.$$ ♣

Entschuldigen Sie, wenn ich behaupte, $10^{1,3}$ kann man doch im Kopf rechnen! Zumindest näherungsweise, und um solche Abschätzungen geht es ja nur bei solchen Vergleichen! Der Wert $10^1 = 10$ bereitet sicher keine Probleme, und für viele weitere Funktionswerte von 10^x genügt *ein einziger* Wert. Merken Sie sich einfach $\lg 2 = 0{,}3$. Die Abweichung liegt im Promillebereich:

Der Logarithmus von 2 ist 0,3: $\lg 2 = 0{,}3$ *beziehungsweise* $2 = 10^{0,3}$

Aufgabe 20 *Bestimmen Sie näherungsweise die Werte von 10^x im Kopf für*

$$\begin{array}{llll} x = 0{,}3 & x = 0{,}6 & x = 0{,}9 & x = 1{,}0 \\ x = 1{,}3 & x = 1{,}6 & x = 1{,}9 & x = 2{,}0 \\ x = 2{,}3 & x = 2{,}6 & x = 2{,}9 & x = 3{,}0 \quad \textit{usw.} \end{array}$$

Lösung: Aus $10^{0,0} = 1$, $10^{0,3} = 2$ und $10^1 = 10$ folgt der Reihe nach:

$$\begin{array}{lllll}
10^{0,3} = & 10^{0,3+0,0} = & 10^{0,3} \cdot 10^{0,0} = & 2 \cdot 1 & = 2 \\
10^{0,6} = & 10^{0,3+0,3} = & 10^{0,3} \cdot 10^{0,3} = & 2 \cdot 2 & = 4 \\
10^{0,9} = & 10^{0,3+0,6} = & 10^{0,3} \cdot 10^{0,6} = & 2 \cdot 4 & = 8 \\
10^{1,0} = & 10^{1,0+0,0} = & 10^{1,0} \cdot 10^{0,0} = & 10 \cdot 1 & = 10 \\
10^{1,3} = & 10^{0,3+1,0} = & 10^{0,3} \cdot 10^{1,0} = & 2 \cdot 10 & = 20 \\
10^{1,6} = & 10^{0,3+1,3} = & 10^{0,3} \cdot 10^{1,3} = & 2 \cdot 20 & = 40 \\
10^{1,9} = & 10^{0,3+1,6} = & 10^{0,3} \cdot 10^{1,6} = & 2 \cdot 40 & = 80 \\
10^{2,0} = & 10^{1,0+1,0} = & 10^{1,0} \cdot 10^{1,0} = & 10 \cdot 10 & = 100 \\
10^{2,3} = & 10^{0,3+2,0} = & 10^{0,3} \cdot 10^{2,0} = & 2 \cdot 100 & = 200 \\
10^{2,6} = & 10^{0,3+2,3} = & 10^{0,3} \cdot 10^{2,3} = & 2 \cdot 200 & = 400 \\
10^{2,9} = & 10^{0,3+2,6} = & 10^{0,3} \cdot 10^{2,6} = & 2 \cdot 400 & = 800 \\
10^{3,0} = & 10^{1,0+2,0} = & 10^{1,0} \cdot 10^{2,0} = & 10 \cdot 100 & = 1000
\end{array}$$

und so weiter. ♣

Aufgabe 21 *Analog zu Erdbebenstärken ist auch die in Dezibel angegebene Schallintensität I nur ein logarithmischer Vergleichswert* $L = lg\,c$ *zu einer vorgegebenen, sehr kleinen Standardintensität:* $I = c \cdot I_0$.
Zum Beispiel bedeutet die Angabe $L = 60\,dB$ *(Dezibel) nur* $L = 6{,}0\,B$ *(Bel), also* $lg\,c = 6{,}0$ *oder* $c = 10^6 = 1\,000\,000$.

a) Vergleichen Sie die Schallintensität zweier Gespräche mit einer maximalen Intensität von $L_1 = 65\,dB$ *und* $L_2 = 68\,dB$.

b) Ein Schallschutz verspricht eine Verringerung um 26 dB. Was bedeutet das?

Lösung: a) $c_1 = 10^{6{,}5}$, Vergleich: $c_2 = 10^{6{,}8} = 10^{6{,}5+0{,}3} = 10^{6{,}5} \cdot 10^{0{,}3} = c_1 \cdot 2$, also die doppelte Intensität! Wieder dieselbe Vorgehensweise: Differenz der beiden Logarithmenwerte bestimmen, Ergebnis dann exponieren zur Basis 10.

b) Hier ist die Differenz von 2,6 Bel bereits angegeben! Schnell im Kopf: Wegen $10^{2{,}6} \approx 400$ ist die Intensität *vor* dem Schallschutz 400 mal größer bzw. *dahinter* beträgt sie nur noch ein vierhunderstel des Ausgangswertes. ♣

Beispiel 22 Es gibt viele weitere Anwendungsbeispiele für den Logarithmus, zum Beispiel auch eine logarithmische Skala für sehr *geringe* Konzentrationen! Beträgt die Stoffmengenkonzentration c einer Substanz zum Beispiel 10^{-7} (ein zehnmillionstel) Mol pro Liter, so wäre $\lg c = -7$.

Etwas lästig ist hierbei das ständig negative Vorzeichen für alle Werte $c < 1$! Deshalb wählt man als 'p - Wert' einfach den *negativen* Wert des Logarithmus! Als *p - Wert* einer relativ kleinen Konstanten c definieren wir also:

$$\boxed{\mathrm{p} = -\lg c \quad \text{beziehungsweise} \quad c = 10^{-p}}$$

Im Beispiel mit $c = 10^{-7}$ mol/L ergibt das also den positiven Wert $\mathrm{p} = 7$. Wichtig: Für c ist nur die *Maßzahl* einzusetzen, also ganz ohne Einheiten! Schließlich wüsste auch ihr Rechner nichts damit anzufangen – was ergibt ein Logarithmus- oder Exponentialwert von Mol, Liter oder Kubikzentimeter? Die gewählte Einheit ist entscheidend für die Maßzahl c einer Konzentration. Andere Konzentrationsangaben müssen in mol/L umgerechnet werden! Oft lassen sich Einheiten durch Kürzen vermeiden, wie z. B. bei $\lg \frac{\mathrm{t}}{\mathrm{T}}$.

Den p-Wert der Wasserstoffionenkonzentration $c(H^+)$ bezeichnen Chemiker kurz als den *pH - Wert* dieser Lösung. Wenn Sie zum Beispiel 0,1 mol Salpetersäure HNO_3 in einem Liter Wasser lösen, spalten sich deren Moleküle beinahe vollständig in 0,1 Mol H^+ Ionen und 0,1 Mol NO_3^- Ionen. Hierbei sind die sehr reaktiven H^+ Ionen von besonderer Bedeutung! ♣

Aufgabe 23 *In einem Liter Wasser seien gelöst:*

a) 0,0126 Gramm oder umgerechnet zwei zehntausendstel $(2\cdot 10^{-4})$ *Mol* HNO_3,
b) 1,26 Gramm oder umgerechnet zwei hunderstel $(0{,}02 = 2\cdot 10^{-2})$ *Mol* HNO_3.

Bestimmen Sie die jeweiligen pH - Werte!

Lösung: Diese Säure spaltet sich vollständig, liefert also die Konzentrationen

a) $c(H^+) = 2\cdot 10^{-4}$ mol/L: $pH = -\lg c = -\lg(2\cdot 10^{-4}) = 3{,}7$;
b) $c(H^+) = 2\cdot 10^{-2}$ mol/L: $pH = -\lg c = -\lg(2\cdot 10^{-2}) = 1{,}7$. ♣

Anmerkungen: Jedes einzelne H^+ Ion lagert sofort ein Wassermolekül H_2O an, bildet also ein H_3O^+ Ion. Es handelt sich also in Wirklichkeit nicht um $c(H^+)$, sondern um $c(H_3^+O)$. An den Zahlenwerten ändert sich dadurch aber nichts!

Vernachlässigbar war hier auch, dass ein Liter reines Wasser bereits ein zehnmillionstel Gramm oder umgerechnet 10^{-7} Mol H^+ Ionen enthält. Das ergäbe im Fall a), addiert zu 10^{-4} Mol, zusammen nur $1{,}001\cdot 10^{-4}$ mol/L.

Aber achten Sie hierauf: *Höhere* Konzentration bedeutet *kleineren* p - Wert!

Wasser ist eine äußerst stabile Verbindung. In einem Liter reinem Wasser $H_2O = HOH$ sind bei Zimmmertemperatur nur rund 10^{-7} Mol aufgespalten in 10^{-7} Mol H^+ und 10^{-7} Mol OH^-. Natürlich definiert man analog:

$$pOH = -\lg c(OH^-)$$

Für reines Wasser gilt daher: $pH = 7$ und $pOH = 7$.

Eine Erhöhung der H^+ Ionen, etwa durch Säurezusatz, führt durch erhöhte Rekombination zu einer Verringerung der OH^- Ionen. Eine Erhöhung der OH^- Ionen führt umgekehrt zu einer Verringerung der H^+ Ionen. Das Produkt dieser beiden Konzentrationen bleibt jedoch hierbei immer konstant (Massenwirkungsgesetz)! Es gilt also stets, genau wie bei reinem Wasser:

$$c(H^+)\cdot c(OH^-) = 10^{-14}$$

Aufgabe 24 *Beweisen Sie die wichtige Beziehung:* $pH + pOH = 14$.

Lösung: Logarithmieren ergibt mit $\lg(x\cdot y) = \lg x + \lg y$ und $\lg 10^z = z$:

$$\begin{aligned}
\lg\left(c(H^+)\cdot c(OH^-)\right) &= \lg 10^{-14} \\
\lg c(H^+) + \lg c(OH^-) &= -14 \\
(-pH) + (-pOH) &= -14 \\
pH + pOH &= 14
\end{aligned}$$ ♣

Lösungen mit einem pH - Wert unter 7 nennt man sauer, über 7 basisch oder auch alkalisch. Bereits geringe Schwankungen können Proteine oder andere komplexe Moleküle stark beeinflussen. Man beachte jedoch, dass es sich hier schließlich um logarithmische Werte handelt. Ein Gartenboden pH - Wert für Moorbeetpflanzen von zum Beispiel 5,4 bedeutet im Vergleich zu 5,7 eine doppelt so hohe Säurekonzentration im Boden!

Aufgabe 25 *Sie lösen in einem Liter Wasser 0,0112 Gramm Kaliumhydroxid oder umgerechnet 0,00020 Mol KOH. Dieses spaltet sich hierdurch vollständig in K^+ und OH^- Ionen. Bestimmen Sie den pOH und den pH Wert.*

Lösung: Die 0,00020 mol KOH ergeben $c(\mathrm{OH}^-) = 0{,}00020 = 2 \cdot 10^{-4}$ mol/L, die in Wasser enthaltene Konzentration $c(\mathrm{OH}^-) = 0{,}0000001 = 10^{-7}$ mol/L ist vernachlässigbar: $\mathrm{pOH} = -\lg(2 \cdot 10^{-4}) = -\lg 2 - \lg 10^{-4} = -0{,}3 + 4 = 3{,}7$.
Aus pH + pOH = 14 bzw. pH = 14 - pOH folgt: pH = 14 - 3,7 = 10,3 ♣

Organismen reagieren empfindlich auf pH - Wert Änderungen und versuchen diese Werte durch sogenannte Puffer konstant zu halten. Zum Beispiel wird der pH - Wert des menschlichen Blutes möglichst konstant auf 7,4 gehalten. Zu solchen sogenannten Pufferlösungen siehe unter 'Fitness–Studio'.

Beispiel 26 Die logarithmische Skala lässt sich auch auf dem Zahlenstrahl veranschaulichen. Wir wählen einen Nullpunkt und eine Maßeinheit, um dann wie üblich die Längen mit den Maßzahlen

$$\boxed{x = \lg c}$$

aufzutragen: Der Wert $c = 1$ ergibt den Nullpunkt $x = 0$, wegen $0 = \lg 1$. $c = 2$ liegt bei $x = 0{,}3$ wegen $0{,}3 = \lg 2$; $c = 10$ bei $x = 1{,}0$ wegen $1{,}0 = \lg 10$:

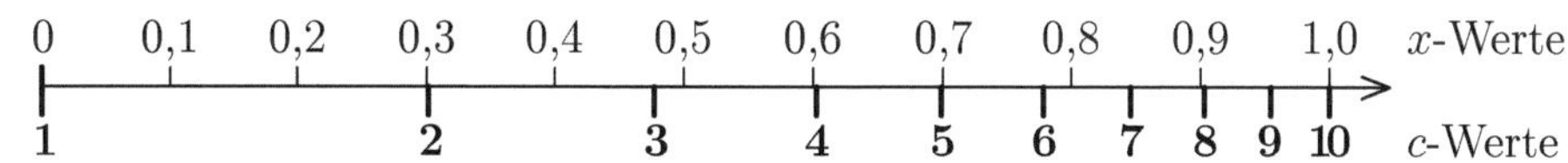

Je nach Maßstab umfasst diese Skala verschieden große Bereiche von c:

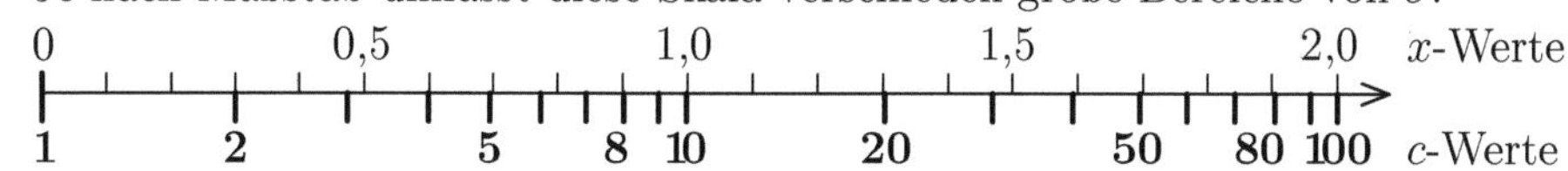

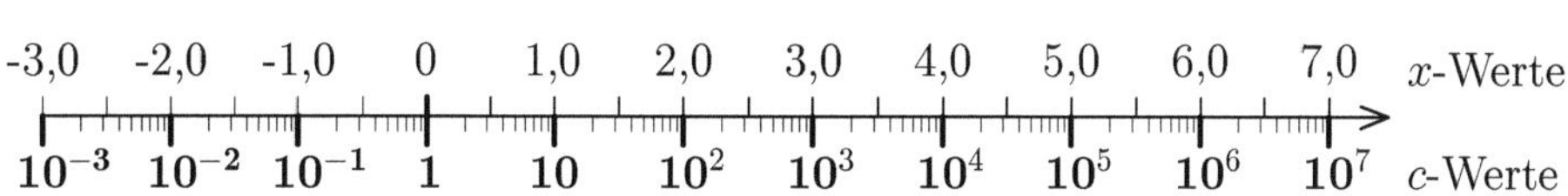

Die Zeile mit den x-Werten erleichtert das Verständnis sowie das Auftragen der c-Werte, wird aber letztendlich weggelassen. Wir erhalten:

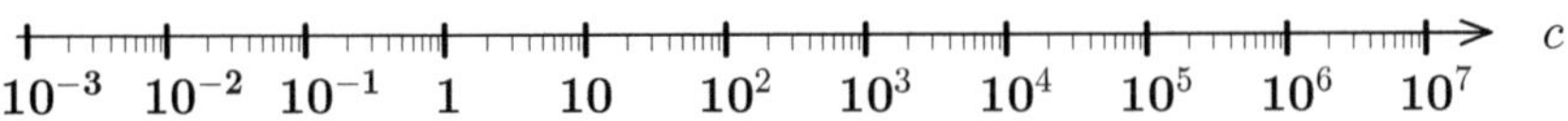

Wo liegen die c-Werte: 5 ; 15 ; 50 ; 150 ; 500 ; $0{,}5 = 5 \cdot 10^{-1}$; $0{,}15 = 1{,}5 \cdot 10^{-1}$? Gleicher Abstand, gleicher Faktor, vgl.: 1 und 10 ; 5 und 50 ; 15 und 150. (Der Abstand zwischen 1 und 10 wird Dekade genannt.) Das Besondere: Hier werden Werte von lg c eingetragen, *ohne Taschenrechner* oder ähnliche Hilfen! Man nutzt diese Tatsache bei vielerlei Darstellungen, zum Beispiel auch bei folgender Übersicht: ♣

Logarithmische Größenordnungen in der Biologie

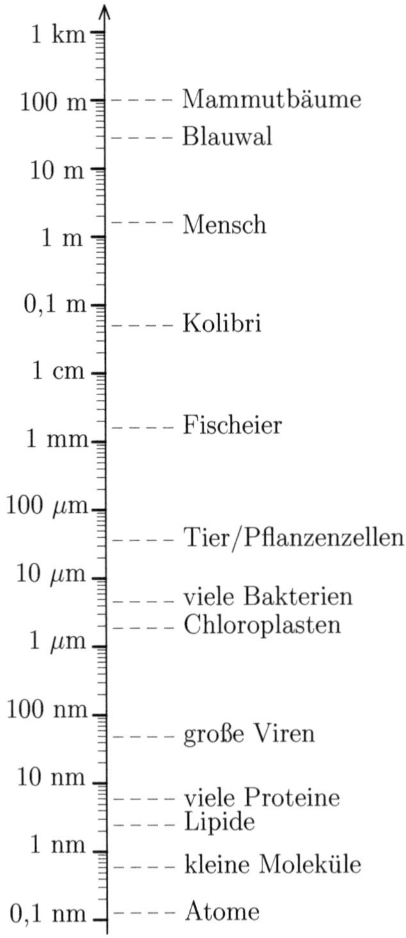

Beispiele für logarithmische Darstellungen von Funktionen

Beispiel 27 Die folgenden Messwerte sind für eine übliche Darstellung in einem kartesischen Koordinatensystem wenig geeignet:

t	0,50	1,20	1,60	2,50	3,90
v	7,11	15,9	25,2	71,1	357

Außerdem vermuten Sie hier folgenden exponentiellen Zusammenhang:

$$\boxed{v = v_0 \cdot a^t}$$

Sie wählen deshalb zur graphischen Darstellung die Koordinatenwerte:

$$\boxed{x = t\,, \quad \text{aber} \quad y = \lg v\,.}$$

Das ergibt die folgenden 'überschaubaren' Tabellenwerte:

$x = t$	0,50	1,20	1,60	2,50	3,90
$y = \lg v$	0,85	1,20	1,40	1,85	2,55

Das Bild einer *Geraden* in kartesischen x, y - Koordinaten bestätigt nun, dass die ursprünglichen Messpunkte tatsächlich auf einer *Exponentialkurve* liegen, siehe linke Skizze, Erklärung nächste Seite:

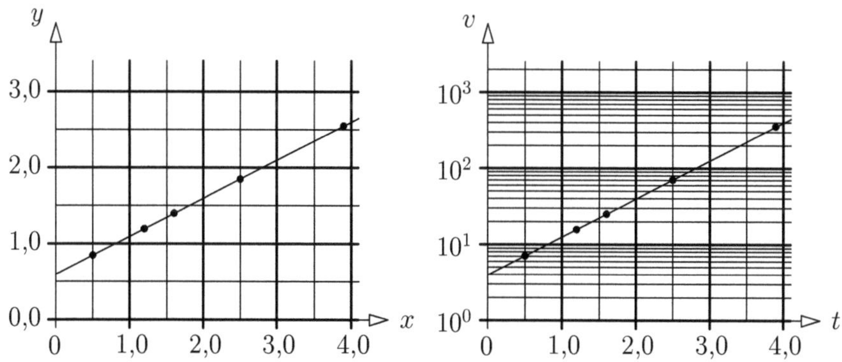

Einfach – logarithmisches Papier* ersparte früher Rechner und x, y – Tabelle: Da Sie die v–Werte logarithmisch auftragen, ermitteln Sie hierbei sozusagen zeichnerisch statt rechnerisch die Werte $\lg v$, vergleichen Sie die Skizze rechts! Auf diese Weise erhalten Sie die gleichen Punkte wie in der linken Skizze. Aber warum liegen diese Punkte nun auf einer Geraden? Rechnen wir doch

*wird auch *halb–logarithmisch* genannt

einfach mal nach, was das Logarithmieren ergibt!

Erklärung: Die Geradengleichung lässt sich rechnerisch erhalten oder auch aus der Zeichnung ermitteln. Das Ergebnis ist jedenfalls:

$$y = 0{,}6 + 0{,}5 \cdot x$$

Das ist eine Gerade mit der Steigung 0,5 und dem y–Abschnitt 0,6 (für $x = 0$). Hierbei bedeutet $y = \lg v$ und $x = t$. Folglich gilt die Beziehung:

$$\lg v = 0{,}6 + 0{,}5 \cdot t$$

Hieraus folgt mit den bekannten Rechenregeln:

$$10^{\lg v} = 10^{0{,}6 + 0{,}5 \cdot t} = 10^{0{,}6} \cdot (10^{0{,}5})^t$$

Und das ergibt schließlich:

$$v = 4 \cdot 3{,}162^t$$

Anmerkung: Ist nicht v als Funktion von t sondern umgekehrt t als Funktion von v gesucht, so müssen Sie nur die erhaltene Beziehung nach t auflösen. Das ergibt in diesem Beispiel, wieder nach Logarithmieren: $t = 2 \cdot \lg(\frac{v}{4})$. ♣

Beispiel 28 Gegeben seien die Werte

t	3,16	15,8	39,8	316	7940
v	7,94	15,1	21,9	50,1	182

Das Logarithmieren allein von t oder von v führt hier nicht zu einer Geraden! Wir überprüfen nun, ob diese Werte einen Potenz–Zusammenhang erfüllen:

$$\boxed{v = k \cdot t^h}$$

wobei der Faktor k und die Hochzahl h noch unbekannt sind.
Wir wählen in diesem Fall zur graphischen Darstellung die Koordinatenwerte:

$$\boxed{x = \lg t \quad \textit{und} \quad y = \lg v\,.}$$

Das ergibt die folgenden Tabellenwerte:

$x = \lg t$	0,50	1,20	1,60	2,50	3,90
$y = \lg v$	0,90	1,18	1,34	1,70	2,26

Diese Punkte im üblichen kartesischen Koordinatensystem finden Sie wieder in der folgenden Skizze links. Auch hier ließe sich die Bestimmung der x, y-Werte umgehen, indem Sie diesmal sowohl x- als auch y–Werte logarithmisch auftragen. Man spricht vom *doppelt-logarithmischen* Papier, vgl. Skizze rechts:

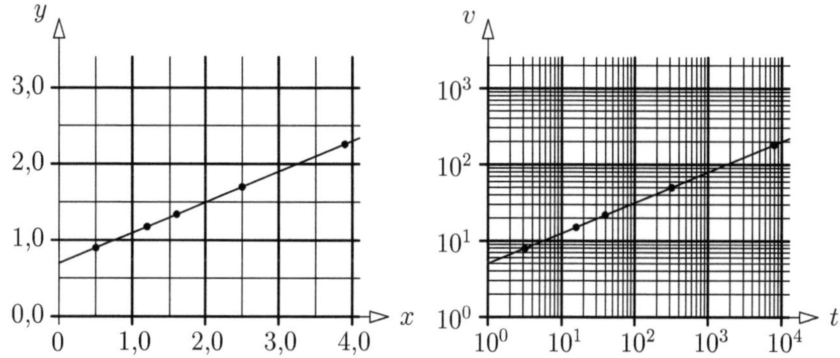

Wir ermitteln aus der Skizze die Geradengleichung:

$$y = 0{,}7 + 0{,}4 \cdot x$$

Die ursprünglichen t, v – Koordinaten erfüllen also wegen $y = \lg v$ und $x = \lg t$:

$$\lg v = 0{,}7 + 0{,}4 \cdot \lg t$$

Exponieren zur Basis 10 liefert in diesem Falle:

$$v = 10^{\lg v} = 10^{0{,}7+0{,}4 \cdot \lg t} = 10^{0{,}7} \cdot 10^{0{,}4 \cdot \lg t} = 10^{0{,}7} \cdot (10^{\lg t})^{0{,}4} = 5 \cdot t^{0{,}4}$$

Ergebnis: $v = 5 \cdot t^{0{,}4}$.

Die Tabellenwerte erfüllen den vermuteten Zusammenhang ($k=5$; $h=0{,}4$) !
Umgekehrt nach t aufgelöst ergibt sich die Beziehung: $t = 0{,}0179 \cdot v^{2{,}5}$ ♣

Fitness - Studio

Pufferlösungen Ergänzend zum Schluss noch einiges über den pH–Wert. Zur Wiederholung siehe Beispiel 22 auf Seite 181 ff.

Die Protonen H^+ und die Hydroxid–Ionen OH^- sind sehr reaktiv. Schon kleine Schwankungen ihrer Konzentration können Proteine und andere komplexe Moleküle in einer Zelle beeinflussen. Deshalb reagieren Organismen empfindlich auf pH–Änderungen! Sogenannte 'Puffer' im menschlichen Blut beispielsweise halten den Blut–pH möglichst konstant bei 7,4.

Eine *Pufferlösung* enthält eine relativ hohe Konzentration einer schwachen Säure und ihrer konjugierten Base:

Beispiel 29 Löst man eine *schwache* Säure wie zum Beispiel Essigsäure CH_3COOH in Wasser, so spaltet sich diese nur unvollständig gemäß folgender vereinfachter Reaktionsgleichung

$$CH_3COOH \rightleftharpoons CH_3COO^- + H^+$$

Nach dem Massenwirkungsgesetz bleibt hierbei folgender Quotient konstant:

$$\frac{c(H^+) \cdot c(CH_3COO^-)}{c(CH_3COOH)} = K_S, \quad K_S = 1{,}81 \cdot 10^{-5}, \quad pK_S = -\lg K_S = 4{,}742.$$

Bei einer Lösung mit $c(CH_3COOH) = 0{,}100$ mol/L zum Beispiel ergibt das: $c(H^+) = c(CH_3COO^-) = 0{,}001345$ mol/L, $pH = -\lg(1{,}345 \cdot 10^{-3}) = 2{,}87$.

Wegen der relativ kleinen *Säuredissoziationskonstanten* K_S der Essigsäure ist nur ein kleiner Prozentsatz ihrer Moleküle dissoziiert! Wenn *ursprünglich* c_0 Mol Essigsäure pro Liter Wasser gelöst wurden und davon x Mol pro Liter dissoziieren, dann enthält diese Lösung $c(H^+) = c(CH_3COO^-) = x$ mol/L entstandener H^+ und CH_3COO^- Ionen und $(c_0 - x)$ mol/L nicht dissoziierte Essigsäure. Mit dem Massenwirkungsgesetz gilt also

$$\frac{c(H^+) \cdot c(CH_3COO^-)}{c(CH_3COOH)} = \frac{x^2}{c_0 - x} = K_S, \quad x^2 = K_S \cdot (c_0 - x),$$

$$x^2 + K_S \cdot x - K_S \cdot c_0 = 0, \quad x = c(H^+) = -\tfrac{1}{2} \cdot K_S + \sqrt{\tfrac{1}{4} \cdot K_S^2 + K_S \cdot c_0}$$

(Der zu bestimmende Wert x ist positiv, die Lösung mit negativem Vorzeichen der Wurzel entfällt daher). Beispiel $K_S = 1{,}81 \cdot 10^{-5}$, $c_0 = 0{,}100$ mol/L:

$$x = c(H^+) = -\tfrac{1}{2} \cdot 1{,}81 \cdot 10^{-5} + \sqrt{\tfrac{1}{4} \cdot (1{,}81 \cdot 10^{-5})^2 + \mathbf{1{,}81 \cdot 10^{-5} \cdot 0{,}100}} =$$
$$-0{,}9 \cdot 10^{-5} + \sqrt{0{,}82 \cdot 10^{-10} + \mathbf{1{,}81 \cdot 10^{-6}}} = -0{,}9 \cdot 10^{-5} + \sqrt{\mathbf{1{,}81}0082 \cdot \mathbf{10^{-6}}} =$$
$$-0{,}9 \cdot 10^{-5} + \mathbf{1{,}345 \cdot 10^{-3}} = 1{,}336 \cdot 10^{-3}, \quad pH = -\lg(1{,}336 \cdot 10^{-3}) = 2{,}874.$$

Das Ergebnis unterscheidet sich praktisch kaum von $x = c(H^+) = \sqrt{K_S \cdot c_0} = \sqrt{\mathbf{1{,}81 \cdot 10^{-5} \cdot 0{,}100}} = \sqrt{\mathbf{1{,}81 \cdot 10^{-6}}} = \mathbf{1{,}345 \cdot 10^{-3}}$, also pH = 2,871. ♣

Aufgabe 30 *Folgern Sie aus* $c(H^+) = \sqrt{K_S \cdot c_0}$ *die für schwache Säuren gebräuchliche Regel:* $pH = \frac{1}{2} \cdot (pK_S - \lg c_0)$, *(beachten Sie:* $pK_S = -\lg K_S$*).*

<u>Lösung:</u> $pH = -\lg c(H^+) = -\lg\sqrt{K_S \cdot c_0} = -\lg(K_S \cdot c_0)^{\frac{1}{2}} = -\frac{1}{2} \cdot \lg(K_S \cdot c_0)$
$= -\frac{1}{2} \cdot (\lg K_S + \lg c_0) = \frac{1}{2} \cdot (-\lg K_S - \lg c_0) = \frac{1}{2} \cdot (pK_S - \lg c_0)$ ♣

Beispiel: $pK_S = 4{,}74$; $c_0 = 0{,}1$: $pH = \frac{1}{2} \cdot (4{,}74 - \lg 0{,}1) = \frac{1}{2} \cdot (4{,}74 + 1) = 2{,}87$.

Fügen wir einer Essigsäurelösung Acetationen CH_3COO^- hinzu, etwa durch Zugabe von Natriumacetat CH_3COONa, so verändern wir die Gleichheit $c(H^+) = c(CH_3COO^-)$. Das Massenwirkungsgesetz gilt natürlich weiterhin:

Aufgabe 31 *(i) Lösen Sie* $\frac{c(H^+) \cdot c(CH_3COO^-)}{c(CH_3COOH)} = K_S$ *nach* $c(H^+)$ *auf.*
(ii) Bestimmen Sie durch Logarithmieren den entsprechenden pH–Wert!

Lösung: (i) $c(H^+) = K_S \cdot \frac{c(CH_3COOH)}{c(CH_3COO^-)}$ (Essigsäure: $K_S = 1{,}81 \cdot 10^{-5}$).

(ii) $-pH = \lg c(H^+) = \lg K_S + \lg \frac{c(CH_3COOH)}{c(CH_3COO^-)} = -pK_S + \lg \frac{c(CH_3COOH)}{c(CH_3COO^-)}$

$pH = pK_S - \lg \frac{c(CH_3COOH)}{c(CH_3COO^-)}$ *(vgl. Henderson-Hasselbalch-Gleichung).* ♣

Beispiel 32 Sie mischen $V_1 = 80$ mL Acetatlösung (z.Bsp. Natriumacetat) der Konzentration $c(CH_3COO^-) = 0{,}200$ mol/L mit $V_2 = 20$ ml Essigsäurelösung derselben Konzentration $c(CH_3COOH) = 0{,}200$ mol/L. Bestimmen Sie den pH–Wert dieser Mischung mit der Henderson-Hasselbalch-Gleichung:

Ganz ausführlich betragen Stoffmenge n und Stoffmengenkonzentration c von

CH_3COO^- : $n_1 = V_1 \cdot 0{,}200$ mol/L, $c_1(CH_3COO^-) = \frac{n_1}{V_1+V_2} = \frac{V_1 \cdot 0{,}200 mol/L}{V_1+V_2}$
CH_3COOH: $n_2 = V_2 \cdot 0{,}200$ mol/L, $c_2(CH_3COOH) = \frac{n_2}{V_1+V_2} = \frac{V_2 \cdot 0{,}200 mol/L}{V_1+V_2}$

Hiermit folgt mit Henderson-Hasselbalch (speziell für den Acetatpuffer):

$pH = pK_S - \lg \frac{c_2(CH_3COOH)}{c_1(CH_3COO^-)} = pK_S - \lg \frac{V_2}{V_1} = -\lg(1{,}81 \cdot 10^{-5}) - \lg \frac{20 \text{ mL}}{80 \text{ mL}} = 5{,}3$

Praktisch: Bei gleicher Konzentration der Ausgangslösungen, hier 0,200 mol/L, genügt allein die Kenntnis des Mischungsverhältnisses $\frac{V_2}{V_1}$ der beiden Lösungen!

Aufgabe 33 *Zur Bestimmung des isoelektrischen Punktes eines Proteins bereiten Sie gemäß folgender Tabelle 10 mL Acetatpuffer aus Natriumacetat CH_3COONa und Essigsäure CH_3COOH (Konzentration beide 0,200 mol/L).*

Berechnen Sie die pH-Werte für die angegebenen Mischungsverhältnisse mit Hilfe der oben zitierten Henderson-Hasselbalch-Gleichung, $K_S = 1{,}81 \cdot 10^{-5}$.

Tragen Sie diese Werte in die Tabelle ein (mit zwei signifikanten Stellen):

0,2 M Natriumacetat [ml]	*9,0*	*8,0*	*7,0*	*6,0*	*5,0*	*4,0*	*3,0*	*2,0*	*1,0*
0,2 M Essigsäure [ml]	*1,0*	*2,0*	*3,0*	*4,0*	*5,0*	*6,0*	*7,0*	*8,0*	*9,0*
pH – Wert									

Lösung: $\mathrm{pH} = \mathrm{pK}_S - \lg \frac{c_2(CH_3COOH)}{c_1(CH_3COO^-)} = -\lg(1{,}81 \cdot 10^{-5}) - \lg \frac{V(\text{Essigsäure})}{V(\text{Acetat})}$

Wir haben zuvor bereits einen dieser Tabellenwerte ausgerechnet: 8,0 mL Acetat mit 2,0 mL Essigsäure ergibt das gleiche Mengenverhältnis wie 80 mL Acetat mit 20 mL Essigsäure (beachten Sie auch Aufg. 10 (ii), S. 175):

$$\mathrm{pH} = \mathrm{pK}_S - \lg \tfrac{20}{80} = \mathrm{pK}_S - \lg \tfrac{2{,}0}{8{,}0} = \mathrm{pK}_S + \lg \tfrac{8{,}0}{2{,}0} = 5{,}3$$

Auf diese Weise erhalten wir alle in der Tabelle aufgeführten Werte. Beim Mischungsverhälnis 5 zu 5 bzw. 1 zu 1 ergibt sich natürlich, wegen $\lg 1 = 0$, der zentrale Wert $\mathrm{pH} = \mathrm{pK}_S$:

$$\mathrm{pH} = \mathrm{pK}_S - \lg \tfrac{5{,}0\,mL}{5{,}0\,mL} = \mathrm{pK}_S - \lg 1 = \mathrm{pK}_S = 4{,}742$$

Alle übrigen (Näherungs-) Werte sind nur mit zwei Stellen angegeben:

0,2 M Natriumacetat [ml]	9,0	8,0	7,0	6,0	5,0	4,0	3,0	2,0	1,0
0,2 M Essigsäure [ml]	1,0	2,0	3,0	4,0	5,0	6,0	7,0	8,0	9,0
pH – Wert	5,7	5,3	5,1	4,9	4,742	4,6	4,4	4,1	3,8

♣

Die Henderson-Hasselbalch-Gleichung ('Puffergleichung') gilt natürlich sinngemäß auch für andere Säuren und Pufferlösungen mit anderen pK_S – Werten.

Bei voriger Tabelle handelt es sich um neun verschiedene Beispiele einer Essigsäure-Acetat-Pufferlösung, mit pH–Werten $\mathrm{pH} \approx \mathrm{pK}_S \pm 1$. Eine *Pufferlösung* enthält eine relativ hohe Konzentration einer schwachen Säure und ihrer konjugierten Base! Ihre pH–Stabilität erklärt sich folgendermaßen:

Ein Zusatz an H^+–Ionen wird zunächst mit dem großen Vorrat an Acetat–Ionen zu Essigsäure reagieren; ein Zusatz an OH^-–Ionen verbraucht Essigsäure und bildet Acetat. Die zugesetzten H^+–Ionen bzw. OH^-–Ionen verschwinden dadurch, der pH–Wert bleibt weitgehend stabil:

Mischen wir nach obigem Beispiel 0,4 L Acetat– und 0,6 L Essigsäure der Konzentration 0,2 mol/L. Diese Mischung enthält $n_1 = 0{,}08$ Mol Acetat und $n_2 = 0{,}12$ Mol Essigsäure pro Liter, $\mathrm{pH} = \mathrm{pK}_S - \lg \frac{0{,}12}{0{,}08} = \mathbf{4{,}57}$. *Zugabe von* 0,01 Mol Salzsäure HCl verringert das Acetat auf 0,07 Mol und erhöht die Essigsäure auf 0,13 Mol pro Liter, $\mathrm{pH} = \mathrm{pK}_S - \lg \frac{0{,}13}{0{,}07} = \mathbf{4{,}47}$. Der pH-Wert ist also durch die zugesetzte Säure nur um 0,1 gesunken! Zum Vergleich:

1 Liter ungepufferte Säurelösung hätte mit einem Ausgangswert $\mathrm{pH} = \mathbf{4{,}57}$ bzw. mit $c(H^+) = 10^{-4{,}57} = 0{,}000027$ mol/L nach *Zugabe von* 0,01 Mol HCl eine Konzentration von $c(H^+) = 0{,}010027$ mol/L: $\mathrm{pH} = -\lg c(H^+) = \mathbf{2{,}00}$!

3 c) Potenzfunktionen - Allometrie, Binomischer Lehrsatz

Potenzfunktionen wie $f(x) = x^2$ oder etwas komplizierter wie $g(x) = x^{\frac{3}{4}}$ sind allen wohlvertraut und scheinen eher langweilig zu sein. Doch ihr Zusammenspiel ist eine der Ursachen für die Vielfalt in Natur und Technik!

Das Wachstumsverhalten der Potenzfunktionen ist leicht zu beschreiben, unterscheidet sich aber grundlegend vom exponentiellen Wachstum. Auch die Definition hat erstaunlicherweise ihre Tücken:

Die *Definition von* x^h für ganzzahlige Werte der Hochzahl h ist trivial, Beispiel $x^3 = x \cdot x \cdot x$. Auch die entsprechenden Umkehrungen wie hier $\sqrt[3]{x}$ haben wir bereits behandelt. Doch ein wenig Vorsicht ist schon geboten: *Ist* $\sqrt[3]{x}$ *tatsächlich dasselbe wie* $x^{\frac{1}{3}} = x^{0,33333\ldots}$ *?*

Aufgabe 1 *Wo steckt der Fehler? Behauptung* $-2 = 2$. *Hier der Beweis:*
$-2 = \sqrt[3]{(-2)^3} = \sqrt[3]{-8} = (-8)^{\frac{1}{3}} = (-8)^{\frac{2}{6}} = \sqrt[6]{(-8)^2} = \sqrt[6]{64} = \sqrt[6]{2^6} = 2$?

Lösung: $\sqrt[3]{x}$ ist *für alle* $x \in \mathbb{R}$ definiert, $x^{\frac{1}{3}} = x^{\frac{2}{6}}$ *nur für* $x \geq 0$, (Lehrbuch)!

(Mein Rechner bestimmt $(-8)^{\frac{1}{3}}$ als -2, $(-8)^{\frac{2}{6}}$ dagegen als 2. Erstaunlich: Er meldet $(-8)^{0,333\,333\,333\,333}$ als Irrtum, aber $(-8)^{0,333\,333\,333\,333\,3} = -2$.) ♣

Halten wir also fest: Für alle $\mathbf{x} \geq \mathbf{0}$ ist $x^{\frac{1}{3}}$ tatsächlich dasselbe wie $\sqrt[3]{x}$. Sie dürfen dann auch $x^{\frac{1}{3}}$ durch $x^{\frac{2}{6}}$ und $\sqrt[6]{x^2}$ ersetzen, oder durch $(\sqrt[6]{x})^2$. Und allgemein für beliebig aber fest gewählte, natürliche Zahlen m, n:

Für alle reellen $x \geq 0$ gilt: $x^{\frac{m}{n}} = \sqrt[n]{x^m} = (\sqrt[n]{x})^m$ und $x^{-\frac{m}{n}} = \dfrac{1}{x^{\frac{m}{n}}}$

Beispiel: $x^{\frac{3}{2}} = \sqrt[2]{x^3} = (\sqrt[2]{x})^3$ und $x^{-\frac{3}{2}} = \dfrac{1}{x^{\frac{3}{2}}} = \dfrac{1}{\sqrt[2]{x^3}} = \dfrac{1}{(\sqrt[2]{x})^3}$

(Die erste Wurzel $\sqrt[1]{x}$ ist natürlich die Zahl x selbst.)

Kurvenverlauf Jeder Naturwissenschaftler sollte den Kurvenverlauf von $y = x^2$, $y = x^{\frac{1}{2}}$ $(= \sqrt{x})$, von $y = x^1$ $(= x)$ und von $y = x^{-1}$ $(= \frac{1}{x})$ kennen! Und ein konstanter Faktor k in der Form $y = k \cdot x^h$ ändert am Kurvenverlauf nichts Wesentliches. Viel wichtiger ist die Frage:

Wie unterscheiden sich zum Beispiel $y = x^{\mathbf{1,6}}$ und $y = x^{\mathbf{0,75}}$?

Die entscheidende Trennlinie ist hier die Winkelhalbierende $y = x$, $(h = \mathbf{1})$!

Für $\mathbf{h} > \mathbf{1}$ *ist der Kurvenverlauf mehr oder weniger parabelförmig* , $(h = 2)$,
für $\mathbf{h} < \mathbf{1}$ *ist er hingegen immer ganz ähnlich zur Wurzelfunktion,* $(h = \frac{1}{2})$.

$y = x^{\mathbf{1,6}}$ verläuft also ganz ähnlich wie die bekannte Normalparabel $y = x^2$, $y = x^{\mathbf{0,75}}$ verhält sich wie die Wurzelfunktion $y = x^{\frac{1}{2}}$. Man beachte nur: Die eine Hochzahl ist größer als 1 , die andere kleiner als 1 .

Diese zwei Typen des Kurvenverlaufs sind grundlegend im Falle $h > 0$. Über die praktischen Konsequenzen werden wir später noch ausführlich diskutieren.

Skizze:

$\mathbf{h} > \mathbf{0}$:

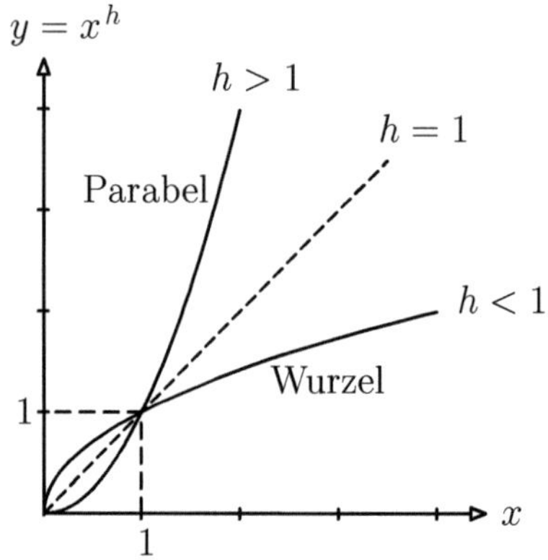

Noch einfacher ist der Fall einer negativen Hochzahl. Der Kurvenverlauf ist dann immer ähnlich zur Hyperbel $y = \frac{1}{x}$ $(= x^{-1})$ mit der Hochzahl $h = -1$:

$\mathbf{h} < \mathbf{0}$:

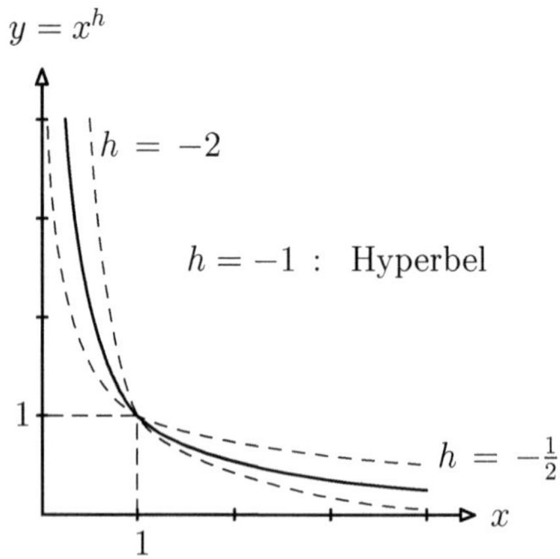

Wir wollen nun das Wachstumsverhalten der Potenzfunktionen beschreiben!

Wachstumsverhalten (potenzierter Faktor)

Wie ändert sich der y–Wert, wenn sich der x–Wert ändert? (Skizze unten):

Für $y = k \cdot x^h$ und $c > 0$ gilt: $\qquad x_1 = c \cdot x_0 \quad \Rightarrow \quad y_1 = c^h \cdot y_0$

In Worten: Ändert sich x um den Faktor c, ändert sich y um den Faktor c^h. Der Faktor c wird also einfach mit der vorgegebenen Hochzahl h potenziert!

Die oft komplizierte Konstante k spielt bei diesem Vergleich gar keine Rolle. Nur der Faktor c wird potenziert und dadurch zum Faktor c^h! Am besten merken Sie sich so ein Ergebnis, wenn Sie es selber beweisen:

Aufgabe 2 *Beweisen Sie das soeben Eingerahmte!*

Lösung: $y_0 = k \cdot x_0^h$, $y_1 = k \cdot x_1^h$. Im Falle $x_1 = c \cdot x_0$ folgt also für y_1:

$$y_1 = k \cdot x_1^h = k \cdot (c \cdot x_0)^h = k \cdot c^h \cdot x_0^h = c^h \cdot (k \cdot x_0^h) = c^h \cdot y_0 \qquad ♣$$

Die beiden Skizzen illustrieren den Sachverhalt für den Fall $h=2$ und $k>0$:

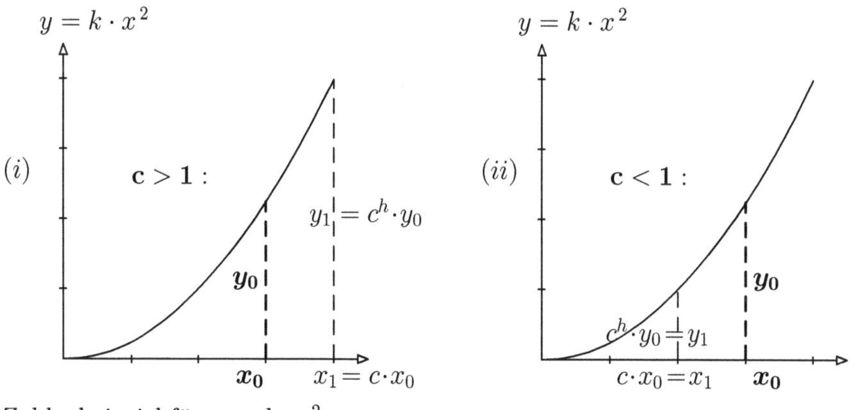

Zahlenbeispiel für $y = k \cdot x^2$:

(i) $x_0 = 5$, $x_1 = 6$. Hierfür gilt $x_1 = 1{,}2 \cdot x_0$. Das folgt auch aus $\frac{x_1}{x_0} = 1{,}2$. Wegen $c = 1{,}2$ und $h = 2$ gilt $y_1 = (1{,}2)^2 \cdot y_0$, also $y_1 = 1{,}44 \cdot y_0$.
(ii) $x_0 = 5$, $x_1 = 4$, also $c = 0{,}8$, $y_1 = 0{,}8^2 \cdot y_0 = 0{,}64 \cdot y_0$. Ergebnis:
y_1 ist im Vergleich zu y_0 (i) um 44 % gewachsen, (ii) um 36 % gefallen.

Bei den zahlreichen Anwendungen sind zunächst folgende Fragen zu klären: Welche der beiden Größen spielt die Rolle von y und welche die Rolle von x? Und rein rechnerisch: Wie groß ist der Wert von c, von h und somit von c^h?

Aufgabe 3 *Sie fahren ganz vorschiftsmäßig im Stadtverkehr mit 50 km/h. Um welchen Faktor bzw. um wie viel Prozent ändert sich nun die kinetische Energie* $\mathbf{E} = \frac{1}{2}\mathbf{m} \cdot \mathbf{v^2}$, *wenn Sie die Geschwindigkeit*

(i) auf 60 km/h erhöhen (ii) auf 40 km/h verringern?

Lösung: Die Masse m bzw. $\frac{1}{2}m$ bleibt konstant. Vereinfacht notiert gilt also

$$\mathbf{E} = \mathbf{k} \cdot \mathbf{v^2}$$

y entspricht der Energie $\mathbf{E}$, x der Geschwindigkeit $\mathbf{v}$, die Hochzahl beträgt hier

$h = 2$:

(i) Wegen $\frac{\mathbf{v_1}}{\mathbf{v_0}} = \frac{60}{50} = 1{,}2$ gilt $\mathbf{v_1} = 1{,}2 \cdot \mathbf{v_0}$. Das bedeutet also $c = 1{,}2$. Wegen $\mathbf{E_1} = c^h \cdot \mathbf{E_0}$ erhöht sich somit die Energie um den Faktor $1{,}2^2 = 1{,}44$. Das ist eine Erhöhung um 44 %.

(ii) Ganz entsprechend $\frac{\mathbf{v_1}}{\mathbf{v_0}} = \frac{40}{50} = 0{,}8$. Folglich ergibt sich $c^h = 0{,}8^2 = 0{,}64$. Die kinetische Energie verringert sich um den Faktor 0,64 bzw. um 36 %. ♣

Beispiel 4 Wieviel Blut durch unsere Adern fließt, hängt in starkem Maße von deren Durchmesser beziehungsweise Radius $\mathbf{r}$ ab. Der Fluss $\mathbf{I}$, auch Volumenstromstärke genannt, wird in Kubikmeter pro Sekunde gemessen. Der Blutfluss durch die Aorta beträgt ungefähr $0{,}1 \cdot 10^{-3}$ m³/s = 0,1 L/s. Gemäß dem Gesetz von Hagen–Poisseuille gilt:

$$\mathbf{I} = \frac{\pi \cdot \mathbf{p}}{8\,\boldsymbol{\eta} \cdot \mathbf{l}} \cdot r^4 = \mathbf{k} \cdot \mathbf{r}^4$$

Der aus Zähigkeit, 'Rohrlänge' und Antriebsdruck zusammengesetzte Faktor kann mehr oder weniger als konstant angesehen werden. Hier interessiert uns:

Wie verhält sich der Blutfluss, wenn sich der Radius um 30 % verkleinert? Ursachen hierfür sind die 'Verkalkung' der Gefäße oder Spannungsänderungen der Gefäßwandung. Wenn sich der Radius dadurch um 30 % verringert, beträgt der neue Radius $\mathbf{r_1}$ nur noch 70 % des ursprünglichen Radius $\mathbf{r_0}$, kurz $\mathbf{r_1} = 0{,}7 \cdot \mathbf{r_0}$. Für den zugehörigen Blutfluss $\mathbf{I_1}$ bzw. $\mathbf{I_0}$ gilt wegen

$h = 4$: $\quad \mathbf{r_1} = 0{,}7 \cdot \mathbf{r_0} \quad \Rightarrow \quad \mathbf{I_1} = 0{,}7^4 \cdot \mathbf{I_0}$

Es ist $0{,}7^4 = 0{,}24 = 24\,\%$. Der Blutfluss verringert sich um dramatische 76 %! Man spricht ironischerweise auch vom 'Herzinfarkt–Gesetz'. ♣

Die Hochzahl h kann auch negativ sein. Als einfaches Beispiel die

Aufgabe 5 *Die Intensität* $\mathbf{J}$ *einer punktförmigen Lichtquelle im Abstand* $\mathbf{r}$ *beträgt, wobei der Wert der Konstanten nur von der Lichtquelle abhängt:*

$$\mathbf{J} = \frac{\mathbf{k}}{\mathbf{r^2}} \quad (= \mathbf{k} \cdot \mathbf{r}^{-2})$$

Sie verringern Ihren Abstand von $\mathbf{r_0} = 10\,m$ *auf* $\mathbf{r_1} = 7\,m$! *Wie verändert sich dadurch die Lichtintensität?*

Lösung: Wegen $\frac{k}{r^2} = k \cdot r^{-2}$ hat die Hochzahl in diesem Fall den Wert $h = -2$. Und c ergibt sich durch Vergleich der beiden Werte von $\mathbf{r}$:

$$h = -2: \qquad \frac{\mathbf{r_1}}{\mathbf{r_0}} = 0{,}7 \quad \Rightarrow \quad \frac{\mathbf{J_1}}{\mathbf{J_0}} = 0{,}7^{-2} \qquad \text{bzw.} \qquad \mathbf{J_1} = 0{,}7^{-2} \cdot \mathbf{J_0}$$

$0{,}7^{-2} = \frac{1}{0{,}7^2} = \frac{1}{0{,}49} \approx 2$, die Lichtintensität wächst um den Faktor 2. ♣

Entscheidend war natürlich nur, dass sich der Abstand auf 70 % verringerte! Bei einer Annäherung von 5 m auf 3,5 m würde sich die Lichtintensität ebenfalls verdoppeln, da auch $\frac{3{,}5}{5} = \frac{7}{10} = 0{,}7$ ergibt!

Wichtig für Organismen sind auch Änderungen von Oberfläche und Volumen:

Beispiel 6 Vergleichen wir Oberfläche und Volumen eines kugelförmigen Einzellers, Radius $\mathbf{r_0} = 4\,\mu\text{m}$, mit der Oberfläche und dem Volumen einer anderen Art, aber mit dem Radius $\mathbf{r_1} = 6\,\mu\text{m}$.

Für Oberfläche bzw. Volumen der Kugel gilt $\mathbf{F} = 4\pi \cdot \mathbf{r^2}$ bzw. $\mathbf{V} = \frac{4\pi}{3} \cdot \mathbf{r^3}$.
Das bedeutet $h{=}2$ für die Oberfläche bzw. $h{=}3$ für das Volumen!
Nun folgt leicht, wegen $\mathbf{r_1} = 1{,}5 \cdot \mathbf{r_0}$, also $c{=}1{,}5$:

$$\mathbf{F_1} = 1{,}5^2 \cdot \mathbf{F_0} \quad \text{und} \quad \mathbf{V_1} = 1{,}5^3 \cdot \mathbf{V_0}$$

Wegen $1{,}5^2 = 2{,}25$ wird hierdurch die Oberfläche mehr als verdoppelt und das Volumen wegen $1{,}5^3 = 3{,}375$ mehr als verdreifacht! ♣

Für dieses Ergebnis war nicht die Kugelform entscheidend! Auch für die Oberfläche $6a^2$ von Würfeln gilt $h = 2$, und beim Volumen a^3 ist $h = 3$. Denken wir uns alles aus kleinen und großen Teilen zusammengesetzt, führt uns das zu folgendem 'Modellbausatz' (zur ausführlichen Herleitung siehe Lehrbuch):

Eine maßstabsgerechte Änderung eines Körpers um einen Faktor c bedeutet

eine Änderung um den Faktor c^2 für die Oberfläche

eine Änderung um den Faktor c^3 für das Volumen.

Das Verdoppeln der Maße mit $c=2$ vervierfacht wegen $c^2=4$ also die Fläche und verachtfacht wegen $c^3=8$ das Volumen. Das gilt ganz allgemein, am Beispiel von Quadrat und Würfel ist es aber besonders leicht zu erkennen:

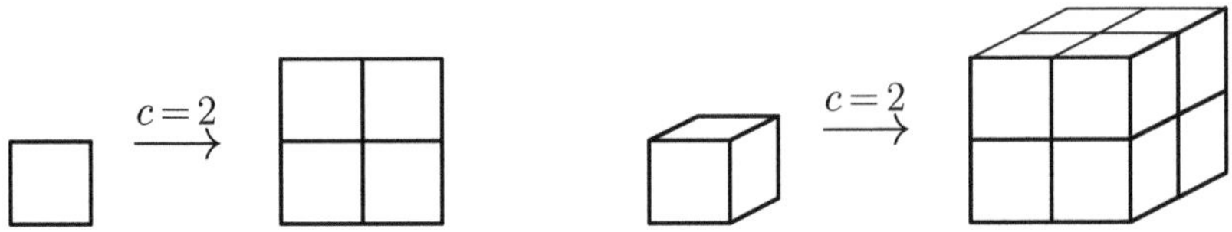

Aufgabe 7 *Sie hatten aus plastischem Material ein Modell geformt und wollen es einfach nur um 50 % vergrößert nachbauen. Um wie viel erhöht sich der Bedarf für die Lackierung der Oberfläche, sowie für die Menge an Material?*

Lösung: Sie ändern alle Maße um den Faktor $c = 1{,}5$. Das bedeutet, genau wie beim vorigen Beispiel mit der Kugelform, eine Vergrößerung der Oberfläche um den Faktor $1{,}5^2 = 2{,}25$ und des Volumens um $1{,}5^3 = 3{,}375$.

Sie benötigen also mehr als die doppelte Menge an Lack, und mehr als die dreifache Menge an plastischem Material. ♣

In der Praxis ist gar nicht immer so einfach zu entscheiden, ob eine maßstabsgerechte Vergrößerung vorliegt. Probieren Sie es bei der folgenden

Aufgabe 8 *Bestimmen Sie gegebenenfalls den Maßstabsfaktor c:*

a) Ist der rechte Kegel eine maßstabsgerechte Vergrößerung des kleinen Kegels?
b) Ist der rechte Zylinder eine maßstabsgerechte Vergrößerung des kleinen?

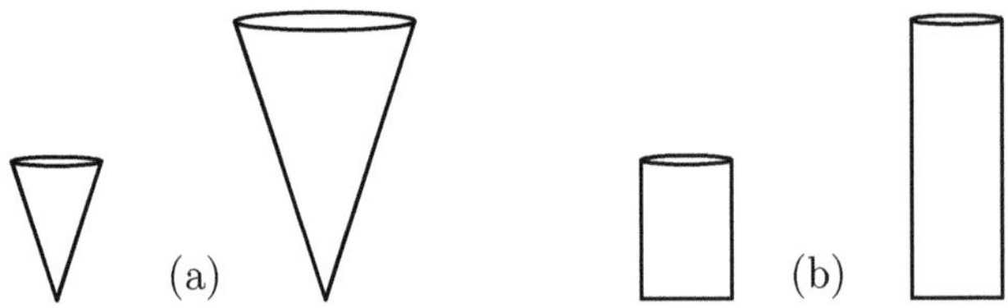

Lösung: Im Falle (a) sind alle Maße wie Radius und Höhe verdoppelt. Der Maßstabsfaktor beträgt in diesem Falle also $c=2$.

Bei (b) liegt keine maßstabsgerechte Vergrößerung vor! Zwar wurde die Höhe verdoppelt, doch dann hätte auch der Radius verdoppelt werden müssen. ♣

Beispiel 9 Beim Sektempfang schäumt der Sekt beim Einschenken in Ihrem spitzkegeligen Glas stark auf. Das Glas wird nicht sofort ganz voll. Sie sagen schnell „danke, das reicht schon“, denn Sekt mögen Sie gar nicht:

Vergleichen Sie die Inhalte mit dem *vollen* Glas links!

Füllhöhe h: $h_0 = 1$ $h_1 = 0.8$ $h_2 = 0.5$

Im mittleren Glas ist nur noch gut die Hälfte des vollen Glases wegen $0{,}8^3 = 0{,}512$ und rechts nur noch 1/8 wegen $(\frac{1}{2})^3 = \frac{1}{8} = 0{,}125$.

Eine einfache Abschätzung

Für Werte von c nahe Eins, also im Falle *kleiner Änderungen* der Variablen, lässt sich die Bestimmung des Faktors c^h beziehungsweise die Änderung der Funktionswerte auch ohne Taschenrechner recht gut abschätzen:

Ändert sich x um $p\,\%$, so ändert sich $y = k \cdot x^h$ näherungsweise um $h \cdot p\,\%$.
Die Änderung von y beträgt also ungefähr das **h–fache** der Änderung von x.

(Nur praktikabel für betragsmäßig kleine Werte von p, etwa $-2{,}5 < p < 2{,}5$.)

Aufgabe 10 *Die Oberflächentemperatur* $\mathbf{T_0}$ *der Sonne beträgt rund(!) 6 000 K. Jede Änderung ihrer Strahlungsleistung* $\mathbf{S_0}$ *hat Auswirkungen auf das Klima. In Abhängigkeit von der Temperatur* $\mathbf{T}$ *gilt das Stefan–Boltzmannsche Gesetz*

$h = 4$: $$\mathbf{S} = \sigma \cdot \mathbf{T}^4$$ *(σ eine Konstante).*

Um wie viel Prozent ändert sich $\mathbf{S_0}$*, wenn die Oberflächentemperatur* $\mathbf{T_0}$ *sich um 0,5 % auf 5 970 K verringert?*

Lösung: $\mathbf{T}$ ist um 0,5 % gefallen, $\mathbf{S}$ sinkt um rund $4 \cdot 0{,}5\,\% = 2\,\%$ ($h{=}4$). Das ist spielend leicht auszurechnen. Vergleichen wir mit dem exakten Wert: $c^h = 0{,}995^4 = 0{,}98015 = 98{,}015\,\%$. Die Änderung beträgt exakt $-1{,}985\,\%$.

Bei größeren Änderungen liefert diese einfache Abschätzung nur grobe oder sogar unbrauchbare Werte. Beispiel: Abnahme um $\frac{1}{3}$, also $\approx 33\,\%$ macht mit $h = 4$ multipliziert keinen Sinn! ♣

Isometrie und Allometrie

Nur speziell im Fall $h = 1$ gilt für $y = k \cdot x^h$: Ändert sich x um das c–fache, dann ändert sich auch y um das c–fache, also um denselben Faktor bzw. Prozentsatz. In diesem Fall wachsen die beiden Größen in *gleichem Maße* – man spricht von *Isometrie*: $y = k \cdot x$ ist eine Gerade durch den Nullpunkt!

Im Fall $h \neq 1$ ändern sich die Werte von x und y in *unterschiedlichem Maße*. Man spricht dann von *Allometrie*, wobei aber stets $h > 0$ vorausgesetzt wird. Zum Kurvenverlauf siehe Skizze auf Seite 192. Hier einige wichtige Beispiele:

Für den Grundumsatz der meisten *Säugetiere*, angefangen von der Maus bis zum Elefanten, gilt in Abhängigkeit vom Körpergewicht **M** (genauer *Masse*) das berühmte 'Drei – Viertel – Gesetz'.

Gesetz von Kleiber über den Grundumsatz **G** von Säugetieren:

$$h = 0{,}75: \quad \mathbf{G} = \mathbf{k_1} \cdot \mathbf{M}^{0{,}75} \quad \text{mit der Konstanten} \quad \mathbf{k_1} = \frac{87\,\text{kcal}}{\text{d} \cdot \text{kg}^{0{,}75}} \quad \text{(d für Tag).}$$

Überlegen Sie sich den Kurvenverlauf hier im Fall der Hochzahl $h = 0{,}75 = \frac{3}{4}$ (vgl. Skizze S. 192). Man erkennt, dass etwa eine Verdoppelung des Körpergewichts keine Verdopplung des Grundumsatzes bedeutet. Vielmehr wächst der Grundumsatz *unterproportional* zum Körpergewicht. Ein höheres Körpergewicht hat so einen vorteilhaften Aspekt!

Für das Skelettgewicht dieser Tiere gilt eine Schätzung der folgenden Art (bei den üblichen Nutztieren wie etwa Schwein, Pferd und Rind ist die entsprechende Konstante allerdings erheblich kleiner):

$$h = 1{,}13: \quad \mathbf{S} = \mathbf{k_2} \cdot \mathbf{M}^{1{,}13} \quad \text{mit der Konstanten} \quad \mathbf{k_2} = \frac{0,1}{\text{kg}^{0{,}13}}$$

Das Gewicht der Knochen wächst also *überproportional* zum Körpergewicht! Solche Einschränkungen und die erforderliche Anpassung an das Umfeld sorgen sozusagen dafür, dass 'die Bäume nicht in den Himmel wachsen'.

Testen wir die beiden vorigen Formeln mit dem Menschen als Säugetier:

Aufgabe 11 *Wie hoch ist gemäß der allgemeinen Schätzung von Kleiber der ungefähre Grundumsatz eines 80 kg schweren Mannes. Schätzen Sie auch das Gewicht seiner Knochen (Skelettgewicht).*

Lösung: $\mathbf{G} = \dfrac{87\,\text{kcal}}{\text{d} \cdot \text{kg}^{0{,}75}} \cdot (80\ \text{kg})^{0{,}75} = \dfrac{87\ \text{kcal} \cdot 80^{0{,}75} \cdot \text{kg}^{0{,}75}}{\text{d} \cdot \text{kg}^{0{,}75}} = \dfrac{87\ \text{kcal} \cdot 26{,}7}{\text{d}}$

Wir erhalten als Ergebnis: $\mathbf{G} = 2\,300$ kcal $= 9\,600$ kJ pro Tag ($= 24 \cdot 3\,600$ s). Das ergibt runde 100 J/s, also 100 Watt. Beim Grundumsatz (basale Stoffwechselrate) handelt es sich physikalisch gesehen um eine Leistungsangabe.

Die Konstante beim Skelettgewicht $\mathbf{S}$ hat nur eine einzige signifikante Stelle, so dass wir auch beim Ergebnis keine höhere Genauigkeit angeben sollten. Wir erhalten die grobe Schätzung:

$$\mathbf{S} = \frac{0,1}{\text{kg}^{0,13}} \cdot (\,80\text{ kg}\,)^{1,13} = \frac{0{,}1 \cdot 80^{1,13} \cdot \text{kg}^{1,13}}{\text{kg}^{0,13}} = \frac{0{,}1 \cdot 141 \cdot \text{kg}^{1,13}}{\text{kg}^{0,13}} = 10\,\text{kg}$$

In Wirklichkeit ist das Knochengewicht beim Menschen noch etwas geringer. Wie schon bei den Nutztieren erwähnt, hat auch der Mensch einen etwas feineren Knochenbau als seine Vorfahren! ♣

Ein anderes wichtiges Beispiel ist der Einfluss von Oberfläche und Volumen eines Körpers. Der Wärme*verlust* ist ungefähr proportional zur *Oberfläche,* die Wärme*erzeugung* stark abhängig von der Muskelmasse, also etwa proportional zum *Volumen:* Kleine Kinder kühlen schnell aus, große Tiere wie Elefanten haben das Problem, die im Inneren erzeugte Wärme abzuführen. Wie die Oberfläche $\mathbf{F}$ eines Körpers als Funktion seines Volumens $\mathbf{V}$ wächst, beschreibt der folgende Satz;

Für geometrisch ähnliche Körper gibt es eine Konstante k, so dass gilt:

$h = \frac{2}{3}$: $$\mathbf{F} = k \cdot \mathbf{V}^{\frac{2}{3}}$$

k hängt nur von der speziellen Gestalt des Körpers ab, nicht von der Größe.

Die Konstante lässt sich durch Einsetzen eines bekannten Wertepaares $\mathbf{F}, \mathbf{V}$ bestimmen. Besonders einfach wird es natürlich, wenn Sie für beides eine Formel kennen. Beim Würfel der Kantenlänge $\mathbf{a}$ gilt z.B. $\mathbf{V} = a^3$, und wegen seiner 6 quadratischen Seitenflächen $\mathbf{F} = 6\,a^2$. Einsetzen ergibt sofort $k=6$. Den kleinsten Wert, nämlich $k = \sqrt[3]{36\,\pi} = 4{,}835\ldots$, liefert die Kugel.

Bei Einzellern geschieht die Aufnahme von Nährstoffen, die Abgabe der Abfallprodukte und der Gasaustausch über die *Oberfläche*, wodurch das *Innere* des Organismus versorgt werden muss. Günstig ist also ein möglichst großes Verhältnis von Oberfläche zu Volumen, also ein möglichst großer Wert von $\frac{\mathbf{F}}{\mathbf{V}}$. Für das Verhältnis $\mathbf{R} = \frac{\mathbf{F}}{\mathbf{V}}$ liefert der vorige Satz, bei gleichem Wert von k:

$h = -\frac{1}{3}$: $$\mathbf{R} = k \cdot \mathbf{V}^{-\frac{1}{3}}$$

Das ist eine Potenzfunktion mit negativer Hochzahl! Der ungefähre Kurvenverlauf von $y = x^h$, $h<0$, entspricht einer Hyperbel (Skizze Seite 192).

Je größer x bzw. das Volumen $\mathbf{V}$, um so kleiner und somit ungünstiger wird folglich das Verhältnis $\mathbf{R}$ von Oberfläche zu Volumen. Ein Ausweg besteht darin, von der Kugelform abzuweichen, was den Wert der Konstanten k erhöht. Bei stäbchenförmigen Einzellern leidet darunter aber die Stabilität. Eine weiter zunehmende Vergrößerung wird also immer problematischer. Zur Vergrößerung eines Organismus ist es sinnvoller, nicht die Maße, sondern die Anzahl der Zellen zu vergrößern sowie neue Funktionsweisen zu entwickeln:

Bei Insekten wird die Luft über 'Tracheen' von der Oberfläche ins Innere geführt. Die diskutierte Problematik von Oberfläche zu Volumen wiederholt sich, nur in anderem Maßstab. Für eine weitere Vergrößerung müssen wiederum neue 'technische Lösungen' gefunden werden!

Bei höher entwickelten Tieren können Blut– und Lungenvolumen *proportional* zum Körpervolumen wachsen, wodurch in diesem Falle kein Missverhältnis entsteht. Einschränkungen erfolgen von anderer Seite, zum Beispiel durch Wärmehaushalt und Statik.

Die Flügeloberfläche nimmt bei Vögeln langsamer zu als ihr Volumen bzw. Gewicht. Die Grenze liegt bei etwa 15 kg Körpergewicht. Zusammengefasst:

Die Allometrie begünstigt manche Funktionsweisen, andere werden hierdurch eingeschränkt. Durch das *Zusammenspiel* sind also stets Grenzen gesetzt.

Merke: *Die Welt im Großen ist nicht die vergrößerte Welt im Kleinen*!

Dieser Umstand führt zu einer enormen Vielfalt in der Natur, aber auch zu höchst verschiedenartigen Lösungen in Industrie und Technik.

Umkehrfunktion

Die Umkehrung von Exponentialfunktionen führte uns zum Logarithmus! Die Umkehrung einer Potenzfunktion zur Lösung einer entsprechenden Gleichung erfordert aber nichts Neues: Die Umkehrung von x^3 ist einfach nur $\sqrt[3]{x} = x^{\frac{1}{3}}$, also wieder eine Potenzfunktion. Und allgemein gilt:

Die Umkehrfunktion von $f(x) = x^h$ ist $g(x) = x^{\frac{1}{h}}$, $(h \neq 0)$. Die Probe:
$g \circ f\,(x) = (x^h)^{\frac{1}{h}} = x$ und $f \circ g\,(x) = (x^{\frac{1}{h}})^h = x$, Ergebnis: $g = f^{-1}$

Die Umkehrung einer Potenzfunktion ist wieder eine Potenzfunktion!

Beispiel $h = \frac{3}{4}$: Die Lösung der Gleichung $x^{\frac{3}{4}} = 8$ lautet $x = 8^{\frac{4}{3}}$ $(= 16)$.

MATHE IST DOOF –
ICH BIN DER CHAMPION!

Fitness - Studio

Auch kompliziertere Formeln sollten ihren Schrecken für Sie verloren haben! Im Modell für die *Blutsenkung* werden Erythrozyten durch Kugeln ersetzt. Der freie 'Fall' von Kugeln K mit dem Radius **r** und einer Dichte $\varrho_{\mathrm{K}} > \varrho_{\mathrm{Fl}}$ in einer Flüssigkeit Fl führt aufgrund der Reibung zu einer konstanten Sinkgeschwindigkeit der Kugeln:

$h = 2$:
$$\mathbf{v} = (\boldsymbol{\varrho}_{\mathrm{K}} - \boldsymbol{\varrho}_{\mathrm{Fl}}) \cdot \mathbf{g} \cdot \frac{2}{9} \cdot \frac{\mathbf{r}^2}{\boldsymbol{\eta}}$$

Bestimmte Erkrankungen führen zu abnormen Werten dieser Blutsenkungsgeschwindigkeit **v** (kurz: BSG). Werte von 2,5 – 10 mm/h gelten als normal, im Alter auch bis zu 25 mm/h. Der durchschnittliche, vereinfachende Kugel–Radius der Erythrozyten liegt bei etwa 2,75 μm. Durch Verklumpen kann sich dieser Wert und hierdurch auch die Sinkgeschwindigkeit erheblich vergrößern!

In der Praxis verdünnt man 1,6 ml Blut mit 0,4 ml einer 3,8 % Natriumcitratlösung zur Hemmung der Blutgerinnung, und füllt diese Mischung in ein 20 cm langes, senkrecht stehendes Röhrchen mit Millimeterskala.

Aufgabe 12 *(i) Berechnen Sie* **v** *für* $\mathbf{r} = 2\,\mu m$, $\boldsymbol{\varrho}_K - \boldsymbol{\varrho}_{Fl} = 0{,}070 \cdot 10^3 kg/m^3$, $\boldsymbol{\eta} = 1{,}7 \cdot 10^{-3} Pa{\cdot}s$ *(Viskosität von Fl),* $\mathbf{g} = 9{,}8\,m/s^2$ *(Erdbeschleunigung).*
(ii) Bestimmen Sie auch die Werte von **v** *für* $\mathbf{r} = 1, 3, 4, 5, 6, 7, 8, 9, 10,\ \mu m$. *(Minimieren Sie den Rechenaufwand, Ergebnisse in einer Tabelle eintragen.)*

Lösung: (i) Einsetzen der angegebenen Werte ergibt wegen $\mathbf{r} = 2 \cdot 10^{-6}\,\mathrm{m}$:

$$\begin{aligned}
\mathbf{v} &= \frac{2}{9} \cdot \frac{(2 \cdot 10^{-6}\,\mathrm{m})^2}{1{,}7 \cdot 10^{-3}\,\mathrm{Pa \cdot s}} \cdot \frac{0{,}070 \cdot 10^3\,\mathrm{kg}}{\mathrm{m}^3} \cdot \frac{9{,}8\,\mathrm{m}}{\mathrm{s}^2} \\
&= \frac{2}{9} \cdot \frac{4 \cdot 10^{-12}}{1{,}7 \cdot 10^{-3}} \cdot 70 \cdot 9{,}8 \cdot \frac{\mathrm{m}^3 \cdot \mathrm{kg}}{\mathrm{Pa} \cdot \mathrm{m}^3 \cdot \mathrm{s}^3} = 358{,}7 \cdot 10^{-9} \cdot \frac{\mathrm{kg}}{\mathrm{Pa} \cdot \mathrm{s}^3} \\
&= 358{,}7 \cdot 10^{-9} \cdot \frac{\mathrm{kg}}{\mathrm{kg} \cdot \mathrm{m}^{-1} \cdot \mathrm{s}^{-2} \cdot \mathrm{s}^3} = 358{,}7 \cdot 10^{-9} \cdot \frac{\mathrm{m}}{\mathrm{s}} \\
&= 358{,}7 \cdot 10^{-9} \cdot \frac{10^3\,\mathrm{mm}}{\frac{1}{3600}\,\mathrm{h}} = 358{,}7 \cdot 3600 \cdot 10^{-9} \cdot 10^3 \cdot \frac{\mathrm{mm}}{\mathrm{h}} \\
&= 1{,}2913 \cdot \frac{\mathrm{mm}}{\mathrm{h}}
\end{aligned}$$

(ii) Wir wiederholen diese mühsame Rechnerei natürlich nicht noch einmal!

In der vorigen Formel ist **r** die einzige Variable, ihre Hochzahl beträgt $h=2$, alle übrigen Faktoren sind konstant! Ist nun $\mathbf{r} = 1\,\mu\text{m}$, also nur halb so groß ($c=\frac{1}{2}$) wie im Fall (i) mit $\mathbf{r} = 2\mu\text{m}$, so ändert sich der zugehörige Wert **v** um den Faktor $c^2 = \frac{1}{4}$. Somit beträgt die gesuchte Geschwindigkeit

$$\text{für } \mathbf{r} = 1\,\mu\text{m}: \qquad \mathbf{v} = \tfrac{1}{4} \cdot 1{,}2913 \cdot \tfrac{\text{mm}}{\text{h}} = 0{,}3228\,\tfrac{\text{mm}}{\text{h}}$$

Hingegen ist $\mathbf{r} = 3\,\mu\text{m}$ das $c=\frac{3}{2}$–fache von $\mathbf{r} = 2\,\mu\text{m}$. Das ergibt

$$\text{für } \mathbf{r} = 3\,\mu\text{m}: \qquad \mathbf{v} = \tfrac{9}{4} \cdot 1{,}2913 \cdot \tfrac{\text{mm}}{\text{h}} = 2{,}9054\,\tfrac{\text{mm}}{\text{h}}$$

Auf dieselbe einfache Weise erhalten wir die übrigen gesuchten Werte von **v**. Wir runden sinnvollerweise auf zwei signifikante Stellen, da auch die zur Berechnung benutzten Konstanten nur mit dieser Genauigkeit gegeben sind:

$r =$	1	2	3	4	5	6	7	8	9	10	[μm]
$v =$	0,3	1,3	2,9	5,2	8,1	12	16	21	26	32	[mm/h]

♣

Mehrere Variable

In der Praxis treten oft Funktionen mit Potenzen von mehreren Variablen auf, sowie einer Konstanten als Faktor, also in der Form:

$$y = f(x_1, x_2, \ldots, x_n) = k \cdot x_1^{h_1} \cdot x_2^{h_2} \cdot \ldots \cdot x_n^{h_n}$$

Wählen wir exemplarisch eine Funktion dieser Art mit zwei Variablen ($n=2$):

> Sei $y = k \cdot x_1^{h_1} \cdot x_2^{h_2}$. Dann gilt:
> Ändert sich x_1 um den Faktor c_1, und x_2 um den Faktor c_2, so ändert sich der Wert von y um den Faktor $c_1^{h_1} \cdot c_2^{h_2}$.

(Die Verallgemeinerung auf mehr als zwei Variable dürfte offensichtlich sein!)

Aufgabe 13 *Nach dem von Seite 194 bereits bekanntem Gesetz gilt für den Fluss* **I** *durch ein Rohr der Länge* **l** *und Radius* **r** *bei einem Druck* **p***:*

$$\mathbf{I} = k \cdot \frac{\mathbf{p}}{\mathbf{l}} \cdot \mathbf{r}^4 = k \cdot \mathbf{p} \cdot \mathbf{l}^{-1} \cdot \mathbf{r}^4$$

Der Fluss ist hier Funktion der Variablen $x_1 = \mathbf{p}$, $x_2 = \mathbf{l}$, $x_3 = \mathbf{r}$ *mit den entsprechenden Hochzahlen* $h_1 = 1$, $h_2 = -1$, $h_3 = 4$. *Nun verringerte man den Radius von 50 mm auf 46 mm. Um den Fluss wieder zu vergrößern, wurde die Rohrlänge von 4,9 m auf 3,5 m gekürzt. Reicht diese Maßnahme aus, um den Fluss konstant zu halten?*

Lösung: Die Variable $x_3 = \mathbf{r}$ wird um den Faktor $c_3 = \frac{46}{50}$ verringert, wodurch sich der Fluss um den Faktor $(\frac{46}{50})^4 < 1$ ändert. Die Längenänderung um den Faktor $c_2 = \frac{3,5}{4,9}$ ändert $\mathbf{I}$ aber um einen Faktor $c_2^{-1} = \frac{4,9}{3,5} > 1$.

Das ergibt insgesamt den Faktor $(\frac{46}{50})^4 \cdot \frac{4,9}{3,5} = 1{,}003$. Somit wird der Fluss sogar geringfügig erhöht. Um das noch durch Druckänderung auszugleichen, müsste der Druck wegen $h_1 = 1$ nur um den Faktor $c_1 = \frac{1}{1,003} = 0{,}997$ korrigiert werden. ♣

Merke: *Bei mehreren Variablen kann die Änderung der einen durch gezielte Änderung der anderen in der Wirkung verstärkt, aber auch verringert werden.*

Einfache Abschätzung

Bei prozentual *kleinen* Änderungen lässt sich die Wirkung analog zu Seite 197 leicht abschätzen: Ändert sich x_1 um $p_1\,\%$, x_2 um $p_2\,\%$, x_3 um $p_3\,\%$, ..., so ändert sich $y = k \cdot x_1^{h_1} \cdot x_2^{h_2} \cdot x_3^{h_3} \ldots$ um rund $h_1 \cdot p_1\,\% + h_2 \cdot p_2\,\% + h_3 \cdot p_3\,\% \ldots$

Bei unterschiedlichen Vorzeichen der Summanden können sich diese Wirkungen gegenseitig verringern oder ganz aufheben. Ist über das Vorzeichen aber nichts bekannt, lässt sich die Gesamtänderung g nur betragsmäßig nach oben abschätzen in der Form: $|g| \le |h_1 \cdot p_1|\,\% + |h_2 \cdot p_2|\,\% + |h_3 \cdot p_3|\,\% \ \ldots$

Noch eine Übung zum 'mathematischen Muskelaufbau':

Aufgabe 14 *Lösen Sie nach $x>0$ auf, ($a>0$ und $a^2 \neq b^2$) :*

$$(i)\ \ x^{-2} = \frac{2}{x} - 1 \qquad (ii)\ \ \sqrt[3]{64\,a} = 4\,x^{\frac{2}{3}} \qquad (iii)\ \ \frac{x \cdot b + a}{a^2 - b^2} - \frac{x}{a - b} = 0$$

Lösung: (i) $x^2 \cdot x^{-2} = x^2 \cdot (\frac{2}{x} - 1) \;\Leftrightarrow\; 1 = 2x - x^2 \;\Leftrightarrow\; x^2 - 2x + 1 = 0$ $\Leftrightarrow\; (x-1)^2 = 0 \;\Leftrightarrow\; x = 1\,.$

(ii) $\left(\sqrt[3]{64\,a}\right)^{\frac{3}{2}} = \left(4 \cdot x^{\frac{2}{3}}\right)^{\frac{3}{2}} \;\Leftrightarrow\; (64\,a)^{\frac{1}{3}\cdot\frac{3}{2}} = 4^{\frac{3}{2}} \cdot x^{\frac{2}{3}\cdot\frac{3}{2}} \;\Leftrightarrow\; (64\,a)^{\frac{1}{2}} = 8 \cdot x$
$\Leftrightarrow\; 64^{\frac{1}{2}} \cdot a^{\frac{1}{2}} = 8\,x \;\Leftrightarrow\; 8 \cdot a^{\frac{1}{2}} = 8 \cdot x \;\Leftrightarrow\; x = \sqrt{a}\,.$

(iii) $$(a^2 - b^2) \cdot \left(\frac{x \cdot b + a}{a^2 - b^2} - \frac{x}{a - b}\right) = 0$$
$$\Leftrightarrow\; (x \cdot b + a) - (a-b) \cdot (a+b) \cdot \frac{x}{a-b} = 0$$
$$\Leftrightarrow\; (x \cdot b + a) - (a+b) \cdot x = 0 \;\Leftrightarrow\; (x \cdot b + a) - (a \cdot x + b \cdot x) = 0$$
$$\Leftrightarrow\; a - a \cdot x = 0 \;\Leftrightarrow\; a \cdot x = a \;\Leftrightarrow\; x = 1\,.$$
♣

Binomischer Lehrsatz und Pascalsches Dreieck

Die Binomischen Formeln wie $(a+b)\cdot(a+b) = (a+b)^2 = a^2+2ab+b^2$ kennen wir bereits (siehe Aufg. 1, Seite 2). Für weitere Potenzen erhält man:

$$\begin{array}{llll} n=0: & (a+b)^0 & = & 1 \\ n=1: & (a+b)^1 & = & a + b \\ n=2: & (a+b)^2 & = & a^2 + \mathbf{2}ab + b^2 \\ n=3: & (a+b)^3 & = & a^3 + \mathbf{3}a^2b + \mathbf{3}ab^2 + b^3 \\ n=4: & (a+b)^4 & = & a^4 + \mathbf{4}a^3b + \mathbf{6}a^2b^2 + \mathbf{4}ab^3 + b^4 \\ & & \vdots & \end{array} \qquad \begin{array}{c} 1 \\ 1\quad 1 \\ 1\quad \mathbf{2}\quad 1 \\ 1\quad \mathbf{3}\quad \mathbf{3}\quad 1 \\ 1\quad \mathbf{4}\quad \mathbf{6}\quad \mathbf{4}\quad 1 \\ \vdots \end{array}$$

Sie erkennen die Gesetzmäßigkeit am einfachsten am Koeffizientenschema ganz rechts, dem sogenannten Pascalschen Dreieck. Die nächstfolgende Zeile ergibt sich aus der vorigen durch *paarweise Addition* benachbarter Zahlen! Dieses Ergebnis wird links und rechts eingerahmt durch die äußeren Einsen:

$$\begin{array}{ll} n=3: & \quad 1\quad \mathbf{3}\quad \mathbf{3}\quad 1 \\ & \quad \searrow\swarrow\searrow\swarrow\searrow\swarrow \\ n=4: & 1\quad \mathbf{4}\quad \mathbf{6}\quad \mathbf{4}\quad 1 \end{array}$$

Aufgabe 15 *Was erhält man ausmultipliziert für* $f(x) = (1-x)^5$?

Lösung: Aus der Zeile für $n=4$ erhält man im nächsten Schritt für

$$\boxed{n=5: \quad (a+b)^5 = a^5 + 5a^4b + 10a^3b^2 + 10a^2b^3 + 5ab^4 + b^5}$$

Speziell für $a=1$ und $b=-x$ folgt daraus:

$$f(x) = (1-x)^5 = 1 + 5(-x) + 10(-x)^2 + 10(-x)^3 + 5(-x)^4 + (-x)^5$$

Ergebnis: $\quad f(x) = 1 - 5x + 10x^2 - 10x^3 + 5x^4 - x^5$ ♣

Mit der abkürzenden Scheibweise $n!$ für das Produkt $1\cdot2\cdot3\ldots\cdot(n-1)\cdot n$ und den 'Binomialkoeffizienten'

$$\binom{n}{k} = \frac{n!}{k!\cdot(n-k)!}$$

gilt speziell für $n=5$:

$$\boxed{n=5: \quad (a+b)^5 = a^5 + \tbinom{5}{4}a^4b + \tbinom{5}{3}a^3b^2 + \tbinom{5}{2}a^2b^3 + \tbinom{5}{1}ab^4 + b^5}$$

Rechnen Sie einfach nach (beachte $1!=1$, $2!=1\cdot2$, $3!=1\cdot2\cdot3$, usw.):

$$\tbinom{5}{4} = \tfrac{5!}{4!\cdot1!} = 5, \quad \tbinom{5}{3} = \tfrac{5!}{3!\cdot2!} = 10, \quad \tbinom{5}{2} = \tfrac{5!}{2!\cdot3!} = 10, \quad \tbinom{5}{1} = \tfrac{5!}{1!\cdot4!} = 5.$$

Die Verallgemeinerung für alle natürlichen Zahlen n heißt 'Binomischer Lehrsatz':

$$(a+b)^n = \binom{n}{n}a^n + \binom{n}{n-1}a^{n-1}b + \binom{n}{n-2}a^{n-2}b^2 + \ldots + \binom{n}{1}ab^{n-1} + \binom{n}{0}b^n$$

wobei definitionsgemäß $a^0 = b^0 = 1$ gesetzt wird, und $\binom{n}{n} = \binom{n}{0} = 1$.*

Teilmengen und Dualzahlen Die folgende interessante Bedeutung der Binomialkoeffizienten finden Sie in der Literatur über Kombinatorik:

Die Anzahl der k–elementigen Teilmengen einer n–elementigen Menge beträgt $\binom{n}{k}$.

Wir überprüfen das für $k=3$ am Beispiel der 5–elementigen Menge $\{a,b,c,d,e\}$. Die Auswahl eines Elements kennzeichnen wir mit Eins 1, andernfalls mit Null 0:

1. $\begin{array}{ccccc} a & b & c & d & e \\ \hline 1 & 1 & 1 & 0 & 0 \end{array}$ kennzeichnet die 3–elementige Teilmenge $\{a,b,c\}$.
2. $\begin{array}{ccccc} a & b & c & d & e \\ \hline 1 & 1 & 0 & 1 & 0 \end{array}$ kennzeichnet die 3–elementige Teilmenge $\{a,b,d\}$.
3. $\begin{array}{ccccc} a & b & c & d & e \\ \hline 1 & 1 & 0 & 0 & 1 \end{array}$ kennzeichnet die 3–elementige Teilmenge $\{a,b,e\}$.
4. $\begin{array}{ccccc} a & b & c & d & e \\ \hline 1 & 0 & 1 & 1 & 0 \end{array}$ kennzeichnet die 3–elementige Teilmenge $\{a,c,d\}$.
5. $\begin{array}{ccccc} a & b & c & d & e \\ \hline 1 & 0 & 1 & 0 & 1 \end{array}$ kennzeichnet die 3–elementige Teilmenge $\{a,c,e\}$.
6. $\begin{array}{ccccc} a & b & c & d & e \\ \hline 1 & 0 & 0 & 1 & 1 \end{array}$ kennzeichnet die 3–elementige Teilmenge $\{a,d,e\}$.
7. $\begin{array}{ccccc} a & b & c & d & e \\ \hline 0 & 1 & 1 & 1 & 0 \end{array}$ kennzeichnet die 3–elementige Teilmenge $\{b,c,d\}$.
8. $\begin{array}{ccccc} a & b & c & d & e \\ \hline 0 & 1 & 1 & 0 & 1 \end{array}$ kennzeichnet die 3–elementige Teilmenge $\{b,c,e\}$.
9. $\begin{array}{ccccc} a & b & c & d & e \\ \hline 0 & 1 & 0 & 1 & 1 \end{array}$ kennzeichnet die 3–elementige Teilmenge $\{b,d,e\}$.
10. $\begin{array}{ccccc} a & b & c & d & e \\ \hline 0 & 0 & 1 & 1 & 1 \end{array}$ kennzeichnet die 3–elementige Teilmenge $\{c,d,e\}$.

*Es genügt $0! = 1$ zu definieren, dann folgt mit $\binom{n}{k} = \frac{n!}{k!\cdot(n-k)!}$ speziell für $k=0$ bzw. $k=n$: $\binom{n}{0} = \frac{n!}{0!\cdot n!} = 1$ bzw. $\binom{n}{n} = \frac{n!}{n!\cdot(n-n)!} = 1$.

Wir erhalten in der Tat $\binom{5}{3} = 10$ Teilmengen. Ganz nebenbei stellen wir fest: Die Anzahl der Dualzahlen der Länge $n=5$ mit genau $k=3$ Einsen beträgt $\binom{5}{3}$. Die Beziehung zwischen Teilmengen und Dualzahlen bedeutet allgemein:

Die Anzahl der Dualzahlen der Länge n mit genau k Einsen beträgt $\binom{n}{k}$.

Regeln Beachten wir auch noch die Symmetrie des Pascalschen Dreiecks! Wit hätten das bereits bei der vorigen Berechnung für $n = 5$ nutzen können:

$$\binom{5}{5} = \binom{5}{0} = 1, \qquad \binom{5}{4} = \binom{5}{1} = 5, \qquad \binom{5}{3} = \binom{5}{2} = 10$$

Allgemein gilt nämlich für $k = 0, 1, 2, \ldots, n$:

$$\binom{n}{k} = \binom{n}{n-k}$$

Und das Bildungsgesetz des Pascalschen Dreiecks lässt sich so formulieren:

$$\binom{n}{k} + \binom{n}{k+1} = \binom{n+1}{k+1}$$

Schließlich erwähnen wir noch die Beziehung:

$$\binom{n}{0} + \binom{n}{1} + \binom{n}{2} + \binom{n}{3} + \ldots + \binom{n}{n} = 2^n.$$

Dieses Ergebnis läßt sich in Worten auch folgendermaßen formulieren: Die Anzahl aller(!) Teilmengen einer n–elementigen Menge beträgt 2^n. Oder: Die Anzahl aller (!) Dualzahlen der Länge n beträgt 2^n. Denn eine Dualzahl der Länge n hat entweder genau 0 Einsen, oder genau 1 Eins, oder genau 2 Einsen, ... , oder genau n Einsen.

Das letztgenannte Ergebnis folgt leicht aus dem Binomischen Lehrsatz:

Aufgabe 16 *Beweisen Sie mit dem Binomischen Lehrsatz die zuletzt genannte Beziehung. (Hinweis: Wählen Sie speziell die Werte $a = 1$ und $b = 1$.)*

Lösung: Einsetzen von $a = b = 1$ in den Binomischen Lehrsatz ergibt:

$$(1+1)^n = \binom{n}{n} \cdot 1^n + \binom{n}{n-1} \cdot 1^{n-1} \cdot 1 + \binom{n}{n-2} \cdot 1^{n-2} \cdot 1^2 + \ldots + \binom{n}{1} \cdot 1 \cdot 1^{n-1} + \binom{n}{0} \cdot 1^n$$

Dies vereinfacht sich sofort zu:

$$2^n = \binom{n}{n} + \binom{n}{n-1} + \binom{n}{n-2} + \ldots + \binom{n}{2} + \binom{n}{1} + \binom{n}{0} \checkmark$$

♣

3 d) Grenzwert und Stetigkeit von Funktionen

Zu gutgläubig Vermutlich setzen Sie bei Kurvendiskussionen stets voraus, dass die betrachtete Funktion *immer* ein Maximum und Minimum besitzt, zumindest auf jedem beschränkten und abgeschlossenen Intervall wie etwa $[a; b] = [-1; 1]$. Und hat die Funktion an irgendeiner Stelle z. B. den Wert 2, an anderer Stelle aber den Wert 0, so nimmt sie auch *immer* jeden Wert dazwischen als Funktionswert an. Meinen Sie? Nichts davon stimmt!

$$f(x) = \begin{cases} 0 & \text{für } x = \frac{1}{7} \\ \dfrac{1}{x - \frac{1}{7}} & \text{für } -1 \leq x \leq 1\,,\ (x \neq \frac{1}{7}) \end{cases}$$

$f(x)$ besitzt auf dem Intervall $[-1\,; 1]$ weder Maximum noch Minimum!

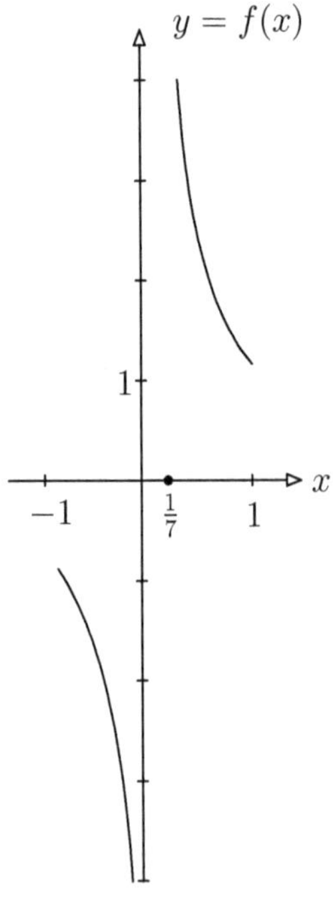

Die obige Funktion ist für jedes $x \in [-1; 1]$ definiert, doch besitzt diese Funktion an keiner Stelle des Intervalls einen maximalen oder minimalen Wert. Und auch ein Zwischenwert wie zum Beispiel $\frac{1}{2}$ wird nicht angenommen.

In der Nähe des Nullpunktes $x = \frac{1}{7} = 0{,}142\,857\,14\ldots$ genügen winzige Abweichungen wie zum Beispiel Rundungsfehler, um die Unterschiede der Ergebnisse für die Funktionswerte $f(x)$ beliebig groß werden zu lassen.

Sehr sprunghaft Die vorige Funktion ist *unstetig*: Beliebig kleine Eingabefehler wie z. B. Rundungsfehler können zu großen Ausgabefehlern führen, Maxima und Minima existieren möglicherweise nicht, Zwischenwerte oder Nullstellen werden einfach 'übersprungen'. Zum Glück sind die meisten Funktionen der Naturwissenschaften *stetig* und oft sogar differenzierbar! Wählen Sie sich irgendeine Funktion, so ist sie vermutlich stetig! Somit dürfen Sie sich auf folgende, anscheinend selbstverständliche Eigenschaften verlassen (Beweis siehe Lehrbuch):

Ist die Funktion $f\colon [a;b] \to \mathbb{R}$ stetig, dann gilt:

(i) f besitzt Maximum und Minimum, das heißt: Es gibt (mindestens) eine Stelle $x_{min} \in [a;b]$ und (mindestens) eine Stelle $x_{max} \in [a;b]$, so dass für alle $x \in [a;b]$: $\quad f(x_{min}) \le f(x) \quad$ *und* $\quad f(x_{max}) \ge f(x)$.

(ii) f nimmt jeden Zwischenwert $f(x_{min}) < w < f(x_{max})$ an, genauer: Es gibt (mindestens) eine Stelle x_0, $a < x_0 < b$, für die gilt $f(x_0) = w$.

Zur Illustration mag folgende Skizze genügen:

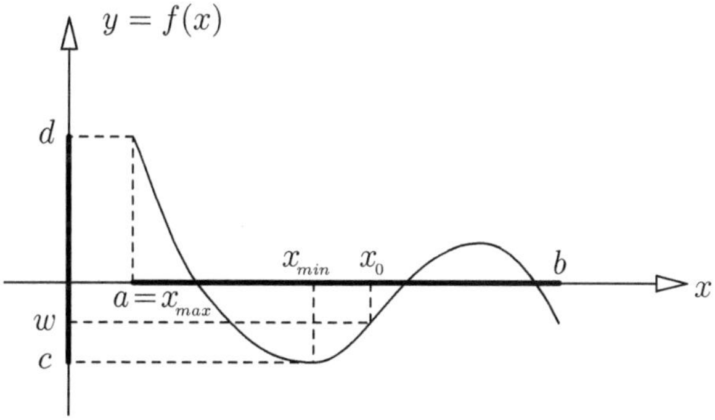

Eine Funktion ist genau dann stetig (an einer Stelle), wenn der *Grenzwert gleich dem Funktionswert* ist (an dieser Stelle): $\lim_{\xi\to x} f(\xi) = f(x)$. Beim einführenden Beispiel gilt das nicht: Bei Annäherung an die Stelle $x = \frac{1}{7}$ nähern sich die Funktionswerte $f(\xi)$ nicht dem Funktionswert an dieser Stelle! Die präzise Definition von 'Grenzwert' mag man einem Anwender aber kaum zumuten (siehe Lehrbuch). Eine einfache hinreichende Bedingung lautet:

Ist eine Funktion differenzierbar, dann ist sie auch stetig.

Eine Funktion ist also zumindest überall dort stetig, wo sie differenzierbar ist!

Das ist alles sehr beruhigend für den Anwender. Als Mathematiker bekommen Sie aber beim *systematischen* Aufbau zunächst ein zentrales Problem!

Der Haken an der Sache: Das Differenzieren beruht auf dem Grenzwertbegriff! Erstaunlicherweise benötigt man diesen schwierigen Begriff nur kurze Zeit zum Beweis zentraler Sätze. Durch diese wird das Differenzieren schließlich zu einer technischen Routine, ohne mühsame Bestimmung eines Grenzwertes!

Wir begnügen uns deshalb mit einer intuitiven Vorstellung von Grenzwert, wie es auch noch zu Beginn der Differenzialrechnung lange Zeit üblich war. Anstelle vom Grenzwert einer Funktion an einer Stelle spricht man auch vom *Limes* an dieser Stelle. Oft handelt es sich hierbei um die Stelle $x=0$.

Wichtig bei Einführung der Ableitung sind eigentlich nur folgende Funktionen (die Wahl der Bezeichnungen wie $x, \xi, r, \alpha, \ldots \in \mathbb{R}$ ist natürlich Nebensache):

$$f(r) = \frac{r}{r} \qquad g(\xi) = \frac{e^\xi - 1}{\xi} \qquad h(\alpha) = \frac{\sin\alpha}{\alpha} \qquad k(t) = \cos(x+t)$$

Eine Skizze des Kreisbogens α und des Wertes $\sin\alpha$ am Einheitskreis lässt schon vermuten, dass der Quotient $\frac{\sin\alpha}{\alpha}$ für genügend kleine Werte von α zwar nicht genau 1 ergibt, aber zumindest dem Wert 1, dem sogenannten Grenzwert oder Limes, *beliebig nahe* kommt! Die Kurzschreibweise lautet:

$$\lim_{\alpha\to 0} h(\alpha) = \lim_{\alpha\to 0} \frac{\sin\alpha}{\alpha} = 1$$

Ein ganz besonders einfaches Beispiel ist natürlich:

$$\lim_{r\to 0} f(r) = \lim_{r\to 0} \frac{r}{r} = 1$$

Recht mühsam zu beweisen ist schon das folgende Ergebnis (siehe Lehrbuch):

$$\lim_{\xi\to 0} g(\xi) = \lim_{\xi\to 0} \frac{e^\xi - 1}{\xi} = 1$$

Nur zufällig ist der Grenzwert hier immer gleich 1 . Doch ich möchte Sie nicht mit noch mehr Beispielen belasten als unbedingt nötig. Nur noch ein Beispiel, das beim Differenzieren der Sinus – Funktion eine Rolle spielt. Für jedes feste $x\in\mathbb{R}$ gilt nämlich:

$$\lim_{t\to 0} k(t) = \lim_{t\to 0} \cos(x+t) = \cos x$$

Hier bedeutet $\lim\limits_{t\to 0} \cos(x+t)$ dasselbe wie $\lim\limits_{\xi\to x} \cos(\xi)$. Der Grenzwert des Cosinus an der Stelle x ist also gleich dem Funktionswert an dieser Stelle. Mit anderen Worten: Der Cosinus ist für jedes x stetig. Weitere konkrete Beispiele werden wir für das Differenzieren nicht benötigen.

Entscheidend sind die Konsequenzen aus den *Rechenregeln* für Grenzwerte:

Existiert für die Funktionen $f : D \to \mathbb{R}$ und $g : D \to \mathbb{R}$ an der Stelle z der Grenzwert, dann auch für $f+g$, $f-g$, $f \cdot g$, und f/g, letzteres unter der Voraussetzung $\lim\limits_{\xi\to z} g(\xi) \neq 0$. Für die betreffenden Grenzwerte gilt dann:

$$\lim_{\xi\to z}(f(\xi)+g(\xi)) = \lim_{\xi\to z} f(\xi) + \lim_{\xi\to z} g(\xi) \qquad \lim_{\xi\to z}(f(\xi)\cdot g(\xi)) = \lim_{\xi\to z} f(\xi)\cdot \lim_{\xi\to z} g(\xi)$$

$$\lim_{\xi\to z}(f(\xi)-g(\xi)) = \lim_{\xi\to z} f(\xi) - \lim_{\xi\to z} g(\xi) \qquad \lim_{\xi\to z}\frac{f(\xi)}{g(\xi)} = \frac{\lim\limits_{\xi\to z} f(\xi)}{\lim\limits_{\xi\to z} g(\xi)}$$

In Worte gefasst klingt das wesentlich einfacher:

Der Grenzwert einer Summe ist gleich der Summe der Grenzwerte.
(Analog für 'Differenz').
Der Grenzwert eines Produkts ist gleich dem Produkt der Grenzwerte.
(Analog für 'Quotient').

Aus der Regel für das Produkt folgt übrigens

$$\lim_{\xi\to z}(c\cdot g(\xi)) = c\cdot\lim_{\xi\to z} g(\xi)$$

denn der Grenzwert einer konstanten Funktion $f(\xi)=c$ ist natürlich c.

Aufgabe 1 *Sei $x\in\mathbb{R}$ ein beliebig aber fest gewählter Wert! Bestimmen Sie*

$$\lim_{\xi\to 0}\frac{e^{x+\xi}-e^x}{\xi}$$

(*Hinweise:* $e^{x+\xi}=e^x\cdot e^\xi$ *und* e^x *ausklammern*).

Lösung: Aus $e^{x+\xi} = e^x\cdot e^\xi$ folgt, wobei wir nach Voraussetzung über x auch e^x wie einen konstanten Wert $c=e^x$ behandeln dürfen:

$$\lim_{\xi\to 0}\frac{e^{x+\xi}-e^x}{\xi} = \lim_{\xi\to 0}\frac{e^x\cdot e^\xi-e^x}{\xi} = \lim_{\xi\to 0}\frac{e^x(e^\xi-1)}{\xi} = \lim_{\xi\to 0}(e^x\cdot\frac{e^\xi-1}{\xi}) =$$

$$= e^x\cdot\lim_{\xi\to 0}\frac{e^\xi-1}{\xi} = e^x\cdot\mathbf{1} = e^x \quad \text{(Ergebnis)}$$ ♣

Die Bedeutung des Ergebnisses werden Sie in Abschnitt 4 a) erkennen, nämlich: Die Ableitung der e-Funktion ist wieder die e-Funktion! Aber eben nur für die Basis e, denn für $a\neq e$ ist der entscheidende Grenzwert $\lim_{\xi\to 0}\frac{a^\xi-1}{\xi} \neq 1$.

Nach soviel Theorie nun auch eine praktische Anwendung:
Die *Grenzwertmethode* zur Partialbruchzerlegung rationaler Funktionen:

Fitness - Studio

Beispiel 2 Die etwas komplizierte (*gebrochen*) *rationale* Funktion

$$f(x) = \frac{6x^2 + 15\,x - 14}{(x-2)\cdot(x+2)\cdot(x+3)} \qquad (x \in \mathbb{R},\ x \neq 2, -2, -3),$$

lässt sich nach einem allgemeinen Satz in eine Summe einfacher *Teilbrüche* zerlegen. Diese *Partialbruchzerlegung* hat zum Beispiel hier die simple Form

$$\frac{6x^2 + 15\,x - 14}{(x-2)\cdot(x+2)\cdot(x+3)} = \frac{a}{x-2} + \frac{b}{x+2} + \frac{c}{x+3}$$

mit noch zu bestimmenden Zahlenwerten a, b, c. Diese Funktion ist für alle $x \in \mathbb{R}$ definiert, mit Ausnahme der drei Werte $x = 2$, $x = -2$ und $x = -3$.

Zur Bestimmung der Unbekannten a, b, c multiplizieren wir zunächst diese Ausgangsgleichung mit dem Nenner $(x-2)\cdot(x+2)\cdot(x+3)$ der linken Seite:

$$6x^2 + 15\,x - 14 \;=\; a\cdot(x+2)\cdot(x+3) \,+\, b\cdot(x-2)(x+3) \,+\, c\cdot(x-2)\cdot(x+2)$$

Die Gleichung gilt nur für alle x wie zu Beginn, also eigentlich nicht für $x = 2$: Wir dürfen aber auf beiden Seiten den *Grenzwert* für $x \to 2$ bestimmen, denn dessen Definition benutzt nicht den Funktionswert an der Stelle $x = 2$. Die Funktionen auf beiden Seiten der Gleichung sind aber *stetig* für $x = 2$. Folglich ist ihr Grenzwert für $x \to 2$ gleich dem Funktionswert an dieser Stelle!

Dank dieser Tatsachen dürfen wir hier nun doch den Wert $x = 2$ einsetzen. Rechts bleibt aber nur a übrig, die linke Seite der Gleichung ergibt für $x = 2$ den Wert 40:

$$40 \;=\; 20\,a \qquad \boxed{a = 2}$$

Analog erhalten wir b durch Einsetzen von $x = -2$:

$$-20 \;=\; -4\,b \qquad \boxed{b = 5}$$

Und c ergibt sich durch Einsetzen von $x = -3$:

$$-5 \;=\; 5\,c \qquad \boxed{c = -1}$$

♣

Diese *Grenzwertmethode* ist, speziell bei Linearfaktoren im Nenner wie hier, sehr schnell. Sie lässt sich auch im etwas allgemeineren Fall von Potenzen dieser Faktoren anwenden, wobei nur die Poynomdivision hinzukommt.

Wir zeigen dies am folgenden, schon ziemlich aufwendigen Beispiel!

Beispiel 3 Im Falle der rationalen Funktion

$$f(x) = \frac{2x^4 - 4x^3 - 4x^2 + 4x}{(x-2)^2 \cdot x^3}$$

lautet die zugehörige Partialbruchzerlegung:

$$\frac{2x^4 - 4x^3 - 4x^2 + 4x}{(x-2)^2 \cdot x^3} = \frac{a_1}{x-2} + \frac{a_2}{(x-2)^2} + \frac{b_1}{x} + \frac{b_2}{x^2} + \frac{b_3}{x^3}$$

Der Potenz entsprechend wächst die Anzahl der erforderlichen Summanden:

Wegen der 2. Potenz von $(x-2)$ sind es zwei, und zwar in der angegebenen speziellen Form, und wegen der 3. Potenz von $(x-0) = x$ kommen noch drei weitere Summanden in entsprechender Bauart hinzu.

Wir multiplizieren auch hier die Gleichung mit dem Nenner der linken Seite! Hierfür ist es praktisch, in zwei Schritten zunächst mit $(x-2)^2$ und dann mit x^3 zu multiplizieren – oder umgekehrt! Auf jeden Fall ergibt sich:

$$2x^4 - 4x^3 - 4x^2 + 4x = (a_1 \cdot (x-2) + a_2) \cdot x^3 + (b_1 \cdot x^2 + b_2 \cdot x + b_3) \cdot (x-2)^2$$

Auch hier dürfen wir wieder den Grenzwert durch den Funktionswert ersetzen! Das Einsetzen von $x = 2$ liefert uns dann a_2, und $x = 0$ den Wert von b_3:

$$-8 = 8\,a_2 \quad \boxed{a_2 = -1} \qquad 0 = 4\,b_3 \quad \boxed{b_3 = 0}$$

Nach Einsetzen in vorige Gleichung erhalten wir mit wenigen Umformungen:

$$2x^4 - 4x^3 - 4x^2 + 4x = (a_1 \cdot (x-2) - 1) \cdot x^3 + (b_1 \cdot x^2 + b_2 \cdot x + 0) \cdot (x-2)^2$$

$$2x^4 - 4x^3 - 4x^2 + 4x = a_1 \cdot (x-2) \cdot x^3 - x^3 + (b_1 \cdot x^2 + b_2 \cdot x) \cdot (x-2)^2$$

$$2x^4 - 3x^3 - 4x^2 + 4x = a_1 \cdot (x-2) \cdot x^3 + (b_1 \cdot x + b_2) \cdot x \cdot (x-2)^2$$

Nun ist aber die rechte Seite sowohl durch x als auch durch $x-2$ teilbar, somit auch durch $x \cdot (x-2) = x^2 - 2x$. Dann muss aber auch die linke Seite hierdurch teilbar sein! Die entsprechende Division beider Seiten ergibt:

$$2x^2 + x - 2 = a_1 \cdot x^2 + (b_1 \cdot x + b_2) \cdot (x-2)$$

(Nebenrechnung zur erforderlichen Polynomdivision links: siehe nächste Seite). Einsetzen von $x = 2$ liefert $\boxed{a_1 = 2}$, $x = 0$ ergibt $\boxed{b_2 = 1}$. Wiederum folgt:

$$2x^2 + x - 2 = 2 \cdot x^2 + (b_1 \cdot x + 1) \cdot (x-2)$$

$$2x^2 + x - 2 = 2 \cdot x^2 + b_1 \cdot x \cdot (x-2) + (x-2)$$

$$0 = b_1 \cdot x \cdot (x-2)$$

Eine Division durch $x \cdot (x-2)$ ist nicht mehr erforderlich: $\boxed{b_1 = 0}$. ♣

Die fehlende Division $2x^4-3x^3-4x^2+4x$ durch x^2-2x, rechts Kommentar:

$$\begin{array}{lrl|r}
(*) & (2x^4 - 3x^3 - 4x^2 + 4x) : (x^2-2x) = 2x^2+x-2 & & 2x^4 : x^2 = 2x^2 \\
 & -\underline{(2x^4 - 4x^3)} & & -(x^2-2x)\cdot 2x^2 \\
(**) & x^3 - 4x^2 + 4x & & x^3 : x^2 = x \\
 & -\underline{(x^3 - 2x^2)} & & -(x^2-2x)\cdot x \\
(***) & -2x^2 + 4x & & -2x^2 : x^2 = -2 \\
 & -\underline{(-2x^2 + 4x)} & & -(x^2-2x)\cdot(-2) \\
 & 0 \text{ (Rest)} & &
\end{array}$$

Erklärung: Die obige Division ist gleichbedeutend mit:

$$(\star) \qquad 2x^4 - 3x^3 - 4x^2 + 4x = (x^2-2x)\cdot(\mathbf{2x^2+x-2})$$

Das Ergebnis $2x^2+x-2$ lässt sich natürlich nicht auf einen Blick erkennen, mit einer Ausnahme: $\mathbf{2x^2}$! Nur die Multiplikation von (x^2-2x) mit $2x^2$ ergibt links den Term $2x^4$ mit der höchsten Potenz vier. Dieses erste Teilergebnis $2x^2$ erhält man also sofort mit Hilfe der Division $2x^4 : x^2 = 2x^2$, also der Terme mit der höchsten Potenz von $2x^4-3x^3-4x^2+4x$ und x^2-2x.

Wir subtrahieren nun in Gleichung $(\star)$: $(x^2-2x)\cdot\mathbf{2x^2} = 2x^4-4x^3$, also

$$(2x^4-3x^3-4x^2+4x) - (2x^4-4x^3) = (x^2-2x)\cdot(\mathbf{x-2})$$

$$(\star\star) \qquad x^3 - 4x^2 + 4x = (x^2-2x)\cdot(\mathbf{x-2})$$

Sie finden diese Rechenschritte links wieder bei $(*)$ in obigem Rechenschema!

Nun erkennen wir aber wieder leicht, dass $\mathbf{x}$ der nächste, gesuchte Term ist: Denn nur die Multiplikation von (x^2-2x) mit x ergibt links den Term x^3 mit der höchsten Potenz drei.

Wir subtrahieren nun in Gleichung $(\star\star)$: $(x^2-2x)\cdot\mathbf{x} = x^3-2x^2$, folglich

$$(x^3-4x^2+4x) - (x^3-2x^2) = (x^2-2x)\cdot(\mathbf{-2})$$

$$(\star\star\star) \qquad -2x^2+4x = (x^2-2x)\cdot(\mathbf{-2})$$

Sie finden die entsprechende Rechnung wieder bei $(**)$ in obigem Schema!

Die Divison des höchsten Terms $-2x^2$ durch x^2 ergibt den letzten Term $\mathbf{-2}$. Die entsprechende Subtraktion lautet, vergleichen Sie $(***)$:

$$(-2x^2+4x) - (x^2-2x)\cdot(-2) = 0$$

$$(-2x^2+4x) - (-2x^2+4x) = 0 \text{ (Rest)}$$

Ende der Rechnung: wir haben auf diese Weise alle gesuchten Terme ermittelt!

Aufgabe 4 *Normalerweise ergibt die Polynomdivision nicht den Rest Null. Zeigen Sie dies am Beispiel* $(2x^4 - 3x^3 - 3x^2 + 5x - 4) : (x^2 - 2x)$.

Lösung:

$$
\begin{array}{l}
(2x^4 - 3x^3 - 3x^2 + 5x - 4) : (x^2 - 2x) = 2x^2 + x - 1 \\
-\underline{(2x^4 - 4x^3)} \\
\qquad x^3 - 3x^2 + 5x - 4 \\
\qquad -\underline{(x^3 - 2x^2)} \\
\qquad\qquad -x^2 + 5x - 4 \\
\qquad\qquad -\underline{(-x^2 + 2x)} \\
\qquad\qquad\qquad 3x - 4 \quad \text{(Rest).}
\end{array}
$$

♣

Das Ergebnis ist gleichbedeutend mit:

$$2x^4 - 3x^3 - 3x^2 + 5x - 4 = (x^2 - 2x) \cdot (2x^2 + x - 1) + (3x - 4)$$

beziehungsweise

$$\frac{2x^4 - 3x^3 - 3x^2 + 5x - 4}{x^2 - 2x} = 2x^2 + x - 1 + \frac{3x - 4}{x^2 - 2x}$$

Wiederholung des Begriffs 'Polynom', auch 'ganzrationale Funktion' genannt:

Als *Polynom* (in x) *vom Grad* n bezeichnet man eine Summe von Potenzen

$$a_n \cdot x^n + a_{n-1} \cdot x^{n-1} + a_1 \cdot x + a_0$$

Die Zahlenwerte $a_n, a_{n-1}, \ldots, a_0 \in \mathbb{R}$ nennt man *Koeffizienten* des Polynoms. Beispiele für Polynome vom Grad 2 sind

$$4x^2 + \tfrac{1}{3}x - \sqrt{2}, \quad -3x^2 + x + 5, \quad -3x^2 + x, \quad -3x^2, \quad x + 5, \quad x, \quad 5, \quad 0.$$

Man beachte, dass die Koefizienten auch Null sein können. Ist der höchste Koeffizient a_n ungleich Null, so heißt das Polynom von 'echtem' Grad n. Der echte Grad von $-3x^2 + x + 5$ ist 2, der echte Grad von $x + 5$ beträgt 1, und eine Konstante wie 5 hat nur den echten Grad 0.

Jedes Polynom lässt sich abgesehen von der Reihenfolge eindeutig in eine Anzahl von Faktoren von echtem Grad 1 und eine Anzahl von Faktoren von echtem Grad 2 zerlegen, wobei die letzteren keine reellen Nullstellen besitzen. (Die Anzahl dieser Faktoren kann auch Null betragen).

Beispiele für diesen bekannten Haupt- oder Fundamentalsatz der Algebra sind:

$$
\begin{aligned}
x^2 - 4 &= (x - 2) \cdot (x + 2) \\
x^4 - 8x^3 + 21x^2 - 18x &= x \cdot (x - 2) \cdot (x - 3)^2 \\
x^7 - 2x^6 + 4x^5 - 5x^4 + 4x^3 + 4x^2 + 12 &= (x + 1) \cdot (x^2 - 3x + 3) \cdot (x^2 + 2)^2
\end{aligned}
$$

Quotienten $\frac{p(x)}{q(x)}$ zweier Polynome bezeichnet man als *rationale Funktionen.* Durch Polynomdivision analog zu Aufg. 4 kann man gegebenenfalls erreichen, dass der echte Grad des Zählers kleiner ist als der des Nennnerpolynoms. Beachten Sie hierzu das abschließend umformulierte Ergebnis von Aufg. 4.

Anschließend lässt sich so ein Quotient, wie in den Beispielen 2 und 3 gezeigt, durch Partialbruchzerlegung vereinfachen. Hierfür ist das Nennerpolynom jedoch gemäß dem Fundamentalsatz der Algebra in Faktoren zu zerlegen:

Ist z. Bsp. $x_0 = 2$ eine Nullstelle von $q(x)$, so ist $q(x)$ durch $(x-2)$ teilbar. Polynomdivision ergibt $q(x) = (x-2)\cdot r(x)$, wobei der Grad von r nun um 1 niedriger ist als der von q. Mit einer weiteren Nullstelle lässt sich ein weiterer Faktor finden, usw. Ist n der Grad des Polynoms q, so kann es offensichtlich nicht mehr als n Nullstellen bzw. Faktoren vom Grad 1 geben.

Eventuelle Faktoren vom Grad 2 erhält man am leichtesten über deren komplexe Nullstellen durch Multiplikation der entsprechenden Linearfaktoren. Ein konkretes Beispiel hierfür liefern die beiden Aufgaben 8 und 9 auf Seite 7. (Die maximale Anzahl quadratischer Faktoren ist natürlich kleiner gleich $\frac{n}{2}$).

Enthält die entstandene Zerlegung von q auch Polynomfaktoren vom Grad 2, ist allerdings die bisher benutzte Zerlegung noch zu modifizieren!

Die wesentlichen Änderungen lassen sich an folgendem Beispiel erkennen, ($p(x)$ ein beliebiges Polynom vom Grad kleiner gleich 6):

$$\frac{p(x)}{(x+1)(x^2-3x+3)(x^2+2)^2} = \frac{a_1}{x+1} + \frac{b_1x+c_1}{x^2-3x+3} + \frac{d_1x+e_1}{x^2+2} + \frac{d_2x+e_2}{(x^2+2)^2}$$

Auch die Grenzwertmethode ist im Fall quadratischer Terme nicht anwendbar. Ein allgemeines Lösungsverfahren mit Beispiel finden Sie in Abschnitt 5 d).

Beachten Sie abschließend , dass sich im Nenner für den Hauptkoeffizienten (Koeffizient der höchsten Potenz) stets der Wert 1 erreichen lässt, Beispiel:

$$\frac{5}{2x\cdot(\frac{3}{2}x\,-\,1)} = \frac{5}{2x\cdot\frac{3}{2}\cdot(x-\frac{2}{3})} = \frac{5}{2\cdot\frac{3}{2}\cdot x\cdot(x-\frac{2}{3})} = \frac{\frac{5}{3}}{x\cdot(x-\frac{2}{3})}$$

Bei Anwendungen wird die Variable natürlich nicht immer mit x bezeichnet, sondern beispielsweise auch mit V:

$$\frac{2V-c}{V\cdot(V-c)} = \frac{1}{V} + \frac{1}{V-c} \qquad (c \neq 0 \text{ eine Konstante}).$$

Die elementaren Funktionen

Fassen wir das bisher Erreichte ein wenig zusammen: Die wissenschaftlichen Funktionen, wie wir sie auch auf jedem Taschenrechner finden, lassen sich in drei wichtige Gruppen einteilen.

1. Die Kreisfunktionen und ihre Umkehrung:
   Man benötigt sie zum Beispiel für trigonometrische Aufgaben und zur Darstellung von periodischen Vorgängen.
2. Die Exponential- und Logarithmusfunktionen:
   Mit ihrer Hilfe lassen sich natürliche Wachstums- und Zerfallsprozesse beschreiben und übersichtliche Skalen bilden.
3. Die Potenzfunktionen:
   Übliche Anwendungen sind geometrischer Natur wie zum Beispiel die elementare Flächen- und Volumenbestimmung, sowie die Formulierung allometrischer Beziehungen.

Ausdrücke, die man mit diesen Funktionen durch Addition und Subtraktion, Multiplikation und Division, sowie Hintereinanderausführung auf dem Taschenrechner direkt ausrechnen kann, bezeichnen wir hier als elementar. Eine allgemeingültige Definition der 'elementaren Funktionen' gibt es nicht. Ihre erstaunlich vielfältigen und zahlreichen Anwendungen finden Sie überall in der wissenschaftlichen Literatur!

Obwohl die elementaren Ausdrücke auf wenigen Grundfunktionen beruhen, kommt man gar nicht so leicht auf die Idee, dass es überhaupt noch mehr Funktionen geben könnte. In Wirklichkeit bilden die elementaren Funktionen nur einen verschwindend geringen Bruchteil aller Funktionen und reichen keineswegs dazu aus, 'die Welt zu beschreiben'!

Beispiel: Es gibt Funktionen $f(x)$, deren Ableitung $f'(x) = 2x \cdot e^{x^2}$ ergibt, vgl. Abschnitt 4 a), Aufg. 3 (i). Und wie in Abschnitt 4 c) ausgeführt, muss es auch Funktionen geben, deren Ableitung ganz einfach nur e^{x^2} ergibt, nämlich $f(x) = \ldots$? Solche Funktionen lassen sich leicht skizzieren, aber erstaunlicherweise gibt es für diese Funktionen *keinen elementaren Ausdruck.* Dann muss man leider mit Näherungsausdrücken zufrieden sein! Das ist vielleicht etwas umständlich, aber doch gar nicht so schwerwiegend – denn: Auch bei den elementaren Grundfunktionen arbeitet jeder Rechner nur mit Näherungen, im Rahmen der Anzeigegenauigkeit des Rechners!

Symbole und Abkürzungen

$[a; b]$ bezeichnet alle reellen Zahlen x zwischen a und b, einschließlich a und b, kurz das 'abgeschlossene Intervall', also *mit* den Randpunkten: $a \leq x \leq b$.

$]a; b[$ bezeichnet alle reellen Zahlen x zwischen a und b, ohne die Werte a und b, kurz das 'offene Intervall', also *ohne* die Randpunkte: $a < x < b$.

$\mathbb{R}$ die Menge aller reellen Zahlen, die 'Zahlengerade' (ist ein offenes Intervall).

$\mathbb{R}^+$ die Menge der positiven reellen Zahlen $x > 0$ (auch ein offenes Intervall).

$\mathbb{R}_0^+$ die Menge aller reellen Zahlen $x \geq 0$, (links abgeschlossen, rechts offen).

$\mathbb{N} = \{1, 2, 3, \ldots\}$ und $\mathbb{N}_0 = \{0, 1, 2, 3, \ldots\}$ Menge der natürlichen Zahlen.

♣ markiert das Ende eines Beispiels oder das Ende der Lösung einer Aufgabe.

$\in$ 'Element von', 'gehört zu', Beispiele: $2 \in [1; 2]$, $2 \notin]1; 2[$.

$\approx$ 'näherungsweise gleich', Beispiel: $\pi \approx 3{,}14$.

Das griechische Alphabet

A	α	Alpha	B	β	Beta	Γ	γ	Gamma	Δ	δ	Delta
E	ε	Epsilon	Z	ζ	Zeta	H	η	Eta	Θ	ϑ	Theta
I	ι	Iota	K	κ	Kappa	Λ	λ	Lambda	M	μ	My
N	ν	Ny	Ξ	ξ	Xi	O	o	Omikron	Π	π	Pi
P	ρ	Rho	Σ	σ	Sigma	T	τ	Tau	Υ	υ	Ypsilon
Φ	φ	Phi	X	χ	Chi	Ψ	ψ	Psi	Ω	ω	Omega

Ergänzende und weiterführende Literatur

Rüdiger Günttner: Mathematik für Biologen und Anwender.
ISBN: 978-3-7460-2694-X, Verlag BoD.

Dirk Horstmann: Mathematik für Biologen.
ISBN: 978-3-662-48500-2, Springer Verlag.

Wolfgang Pavel/Ralf Winkler: Mathematik für Naturwissenschaftler.
ISBN: 978-3-8273-7232-1, Pearson Studium.

Index